江西"五河一湖"生态环境保护 与资源综合开发利用

周文斌　万金保　郑博福　著

科 学 出 版 社

北 京

内 容 简 介

本书主要论述了江西"五河一湖"流域内的生态环境保护和资源综合开发利用。分别从"五河一湖"的水环境与水污染防治、生物多样性保护、湿地保护、资源综合开发利用、管理体制和协调机制等方面入手,对现状、存在的问题进行详细的分析与研究,最后针对性地提出解决的办法和对策。

本书内容丰富,可供从事湖泊、地理、环境、水利、区域发展规划等专业的科研、工程技术人员、大专院校师生及有关生产和管理人员阅读参考。

图书在版编目(CIP)数据

江西"五河一湖"生态环境保护与资源综合开发利用/周文斌,万金保,郑博福著. —北京:科学出版社,2012

ISBN 978-7-03-034853-1

Ⅰ.①江… Ⅱ.①周…②万…③郑… Ⅲ.①生态环境-环境保护-研究-江西省 Ⅳ.①X321.256

中国版本图书馆 CIP 数据核字(2012)第 129391 号

责任编辑:张 析 景艳霞/责任校对:宋玲玲
责任印制:钱玉芬/封面设计:东方人华

科 学 出 版 社 出版
北京东黄城根北街 16 号
邮政编码:100717
http://www.sciencep.com

双 青 印 刷 厂 印刷
科学出版社发行 各地新华书店经销
*
2012 年 6 月第 一 版 开本:B5(720×1000)
2012 年 6 月第一次印刷 印张:19 1/4 插页:6
字数:373 000
定价:78.00 元
(如有印装质量问题,我社负责调换)

前　言

　　鄱阳湖流域自古就是一个因生态环境的破坏而频受干旱和洪涝灾害的区域（徐德龙等，2001），近几十年尤为严重。历史上几次较大的覆被变化开始于 20 世纪 50 年代，50 年代后期大炼钢铁，鄱阳湖流域森林被大肆砍伐，流域生态环境遭到第一次大的破坏；60 年代，人们为基本建设大量垦山造田、围湖造田，对流域的生态环境破坏极其严重，导致 60 年代涝灾频发（5 次），旱灾更是年年发生；自 70 年代开始，政府部门抓紧了人工造林和封山育林，但是因为"文化大革命"期间林木超计划采伐，"农业学大寨"运动中烧山全垦造林，森林质量急剧下降，水土流失进一步加剧，五河含沙量比 50 年代上升 2%～89%，70 年代涝、旱灾害仍然严重（胡细英，2001）。而且由于人们长期的盲目开发，围湖造田，加上注入大湖的几条河流流域植被破坏，水土流失严重，大量泥沙淤积于鄱阳湖湖区，直接导致鄱阳湖洪泛频率大增，1998 年特大洪灾，湖区上百万灾民被困，数十万公顷早稻颗粒无收，所以 1998 年以后，鄱阳湖地区又开始了大规模的"平坑行洪，退田还湖，移民建镇"的工作。"五河一湖"又处于生态恢复的过程中。许怀林等的近作《鄱阳湖流域生态环境的历史考察》认为 20 世纪 80 年代以来的城市化建设消耗大量资源，成为当代生态环境恶化的一个主要原因；大工业生产和乡镇企业排放的废气、废水成为新的生态问题。以地理信息系统为工作平台的"3S"一体化信息系统技术，对鄱阳湖流域生态环境进行综合调查、流域生态系统管理等研究近年来多见有报道（莫明浩等，2007；徐中民等，2003）。研究结果也表明，人口压力是导致土地利用方式发生转变的重要原因之一，大规模的围垦活动是湿地生态环境改变的重要影响因素。

　　中国对鄱阳湖流域具有现代科学意义上的研究始于 20 世纪中叶，尤其是 80 年代以后，众多学者从各自的学科领域出发，探讨人与自然的相互关系，总结"五河一湖"社会经济发展过程的经验和教训，其明显的不足之处主要表现在：或以单一学科为主，缺少跨学科的综合研究；或以单一时段为主，缺少长时段的跟踪研究；或以历史为主，与现实联系不紧密；或以揭示问题为主，缺少富于经验的启示。

　　近年来，针对"五河一湖"生态环境保护与资源可持续利用的研究更是如火如荼。2007 年，由南昌大学、江西师范大学、江西省山江湖开发治理委员会办公室等单位联合申报的"十一五"国家科技支撑计划项目"鄱阳湖生态保护与资源利用研究"；中德国际科技合作项目"鄱阳湖流域生态系统综合治理研究"；国家水体污染控制与治理科技重大专项"流域水生态功能分区与水质目标管理技术研究与示范项目之——赣江流域水生态承载力研究";乐安河整治水环境综合整治可行性研究;鄱阳湖综合开发战略研究。特别是 2008 年以来,为了论证建设鄱阳湖生态经济区的可行性,中共江西省委宣传部、江西省社会科学界联合会联合发起了江西省经济社会发展重大招标课题(10 个),研究内容涉及"五河一湖"开发的产业体系、国内外湖区开发对比研究、"五河"对鄱阳湖生态环境影响研究、鄱阳湖生态环境保护和资源综合利用研究、生态经济区建设的体制和政策法规研究、三峡工程对鄱阳湖的影响研究、生态文明与鄱阳湖文化研究等,2009 年又发起了"水位变化对鄱阳湖生态环境影响研究"等多项世界银行贷款项目。

综上所述,"五河一湖"生态环境保护和资源可持续综合利用方面已开展了大量相关的研究工作,从目前的研究现状看,生态环境保护和资源可持续利用的研究还停留在概念、准则的认识和定性分析上,量化的分析方法和可操作的技术标准、技术规范及应用工具欠缺,无论是规划的技术决策原理、方法,还是管理的技术指标体系等均有待建立、创新和完善。由于关注程度和现实条件的影响,针对"五河"的相关研究工作较少,缺乏系统性和规范性,而鄱阳湖区生态环境保护和资源利用相关的研究工作基础较好。

2009 年 12 月 12 日,国家发展和改革委员会正式通过了江西省鄱阳湖生态经济区规划,使鄱阳湖生态经济区建设提升为国家发展战略,"五河一湖"地区的经济和社会面临重要的发展时期,同时也面临着各方面的巨大挑战,生态经济区建设将坚持生态优先,促进绿色发展,把生态建设和环境保护放在首要位置,把资源承载能力、生态环境容量作为经济发展的重要依据,实现在集约节约利用资源中求发展,在保护生态环境中谋崛起。依据规划,到 2015 年,生态建设将取得显著成效,鄱阳湖天然湿地要保证 3100km²,水质为Ⅲ类以上;85%的"五河"省控断面达Ⅲ类以上水质;森林覆盖率达 63%;单位产值的能耗和用水分别减少 20%和 25%。加强湿地的保护与恢复、野生动植物的保护;加强工业污染、农业面源污染、生活污染源的防治;构建生态廊道、加强植树造林、强化水土保持;加强血吸虫的防治等。

积极开展生态环境保护和资源可持续综合利用的关键基础理论研究和大面积的实践,尽快发展有中国特色的生态保护和资源利用的理论体系和技术体系,促进我国自然、社会和经济的可持续发展是当前一项十分艰巨的任务,对于江西在中部地区的崛起乃至中国的经济发展和生态环境建设,均具有十分重要的科学意义与实践价值。

参加江西《"五河一湖"生态环境保护与资源综合开发利用》研究课题组人员组成如下:

首 席 专 家：周文斌　南昌大学"鄱阳湖环境与资源利用"教育部重点实验室教授、博导、博士

课题组成员：万金保　南昌大学"鄱阳湖环境与资源利用"教育部重点实验室教授、博导

　　　　　　郑博福　南昌大学"鄱阳湖环境与资源利用"教育部重点实验室副教授、博士

　　　　　　刘　雷　南昌大学环境与化学工程学院教授、博士

　　　　　　胡兆吉　南昌大学环境与化学工程学院教授、博导、博士

　　　　　　吴小平　南昌大学生命科学与食品工程学院教授、博导、博士

　　　　　　葛　刚　南昌大学生命科学与食品工程学院副教授、硕导

　　　　　　黄细嘉　南昌大学经济与管理学院教授、硕导

　　　　　　肖　萍　南昌大学法学院教授、硕导

　　　　　　李　述　南昌大学"鄱阳湖环境与资源利用"教育部重点实验室助理研究员、硕士

　　　　　　周宪民　南昌大学医学院研究员

　　　　　　宋三平　南昌大学社会科学处教授、硕士

　　　　　　黄新建　南昌大学经济与管理学院教授、博导

　　　　　　赖劲虎　南昌大学"鄱阳湖环境与资源利用"教育部重点实验室研究实习员、硕士

　　　　　　陈春丽　南昌大学"鄱阳湖环境与资源利用"教育部重点实验室博士后

　　　　　　姜加虎　中国科学院南京地理与湖泊研究所鄱阳湖站研究员、博导

　　　　　　熊小群　江西省鄱阳湖水利枢纽工程建设办公室高工

　　　　　　冀常和　江西省环境保护厅生态处高工

　　　　　　谭诲如　江西省科学院研究员

　　参加编写或提供数据资料的还有：祁涛 欧阳珊 严涛 邹节新 张小燕 朱春潮 杨建华 梁尚栋 吴志强 刘以珍 胡茂林 汪雁 查媛竹 刘峰 何华燕 兰新怡 张文燕 余敏 陈琳 孙蕾 熊友强。

作　者
2012 年 5 月

目　　录

第三篇 "五河一湖"生物多样性研究

第四篇 "五河一湖"湿地保护与资源开发研究

第六篇　　"五河一湖"生态环境保护与资源综合利用的管理体制和协调机制

第一篇 "五河一湖"基本概况

第一章 "五河一湖"范围界定

第一节 "五河一湖"区域界定说明

根据水文水资源，基于 DEM 数字地形图，参考前人研究成果，界定本项目中"五河一湖"的各自范围（赣江流域、抚河流域、信江流域、饶河流域、修河流域及鄱阳湖区），为开展后续研究工作奠定基础。

"江西'五河一湖'生态环境保护与资源综合开发利用"的"五河"是指赣江、抚河、信江、饶河、修河，"一湖"是指鄱阳湖。为了开展项目研究，"五河"研究区域界定为赣江流域、抚河流域、信江流域、饶河流域、修河流域五河水系及其流域范围，"一湖"研究区域界定为鄱阳湖及其环湖区，即通常所说的鄱阳湖区。

一般地，可以把江西省根据水系划分为赣江流域、抚河流域、信江流域、饶河流域、修河流域、鄱阳湖区以及其他水系七大部分（本书将赣江流域、抚河流域、信江流域、饶河流域、修河流域简称为"五河流域"，将其他水系统称为"外河流域"）。流域的划分以其水系及集水区域来确定，是明确的。但对于鄱阳湖及其环湖区的范围，由于鄱阳湖自身的特点以及地方政府及行政部门出于社会经济发展各方面的考虑，有着不同的区划，比如环湖 11 县（市）或 25 县（市）等。

第二节 界定原则与方法

本研究界定"五河一湖"研究范围的主要原则如下：

（1）先确定鄱阳湖及其环湖区的范围；环湖区的确定考虑行政区域的连通性及径向上的单一性。

（2）按照水系及其集水区来划定流域，属不同水系的县以确定的面积比例分解到不同流域。

（3）尊重和吸取前人的研究成果和传统区划，区划参考《江西省国土资源地图集》、《鄱阳湖研究》、《江西省自然地理志》以及水利、农业等部门的成果。

具体方法是基于江西省 DEM 数字地形图（分辨率 91m×91m），进行地表水文分析，主要内容包括提取水流方向、汇流累积量、河流网络、河网分级以及流域分割等。

（1）首先对原始 DEM 图进行洼地填充，得到无洼地 DEM 图。

（2）根据资料文献对鄱阳湖范围的界定：21m 高程以下为湖区，划分出鄱阳湖。

（3）再根据本研究对江西省的社会和经济分析的需求，以行政区域的连通性及径向上的单一性为依据，确定环鄱阳湖区为 11 个县（市），即湖口县、九江市区、德安县、星子县、都昌县、鄱阳县、永修县、新建县（59%）、南昌县、进贤县、余干县。

（4）对剩下的地区，首先是从 DEM 提取水流方向，汇流累积量以及河网。进一步生成 Stream Link，确定五大水系流入鄱阳湖的出水点。

（5）根据水流方向和出水点数据，利用 Hydrology 工具集中 Watershed 命令，最终得到五大流域以及流入外省市的外流域地区。

第三节　"五河一湖"区域界定结果

五河源头：赣江源（贡江）、赣江源（章江）；修河源（修水）、修河源（铜鼓县）；抚河源（广昌县）；信江源（玉山县）；饶河源（昌江）、饶河源（乐安河）。涉及瑞金市、石城县、大余县、崇义县、广昌县、玉山县、婺源县、浮梁县、修水县、铜鼓县 10 个县（市）。

鄱阳湖滨湖涉及新建县、南昌县、进贤县、都昌县、湖口县、星子县、德安县、共青城市、永修县、庐山区、鄱阳县、余干县、东乡县 13 个县（市、区）。

由于外河中有些水系并不会汇入鄱阳湖，如渌水汇入洞庭湖，属于湘江流域，彭泽县、九江县和瑞昌市等属于长江中下游干流区，对鄱阳湖水环境影响较小，因此本书对外河流域不做考虑。"五河一湖"区域具体区划结果见表 1.1 及彩图 1 和彩图 2。

表 1.1　五河流域及鄱阳湖区行政区域界定

区域名称	所含行政区域	区域面积/hm²
赣江流域	宜丰县、高安市、新建县（41%）、南昌市市区、万载县、上高县、丰城市（35%）、芦溪县、宜春市市区（92%）、分宜县、新余市市区、新干县、樟树市、安福县、吉安县、吉安市市区、吉水县、永丰县、乐安县（60%）、莲花县、永新县、井冈山市、泰和县、宁都县、遂川县、万安县、兴国县、石城县、上犹县、南康市、赣州市、赣县县、于都县、瑞金市、崇义县、大余县、信丰县、安远县（75%）、会昌县、全南县、龙南县、定南县（30%）、寻乌县（8%）	8 276 240
抚河流域	丰城市（65%）、抚州市市区、东乡县（63%）、金溪县（67%）、资溪县（42%）、崇仁县、乐安县（40%）、宜黄、南丰县、南城县、黎川县、广昌县	1 725 325

续表

区域名称	所含行政区域	区域面积/hm²
信江流域	万年县（38%）、弋阳县（72%）、横峰县（90%）、上饶县（94%）、上饶市市区、玉山县（95%）、广丰县、余江县、东乡县（37%）、金溪县（33%）、鹰潭市市区、贵溪市、铅山县、资溪县（58%）	1 618 760
饶河流域	浮梁县、婺源县、景德镇市市区、乐平市、德兴市、万年县（62%）、弋阳县（28%）、横峰县（10%）、上饶县（6%）、玉山县（5%）	1 097 234
修河流域	武宁县（96%）、修水县（92%）、靖安县、安义县、铜鼓县、奉新县	1 345 751
鄱阳湖区	湖口县、九江市市区、德安县、星子县、都昌县、鄱阳、永修县、新建县（59%）、南昌县、进贤县、余干县	1 727 124
其他水系	彭泽县、九江县、瑞昌市、武宁县（4%）、修水县（8%）、萍乡市市区、上栗县、安远县（25%）、定南县（70%）、寻乌县（92%）、宜春市市区（8%）	899 000
合计		16 689 434

注：界定结果参考了中国科学院生态环境研究中心负责的"江西五大水系对鄱阳湖生态影响研究"［环鄱阳湖生态经济区重大招标课题（08ZD501）］的研究成果。

第四节　"五河一湖"区域范围比较

流域面积一般是该流域某一水文控制站以上的集水区面积。由于"五河一湖"研究区域界定既考虑到了集水区范围，还考虑到了行政区域的连贯性以及管理的可行性，因此本书划分的"五河一湖"区域范围与《江西省水资源公报（2008）》中的不一致，表 1.2 比较了两者的不同。

表 1.2　"五河一湖"界定范围比较

流域名称	公报数据①		本研究数据/km²	相对偏差②
	水文控制站	面积/km²		
赣江流域	外洲	79 666	82 762.4	3.89%
抚河流域	李家渡	15 788	17 253.3	9.28%
信江流域	梅港	14 516	16 187.6	11.52%
饶河流域	虎山	12 044	10 972.3	−8.90%
修河流域	万家埠	14 539	13 457.5	−7.44%
鄱阳湖区	—	20 190	17 271.2	−14.46%
外河流域	—	10 205	8 990.0	−11.91%
江西省		166 948	166 894.3	−0.03%

① 公报数据是指《江西省水资源公报（2008）》中的数据；

② 相对偏差=（本研究数据−公报数据）/公报数据×100%。

此外，江西省国土面积的数据，江西省国土厅公布的面积为 166 894km²（见《江西省土地利用总体规划（2006—2020）》，江西省人民政府，2009），而江西省水利厅公布的数据为 166 948 km²（见《江西省水资源公报（2008）》，江西省水利厅，2009）。本研究牵涉江西省土地数据，一律采用江西省国土厅公布的相关数据，而在流域划分上，与江西省水利厅方面的数据有一些出入，但不影响本研究的严谨性。

第二章 "五河一湖"自然状况

第一节 "五河一湖"概述

江西省国土面积为 16.69 万 km²，其中江西省境内鄱阳湖水系流域面积为 15.71 万 km²，主要由赣江、抚河、信江、饶河及修水五条河流组成，简称五河。五河流域属亚热带湿润气候区，雨量充沛，4～7 月降水量占全年总降水量的 60%，给全省带来严重的洪水威胁。江西省全省气候温暖，日照充足，雨量充沛，无霜期长，为亚热带湿润气候。全省年平均气温 18℃左右。江西省降水资源较为丰富，各地年均降水量 1341～1940mm，全年降水季节差别很大，5 月、6 月为全年降水最多的时期。有丰富的生物多样性。

鄱阳湖流域为中亚热带季风气候，多年平均气温在 16.2～19.7℃，极端高温为 44.9℃，极端低温为−18.9℃；多年平均降水为 1341～1939mm，受地貌影响，地区分布不平衡，季节分配也不均匀，春夏多、秋冬少；流域日照比较充足，全年日照时数为 1473～2078h。全流域土壤以红壤为主，其次为水稻土，此外还分布有黄壤、黄棕壤、石灰土等土壤类型。流域的地带性植被为以壳斗科（Fagaceae）、樟科（Lauraceae）、山茶科（Camelliaceae）等为优势的常绿阔叶林，主要分布于流域的河源区，荒山灌木草丛在流域内分布也很广泛，草甸群落与湿地植被呈条状、带状分布于流域内各河流两岸及鄱阳湖平原。此外，流域内还分布有落叶阔叶林、常绿落叶阔叶混交林、针叶林、针阔混交林等植被类型。

第二节 鄱阳湖概况

鄱阳湖位于北纬 28°22′～29°45′，东经 115°47′～116°45′，地处江西省的北部，长江中下游南岸。鄱阳湖南北长 173km，东西最宽处达 74km，平均宽 16.9km，湖岸线长 1200km，根据卫星遥感测算，湖区最大丰水期面积 5100km²，平均水深 6.4m，最深处 25.1m 左右，容积约 300 亿 m³，是我国最大的淡水湖泊。它承纳赣江、抚河、信江、饶河、修河五大河水系，经鄱阳湖调蓄注入长江的水量超过黄、淮、海三河水量的总和。鄱阳湖是一个过水性、吞吐型、季节性的淡水湖泊，高水的时候是湖像，低水的时候是河像。每年 4～9 月汛期，湖水上涨，鄱阳湖一片汪洋；10 月至翌年 3 月为枯水期，水位下降幅度大，湖水面积减至 500km² 左右，形成大面积的湖滩、草洲、沼泽湿地、浅水湖泊。独特的地理和气候条件使得这里孕育了生物多样性，也使其成为我国重要的淡水湿地，是我国公布的首批国家重点湿地保地之一，1992 年被列入《国际重要湿地名录》。

第三节 "五河"概况

一、赣江

赣江是江西省内第一大河流，纵贯江西南北，亦为入鄱阳湖五大河流之首，长江八大支流之一。赣江发源于石城县洋地乡石寮崠（赣源崠），位于东经116°22′，北纬 25°57′。河口为永修县吴城镇望江亭，位于东经 116°01′，北纬 29°11′。主河道长 823km，流域面积 82 809km²，占鄱阳湖流域面积的 51.05％。赣江流域内山地占 50％，丘陵占 30％，平原占 20％。赣江流域水系发达，上游为典型的辐射状水系，流域面积 10km² 以上河流有 2073 条，其中 1000km² 以上河流有 22 条。

赣江干支流自南向北，流经 47 个县（市）。赣州市城区以上为上游，贡水为主河道，流域面积 27 095km²，河长 312km。赣江上游属山区性河流，沿途汇入主要支流有湘水、濂江、梅江、平江、桃江、章水。赣江自赣州市至新干县为中游，河段长 303km，东西两岸均有较大的支流汇入。赣江在新干县城以下称为下游，河段长 208km，东岸无较大支流汇入，西岸有袁河、锦江汇入。赣江在南昌市以下，绕扬子洲分为左右两股汊道，左股分为西支、北支，右股分为中支、南支，四支又各有分汊注入鄱阳湖。各支入湖水道，港汊纵横，洲湖交错，其中以西支为主流，经新建县联圩、铁河至吴城望江亭入湖。

赣江流域多年平均降水量 1580.8mm，中游西部山区的罗霄山脉一带为高值区，可达 1800.0mm 以上，最大值为 2137.0mm。上中游的赣州盆地、吉泰盆地及下游尾闾为低值区，降水量小于 1400.0mm。降水量的年内变化，从 1 月起逐月增加，至 5～6 月达到全年最大，占 17％～19％。自 7 月以后逐月减小。历年4～6 月为主雨季，是长江流域汛期开始时间最早的河流之一。赣江流域多年平均水面蒸发量以中游西部山区为最小，约 800.0mm，干流河谷较大，约为 1200.0mm。赣江的多年平均径流深地区分布与降水量的分布类似，以下游尾闾平原地带最小，仅 400.0mm；其次为中游吉泰盆地和上游赣州盆地，约为600mm；中游西部罗霄山脉最大，可达 1200mm 以上。流域洪水由暴雨形成，每年 4～6 月进入梅雨季，暴雨最为集中，常出现静止锋型、历时长、笼罩面广的降水过程；7～9 月常出现台风型暴雨，这两种不同成因的暴雨都可形成灾害性洪水，特别是赣江上游为典型的扇形水系，汇流迅速集中，更易形成洪灾。

二、抚河

抚河位于江西省东部，发源于广昌、石城、宁都三县交界处的灵华峰东侧里木庄，位于东经116°17′，北纬26°31′，河口为进贤县三阳乡，位于东经116°16′，北纬28°37′。主河道长度348km，流域面积16 493km²，占鄱阳湖流域面积的10.17%。抚河流域内山地占27%，丘陵占63%，平原占10%。流域形状呈菱形，南北宽，东西狭，地形东南高，西北低。流域内河系发达，抚河流域10km²以上河流有382条，其中1000km²以上河流有6条。

抚河自南向北，流经广昌县、南丰县、临川区、进贤县等15个县（市、区）。南城县以上为上游，俗称盱江。河长157km，河宽200～400m，平均坡降0.70‰，河床以砂砾为主，两岸山丘多砂岩，风化侵蚀严重，林木稀少，水土流失较重，河床日渐淤高拓宽。自南城县到临川区河长77km为中游，平均坡降0.40‰，河宽400～600m，两岸多红砂岩丘陵台地。过临川区后为下游，于三阳入鄱阳湖，河长114km，河宽大增，最宽处可达900m，台地发育，有大片红壤，阡陌相连。下游河道水流极为紊乱。1958年抚河干流在荏港人工改道，向东流经青岚湖入鄱阳湖。

流域多年平均降水量1732.2mm，东部武夷山一带可达2000mm以上，往西及西北逐渐减少。流域多年平均水面蒸发量为1050～1150mm。上游山区较小，下游平原区较大。多年平均径流深以东部支流发源地武夷山一带最大，可达1200mm以上。向西及西北逐渐减少，至下游平原湖区约800mm，流域平均径流深1024mm。抚河洪水由暴雨形成，每年4～6月为雨季，暴雨集中。

三、信江

信江位于江西省东北部，发源于浙赣边界玉山县三清乡平家源，位于东经118°05′，北纬28°59′。河口为余干县瑞洪镇章家村，位于东经116°23′，北纬28°44′。主河道长359km，流域面积17 599km²（含东西二支），占鄱阳湖流域面积的10.85%。信江流域地势东南高西北低，南部海拔800～1300m。山区占40%，丘陵占35%，平原占25%。流域内河系发达，信江流域10km²以上河流有320条，其中1000km²以上河流有4条。

信江上游金沙溪入七一水库，自北向南流，在玉山县十里山与玉琊溪会合后始称玉山水，南流至上饶市信州区纳丰溪河后称信江。玉山县至信州区，平均河宽约70m，汇入较大主要支流有玉琊溪、饶北河、丰溪河。信江支流岑港水的上游水土流失严重，中下游河床淤高阻塞，为信江水土保持工作重点区。干流过鹰潭市西北流，至锦江镇河流分汊形成河套，中有熊家洲，洲南河汊上有白塔河汇入。过锦江镇进入冲积平原圩区，大溪渡以下，于貊皮岭分为东西两大支，东西两支又各再分汊，形成弯曲交错的多支入湖水网。东支名东大河，在王惠滩分左右两支，左支于1952年被封堵，右支经马背咀流向珠湖山与改道后的万年河汇合，然后北去会同饶河入鄱阳湖。西支名为西大河，原河道分三股，经整治并一支经扩宽到余干县瑞洪镇入鄱阳湖。

信江流域多年平均降水量1855.2mm。上游约1800.1mm，在闽赣交界铅山河上游最大可达2150.0mm，铅山南面武夷山一带为暴雨区，中游南部山区约2000.0mm，下游约1600.0mm。多年平均径流深上游约1100.0mm，武夷山主峰附近可达1500.0mm。中游南部山区约1400.0mm，下游约800.0mm。信江的洪水由暴雨形成，4～6月暴雨最为集中。

四、饶河

饶河位于江西省东北部，乐安河与昌江在鄱阳县姚公渡汇合后称之为饶河，发源于皖赣交界婺源县五龙山，位于东经118°03′，北纬29°34′，河口为鄱阳县双港乡尧山，位于东经116°35′，北纬29°03′。主河道长299km，流域面积15 300km^2，占鄱阳湖流域面积的9.43%。乐安河为饶河分段河流，流域面积8820km^2（含浙江省境内262km^2），河长280km；北支昌江流域面积6260km^2（含安徽省境内1894km^2），河长254km；汇合口以下流域面积220km^2。饶河流域形状呈鸭梨形，地形东北高而西南低，山丘占10%，丘陵占63%，平原占26%，石灰岩岩溶约占1%。流域内河系发达，大于10km^{2}河流293条，其中1000km^{2}以上河流3条。

饶河自东北向西南流，至婺源县，水浅流急，且多暗礁。过婺源县至太白镇38km，河宽100m以下，仍属水浅流急的山溪性河流。小港以下水量渐丰，两岸多丘陵，香屯以上平均坡降0.79‰，乐平市以下进入平原圩区，河宽增至200m左右。乐平市以下，河道弯曲多汊道，有数处形成河套。至蔡家湾于左岸乐安村有信江东大河注入。饶河下游尾闾水道，湖河相通，水流紊乱。饶河干流具有良好的通航条件，木船可达婺源县城，香屯至乐平段常年可通航5～20t机帆船，乐平市以下河段常年可通航50t以下轮船。

饶河主要支流昌江，发源于安徽省祁门县大洪岭，位于东经117°55′，北纬29°53′。自北向南流，至皖赣边界倒湖右岸纳利济河（大北水）后始称昌江。祁门县城至浮梁旧城间118km，河宽一般150m以内，流经古老变质岩区，水浅多滩，樟树坑以上平均坡降0.78‰。昌江下游河道水流平缓，樟树坑至太阳埠间平均坡降0.207‰，河宽500m以上，多沙洲，汛期常受洪涝威胁。流域多为古老变质岩，岩层质坚，侵蚀轻微，河床稳定，含沙量很小。

饶河流域多年平均年降水量 1849.7mm，自东部山区向西部滨湖递减，以德兴怀玉山为暴雨中心，可达 1900.0mm 以上，东部一般在 1800.0mm 以上，西部滨湖约 1500.0mm。多年平均水面蒸发量上游约 800.0mm，下游约 1100.0mm，流域平均约为 1000.0mm。多年平均径流深分布与降水量基本一致，东部德兴县附近约为 1200.0mm，流域下游约为 600.0mm。饶河洪水由暴雨形成，每年 4～6 月为雨季，暴雨集中。

五、修河

修河位于江西省西北部，发源于铜鼓县高桥乡叶家山，位于东经 114°14′，北纬 28°31′。河口为永修县吴城镇望江亭，位于东经 116°01′，北纬 29°12′。主河道长 419km，流域面积 14 797km²，占鄱阳湖流域面积的 9.12%。修河流域呈东西宽、南北狭的长方形，西北高而东南低，地势海拔为 10～1200m，山地占 47%，丘陵占 37%，平原占 16%。河道平均坡降 0.46‰。修河流域河系发达，流域面积大于 10km² 河流 305 条，其中 1000km² 以上河流 4 条。

修河自源头由南向北流，至修水县马坳乡上塅，俗称东津水。在上塅折向东流，经修水县、武宁县，过柘林水库，由永修吴城镇注入鄱阳湖。修水县以上为上游，左岸有渣津水汇入。东流过杭口，再东南流至黄田里，右岸有武宁水汇入。而后又东北流经修水县，过三都，至武宁县西北洋浦里进入柘林水库库区。柘林水库以下为冲积平原，流至永修县于山下渡接纳修河最大的支流潦河。修河过永修向东北流至吴城入鄱阳湖。

修河流域多年平均降水量 1663.2mm，由西南向东递减。暴雨中心在支流潦河上游，可达 2000.0mm 以上，最大值达 2023.0mm。多年平均水面蒸发量为 800.0～1100.0mm，由山区向下游平原逐渐增大。多年平均径流深与降水相似，由下游约 500.0mm 向潦河上游及修河南边与锦江的分水界增大到约 1200.0mm。修河洪水由暴雨形成，每年 4～6 月为雨季，暴雨集中。

第三章 "五河一湖"社会经济概况

第一节 "五河一湖"人口及城镇化率

2008年"五河一湖"区域人口及城镇化率见表3.1。其中以抚河流域城镇化水平最高,以修河流域城镇化水平最低。人口密度以鄱阳湖区最大,以修河流域最小。因此,鄱阳湖区要承受较高的人口压力和较强的人类活动干扰,相对而言修河流域的人口压力要小得多,其生态环境保护压力也相对较小。

表 3.1　2008 年"五河一湖"人口状况

项目	赣江流域	抚河流域	信江流域	饶河流域	修河流域	鄱阳湖区
年末总人口/万人	2165.36	406.84	484.16	258.25	186.90	597.30
城镇人口/万人	967.08	191.63	169.39	107.00	52.80	193.77
乡村人口/万人	1198.28	215.21	314.77	151.25	134.10	403.53
城镇化率/%	44.7	47.1	35.0	41.4	28.3	32.4
人口密度/（人/km²）	262	236	299	235	139	346

第二节 "五河一湖"经济状况

2008年"五河一湖"经济量、经济结构和经济强度分别见表3.2～表3.4。按人均地区生产总值计算,饶河流域最高（达1.80万元/人）,修河流域最小（仅为1.05万元/人）。主要是饶河流域有德兴铜矿、景德镇昌河公司等大型工矿企业,而修河流域除修水县的香炉山钨矿外,几乎没有什么大的工矿企业。

表 3.2　2008 年"五河一湖"经济量

项目	赣江流域	抚河流域	信江流域	饶河流域	修河流域	鄱阳湖区
地区生产总值/万元	36 260 295	4 855 762	6 744 125	4 694 181	1 968 854	8 292 399
第一产业增加值/万元	4 773 659	1 014 870	916 841	521 462	403 302	1 301 687
第二产业增加值/万元	18 952 520	2 375 724	3 774 841	2 630 112	1 000 781	4 277 782
其中：工业增加值/万元	14 976 636	1 882 773	3 372 782	2 271 321	888 525	3 432 552
第三产业增加值/万元	12 534 116	1 465 168	2 052 443	1 542 607	564 771	2 712 930

表3.3 2008年"五河一湖"经济结构 （单位：%）

项目	赣江流域	抚河流域	信江流域	饶河流域	修河流域	鄱阳湖区
地区生产总值	100.0	100.0	100.0	100.0	100.0	100.0
第一产业增加值	13.2	20.9	13.6	11.1	20.5	15.7
第二产业增加值	52.3	48.9	56	56	50.8	51.6
其中：工业增加值	41.3	38.8	50.0	48.4	45.1	41.4
第三产业增加值	34.6	30.2	30.4	32.9	28.7	32.7

表3.4 2008年"五河一湖"经济量

项目	赣江流域	抚河流域	信江流域	饶河流域	修河流域	鄱阳湖区
人均地区生产总值/（万元/人）	1.68	1.19	1.40	1.80	1.05	1.37
单位国土面积地区生产总值/（万元/km²）	437.87	276.29	450.89	398.29	154.58	528.20

从经济结构上看，信江流域和饶河流域工业化水平较高，而抚河流域相对较低。

第三节 "五河一湖"工业结构及污染行业分布

根据2009年江西省统计年鉴，结合江西省第一次污染源普查数据分析，五河流域及鄱阳湖区工矿企业分布见彩图3～彩图11。"五河一湖"区域内采矿、造纸、医药、化工等重污染企业较多，其中造纸、医药、化工沿河近距离分布得较多。具有较大环境污染和生态破坏的工业行业（煤炭开采业、黑色金属采矿业、有色金属采矿业、非金属矿采矿业、皮革皮毛制造业、造纸及纸制品业、化学原料及化学制品制造业、医药制造业、石油加工和炼焦业）分布格局如表3.5所示。

（1）煤炭开采行业主要集中在赣江流域和外河流域，如赣江流域内的丰城矿务局、高安市英岗岭煤矿等，外河流域的萍乡矿务局。此外，信江流域（上饶县及铅山县）和饶河流域（乐平煤矿）的煤矿开采也相对较多。煤矿开采不仅造成地表植被破坏、矸石山占地堆放，还排放大量的酸性矿井水，对矿区及其周边生态环境造成影响。

（2）黑色金属采矿业主要分布在赣江流域（主要是铁矿开采），主要是地表植被破坏、尾矿库占地、含铁废水及其他矿井水排放导致水环境污染。

（3）有色金属矿采选业，主要分布在赣江流域（赣南的钨矿、稀土矿）、饶河流域（德兴铜矿）。此外，信江流域、外河流域及修河流域也有一定分布，抚

表 3.5　2008 年江西省工业行业产值及其在"五河一湖"的区域分布

行业类别	江西省行业产值/万元	各流域所占比例/%						
		赣江流域	抚河流域	信江流域	饶河流域	修河流域	鄱阳湖区	外河流域
煤炭开采和洗选业	1 818 999	58.6	0.0	9.2	7.1	0.0	0.0	25.1
黑色金属矿采选业	1 009 493	88.0	3.2	1.9	0.0	0.0	0.0	6.9
有色金属矿采选业	1 644 033	57.7	1.4	7.0	22.0	5.2	0.6	6.1
非金属矿采选业	786 802	66.9	1.7	18.5	3.2	0.3	5.1	4.4
农副食品加工业	4 162 962	66.6	13.4	6.8	3.2	1.1	5.2	3.8
食品制造业	1 581 358	62.3	10.5	2.3	10.9	2.0	9.8	2.2
饮料制造业	1 163 106	73.9	16.1	0.9	4.6	0.0	3.1	1.4
烟草制品业	918 262	93.3	0.0	6.7	0.0	0.0	0.0	0.0
纺织业	3 494 024	34.4	26.2	3.6	0.1	10.1	8.7	16.8
纺织服装、鞋、帽制造业	1 847 940	66.1	4.8	5.8	0.1	2.5	16.8	3.9
皮革、毛皮、羽毛（绒）及其制品业	1 132 699	45.5	1.6	1.2	0.0	0.0	50.2	1.4
木材加工及木、竹、藤、棕、草制品业	1 424 490	55.4	16.4	7.8	4.7	13.2	0.5	2.0
家具制造业	340 280	78.6	8.0	1.9	0.4	1.3	5.7	4.1
造纸及纸制品业	1 168 738	70.1	9.1	10.9	3.1	3.5	1.7	1.6
印刷业和记录媒介的复制	686 937	47.6	45.1	2.8	0.8	0.0	1.0	2.8
文教体育用品制造业	339 531	53.4	31.4	4.8	2.3	0.1	7.0	1.0
石油加工、炼焦及核燃料加工业	3 260 904	4.3	0.3	0.7	12.9	0.3	0.0	81.5
化学原料及化学制品制造业	5 644 152	47.5	4.5	9.2	18.0	14.4	3.0	3.4
医药制造业	3 377 898	60.9	7.0	6.7	10.9	6.7	2.8	5.1
化学纤维制造业	473 979	50.4	0.1	3.2	0.0	0.0	46.2	0.2
橡胶制品业	468 426	76.1	4.0	3.3	1.9	2.4	11.8	0.4
塑料制品业	1 080 569	58.4	0.7	4.2	4.6	14.5	2.8	14.8
非金属矿物制品业	6 566 026	48.1	7.6	8.7	8.9	2.2	6.8	17.7
黑色金属冶炼及压延加工业	8 647 053	71.0	0.0	2.4	0.0	0.0	4.1	22.5
有色金属冶炼及压延加工业	20 502 200	29.1	5.9	54.1	1.7	5.5	2.3	1.5
金属制品业	1 647 059	60.8	8.4	3.6	1.0	2.1	13.0	11.1
通用设备制造业	1 586 333	55.6	9.1	4.7	19.1	2.9	4.3	4.2
专用设备制造业	1 121 791	42.5	16.1	1.2	17.0	0.0	17.9	5.2
交通运输设备制造业	4 946 814	14.6	49.0	1.2	20.2	0.0	4.1	10.8
电气机械及器材制造业	5 979 858	74.8	11.0	0.2	3.8	5.1	2.7	2.3
通信设备、计算机及其他电子设备制造业	1 879 821	59.7	0.0	30.9	6.2	1.0	1.5	0.7
仪器仪表及文化、办公用机械制造业	385 907	1.5	0.0	77.5	0.0	0.0	10.3	10.7
工艺品及其他制造业	651 528	77.1	1.0	6.6	7.8	0.5	0.3	6.8
废弃资源和废旧材料回收加工业	890 09	49.2	34.4	2.4	0.6	0.3	0.3	12.8
电力、热力的生产和供应业	5 650 487	55.0	0.0	18.8	7.1	0.0	0.0	19.0
燃气生产和供应业	114 929	19.8	76.0	4.1	0.0	0.0	0.0	0.0
水的生产和供应业	158 124	24.7	2.8	42.9	5.7	2.7	15.5	5.7
总计	97 752 521	46.9	8.6	17.7	6.6	3.7	4.3	12.1

河流域及鄱阳湖区相对较少。有色金属矿采选业不仅带来地表植被破坏、尾矿库占地等,还往往产生大量的含重金属废水污染问题。

(4)非金属矿采选业,主要分布在赣江流域和信江流域,通常是石灰石、石英石等开采。非金属矿采选业主要带来地表植被破坏、尾矿库堆放占地等生态破坏问题,此外有部分采矿点具有噪声污染、粉尘污染等局部环境污染问题。

(5)皮革皮毛制造业,主要分布在鄱阳湖区,其次是赣江流域。该行业主要会产生含高浓度难降解,甚至有毒有机物的废水,对水环境带来重大污染。

(6)造纸及纸制品业,主要分布在赣江流域,其次是信江流域和抚河流域。众所周知,造纸行业是名副其实的高污染企业,所排放的工业废水将对周边水环境带来重大影响。

(7)化学原料及化学制品制造业,主要分布在赣江流域,其次分别是饶河流域、修河流域和信江流域,此外抚河流域和鄱阳湖区也有一定量的化学原料及化学制品制造企业。

(8)医药制造业,在五河流域所属的各个县均有分布,但主要分布在赣江流域,其次是饶河流域,再次分别是抚河流域、信江流域和修河流域。

(9)石油加工和炼焦业,主要分布在外河流域(九江石油分公司),其次是饶河流域。

分析"五河一湖"工业结构(表3.6)可知以下几点:

赣江流域的工业主导产业分别是黑色金属冶炼及压延加工业(12.79%,表示占该流域工业产值的比例,下同),有色金属冶炼及压延加工业(12.43%),电气机械及器材制造业(9.32%),非金属矿物制品业(6.58%),电力、热力的生产和供应业(6.48%),农副食品加工业(5.77%),化学原料及化学制品制造业(5.59%)等;

表 3.6　2008 年"五河一湖"工业结构　　　　　　　　(单位:%)

行业类别	江西省	赣江流域	抚河流域	信江流域	饶河流域	修河流域	鄱阳湖区	外河流域
#煤炭开采和洗选业	1.86	2.22	0.00	1.02	2.12	0.00	0.01	4.39
黑色金属矿采选业	1.03	1.85	0.37	0.12	0.00	0.00	0.00	0.67
有色金属矿采选业	1.68	1.98	0.26	0.70	5.92	2.32	0.21	0.97
非金属矿采选业	0.80	1.10	0.15	0.89	0.41	0.07	0.89	0.33
农副食品加工业	4.26	5.77	6.41	1.73	2.19	1.23	4.78	1.51
食品制造业	1.62	2.05	1.91	0.22	2.81	0.87	3.45	0.33
饮料制造业	1.19	1.79	2.15	0.07	0.87	0.01	0.79	0.16
烟草制品业	0.94	1.78	0.00	0.38	0.00	0.00	0.00	0.00
纺织业	3.57	2.50	10.55	0.77	0.08	9.52	6.77	5.65

续表

行业类别	江西省	赣江流域	抚河流域	信江流域	饶河流域	修河流域	鄱阳湖区	外河流域
纺织服装、鞋、帽制造业	1.89	2.54	1.03	0.65	0.03	1.23	6.91	0.69
皮革、毛皮、羽毛(绒)及其制品业	1.16	1.07	0.20	0.09	0.00	0.00	12.63	0.15
木材加工及木、竹、藤、棕、草制品业	1.46	1.64	2.69	0.68	1.11	5.10	0.16	0.27
家具制造业	0.35	0.56	0.31	0.04	0.02	0.12	0.43	0.14
造纸及纸制品业	1.20	1.71	1.23	0.78	0.59	1.12	0.45	0.18
印刷业和记录媒介的复制	0.70	0.68	3.56	0.12	0.09	0.00	0.15	0.18
文教体育用品制造业	0.35	0.38	1.23	0.10	0.13	0.01	0.53	0.03
石油加工、炼焦及核燃料加工业	3.34	0.29	0.12	0.14	6.88	0.23	0.01	25.55
化学原料及化学制品制造业	5.77	5.59	2.93	3.19	16.61	21.97	3.71	1.86
医药制造业	3.46	4.28	2.70	1.38	6.03	6.10	2.09	1.66
化学纤维制造业	0.48	0.50	0.00	0.09	0.00	0.00	4.86	0.01
橡胶制品业	0.48	0.74	0.22	0.09	0.15	0.31	1.23	0.02
塑料制品业	1.11	1.32	0.09	0.28	0.81	4.23	0.67	1.54
非金属矿物制品业	6.72	6.58	5.71	3.49	9.62	3.94	9.86	11.17
黑色金属冶炼及压延加工业	8.85	12.79	0.03	1.25	0.00	0.05	7.90	18.66
有色金属冶炼及压延加工业	20.97	12.43	13.85	67.79	5.58	30.28	10.62	2.96
金属制品业	1.68	2.09	1.58	0.37	0.27	0.93	4.77	1.75
通用设备制造业	1.62	1.84	1.66	0.46	4.97	1.25	1.53	0.64
专用设备制造业	1.15	0.99	2.08	0.08	3.13	0.01	4.46	0.56
交通运输设备制造业	5.06	1.51	27.90	0.37	16.38	0.05	4.52	5.13
电气机械及器材制造业	6.12	9.32	7.59	0.08	3.70	8.32	3.54	1.34
通信设备、计算机及其他电子设备制造业	1.92	2.34	0.00	3.55	1.90	0.52	0.62	0.13
仪器仪表及文化、办公用机械制造业	0.39	0.01	0.00	1.83	0.00	0.00	0.88	0.40
工艺品及其他制造业	0.67	1.05	0.08	0.26	0.83	0.08	0.04	0.42
废弃资源和废旧材料回收加工业	0.09	0.09	0.35	0.01	0.01	0.01	0.01	0.11
电力、热力的生产和供应业	5.78	6.48	0.00	6.50	6.62	0.00	0.00	10.32
燃气生产和供应业	0.12	0.05	1.01	0.03	0.00	0.00	0.00	0.00
水的生产和供应业	0.16	0.08	0.05	0.42	0.15	0.11	0.54	0.09
总计	100.00	100.00	100.00	100.00	100.00	100.00	100.00	100.00

　　抚河流域的工业主导产业分别是交通运输设备制造业(27.90%),有色金属冶炼及压延加工业(13.85%),纺织业(10.55%),电气机械及器材制造业(7.59%),农副食品加工业(6.41%),非金属矿物制品业(5.71%);

　　信江流域的工业主导产业分别是有色金属冶炼及压延加工业(7.79%),电力、热力的生产和供应业(6.50%),通信设备和计算机及其他电子设备制造业

（3.55%），非金属矿物制品业（3.49%），化学原料及化学制品制造业（3.19%）；

饶河流域的工业主导产业分别是化学原料及化学制品制造业（16.61%），交通运输设备制造业（16.38%），非金属矿物制品业（9.62%），石油加工、炼焦业（6.88%），电力、热力的生产和供应业（6.62%），医药制造业（6.03%），有色金属冶炼及压延加工业（5.92%）等；

修河流域的工业主导产业分别是有色金属冶炼及压延加工业（30.28%），化学原料及化学制品制造业（21.97%），纺织业（9.52%），电气机械及器材制造业（8.32%），医药制造业（6.10%），木竹加工及其制品业（5.10%）等；

鄱阳湖区的工业主导产业分别是皮革、皮毛、羽毛及其制品业（12.63%），有色金属冶炼及压延加工业（10.62%），非金属矿物制品业（9.86%），黑色金属冶炼及压延加工业（7.90%），纺织服装、鞋、帽制造业（6.91%），纺织业（6.77%）等。

第二篇 "五河一湖"水环境与水污染防治研究

第四章 "五河一湖"水环境质量现状

第一节 主要断面及入湖口水质现状

一、主要断面水质现状

江西省主要界河断面 30 个，断面信息及水质状况见表 4.1。

表 4.1　江西省主要界河断面水质状况表（2010 年 6 月）

序号	河流	设区市	水质站名	断面位置	水质类别	水质目标	主要超标项目
1	赣江	赣州市	攸镇	赣州与吉安交界	III	III	
2	赣江	吉安市	大洋洲	吉安与宜春交界	II	III	
3	赣江	宜春市	大港	宜春与南昌交界	II	III	
4	赣江	南昌市	昌邑	南昌与九江交界	II	III	
5	禾水	萍乡市	砻山口	萍乡与吉安交界	II	III	
6	孤江	吉安市	龙升	赣州与吉安交界	I	III	
7	乌江	抚州市	牛田	抚州与吉安交界	II	III	
8	白塔河	抚州市	湖石桥	抚州与鹰潭交界	II	III	
9	抚河	抚州市	柴埠口	抚州与南昌交界	II	III	
10	袁河	新余市	茅洲	宜春与新余交界	III	III	
11	信江	上饶市	龟峰	上饶与鹰潭交界	II	III	
12	信江	上饶市	梅港	鹰潭与上饶交界	II	III	
13	乐安河	景德镇市	戴村	上饶与景德镇交界	II	III	
14	乐安河	景德镇市	镇桥	景德镇与上饶交界	劣V	III	总磷（1.8倍）
15	昌江	景德镇市	鄱阳	景德镇与上饶交界	IV	III	总磷（0.1倍）
16	潦河	南昌市	万家埠	南昌与九江交界	III	III	
17	湘水	赣州市	周田	福建与江西交界	III	III	
18	昌江	景德镇市	潭山	安徽与江西交界	II	III	
19	西河	上饶市	石门街	安徽与江西交界	II	III	
20	长江	九江市	码头镇	湖北与江西交界	II	III	
21	长江	九江市	湖口江心洲	湖北与江西交界	II	IV	
22	长江	九江市	马垱	江西与安徽交界	II	III	
23	寻乌水	赣州市	斗晏	江西与广东交界	V	III	氨氮（0.8倍）
24	定南水	赣州市	长滩	江西与广东交界	IV	III	氨氮（0.2倍）

续表

序 号	河流	设区市	水质站名	断面位置	水质类别	水质目标	主要超标项目
25	浈水	赣州市	九 渡	江西与广东交界	Ⅱ	Ⅲ	
26	锦江	赣州市	杉皮埂	江西与广东交界	Ⅱ	Ⅲ	
27	栗水	萍乡市	麻 石	江西与湖南交界	Ⅲ	Ⅲ	
28	渌水	萍乡市	金鱼石	江西与湖南交界	Ⅲ	Ⅲ	
29	体泉水	上饶市	白沙关	浙江与江西交界	Ⅱ	Ⅲ	2010 年新增
30	永平溪	上饶市	二渡关	福建与江西交界	Ⅱ	Ⅲ	2010 年新增

资料来源：江西省界河水资源动态监测（2010 年 6 月），江西省水利厅网站。

二、主要入湖口水质现状

"五河一湖"主要入湖口 8 个，见表 4.2。鄱阳湖湖区、出湖及潼津水水质状况见表 4.3。

表 4.2　主要入湖河流控制断面水质状况（2010 年 4 月）

站点编号	河流	站名	水质类别	主要污染物	水质状况
22	赣 江	外 洲	Ⅲ		较好
23	抚 河	李家渡	Ⅲ		较好
24	信 江	梅 港	Ⅱ		良好
25	昌 江	渡峰坑	Ⅲ		较好
26	乐安河	石镇街	Ⅴ	氨氮、总磷	重度污染
27	修 河	永 修	Ⅱ		良好
28	西 河	石门街	Ⅱ		良好
29	博阳河	梓 坊	Ⅱ		良好

资料来源：鄱阳湖水资源动态监测通报（2010 年 4 月），江西省水利厅网站。

表 4.3　鄱阳湖湖区、出湖及潼津水水质状况（2010 年 4 月）

站点编号	站名	流向	水质类别	主要污染物	水质状况
4	鄱阳	SW	Ⅴ	总磷	重度污染
5	龙口	SW	Ⅴ	总磷	重度污染
6	瓢山	SW	Ⅳ	总磷	轻度污染
7	康山	NE	Ⅳ	总磷	轻度污染
11	棠荫	SW	Ⅳ	总磷	轻度污染
12	都昌	SW	Ⅴ	总磷	重度污染

续表

站点编号	站名	流向	水质类别	主要污染物	水质状况
13	渚溪口	NE	Ⅳ	总磷	轻度污染
14	蚌湖	SE	Ⅱ		良好
15	赣江主支	NW	Ⅳ	总磷	轻度污染
16	修河口	NE	Ⅲ		较好
17	星子	NE	Ⅲ		较好
18	蛤蟆石	NE	Ⅲ		较好
19	湖口	NE	Ⅳ	总磷	轻度污染
D7	潼津水	—	Ⅳ	总磷	轻度污染

资料来源：鄱阳湖水资源动态监测通报（2010年4月），江西省水利厅网站。

三、"五河一湖"源头水环境总体情况良好

"五河"源头保护区分布在6个设区市的10个县（市）34个乡镇，面积达5634km²。2007年，"五河"源头7个监测断面水质类别中，信江源头为Ⅰ类水质；赣江章江源头、抚河源头、修河源头、饶河乐安河源头为Ⅱ类水质；饶河昌江源头为Ⅲ类水质；赣江贡江源头为Ⅳ类水质。

入流鄱阳湖的"五河"水质，据2007年全省114个国控、省控监测断面显示，Ⅰ~Ⅲ类水质比例达77.2%。其中赣江、抚河、信江、饶河、修河五大河流Ⅰ~Ⅲ类水质断面比例88.1%，Ⅳ类、Ⅴ类和劣Ⅴ类水质断面比例分别为7.3%、1.8%和2.8%，劣Ⅴ类水质断面为赣江叶楼（南）、叶楼（北）断面（江西省政协调研组，2008）。

第二节　各断面水质状况及水质特征

一、江西省河流水质概况

2009年，根据6个水资源二级区41条河流150个监测断面的水质资料，采用《地表水环境质量标准》（GB3838—2002），对江西5869km的河流水质状况进行了评价。江西省全年Ⅰ类水占5.3%，Ⅱ类水占61.0%，Ⅲ类水占21.2%，劣于Ⅲ类水占12.5%，其中，Ⅳ类水占5.3%，Ⅴ类水占2.9%，劣Ⅴ类水占4.4%；全年、汛期、非汛期平均Ⅰ~Ⅲ类水河长比例分别为87.5%、88.4%、84.4%，汛期水质好于非汛期。污染河段主要分布于渌水萍乡段、绵江瑞金糖厂

段、贡水会昌西河大桥段、贡水赣县梅林渡口段、赣江滨江宾馆段、赣江大桥段、平江兴国红军桥段、平江兴国潋江大桥段、桃江龙南南海塘段、桃江信丰段、敖溪水乐安红卫桥段、东乡水东乡公路桥段、东乡水东乡铁路桥段、信江鹰潭化工厂段、昌江景德镇吕蒙桥段、乐安河石镇街段、寻乌水寻乌医院段、寻乌水斗晏段及定南变电所段；主要污染物为氨氮和总磷（江西省水利厅，2010）。

江西境内长江干流评价河长为72km，全年、汛期、非汛期水质均为优于或符合Ⅲ类水。

二、鄱阳湖水系水质

鄱阳湖水系评价河长为5435km。全年期情况：Ⅰ～Ⅲ类水占90.0%，其中Ⅰ类水占5.7%，Ⅱ类水占63.9%，Ⅲ类水占20.4%；劣于Ⅲ类水占10.0%，其中劣Ⅴ类水河长201km，占3.7%。污染河段主要分布于绵江瑞金糖厂段、贡水会昌西河大桥段、贡水赣县格林渡口段、赣江滨江宾馆段、赣江大桥段、平江兴国红军桥段、平江兴国潋江大桥段、桃江龙南南海塘段、桃江龙南峡江中段、桃江信丰段、敖溪水乐安卫桥段、东乡水东乡公路桥段、东乡水东乡铁路桥段、信江鹰潭化工厂段、昌江景德镇昌蒙桥段、乐安河石镇街段16个河段；主要污染物为氨氮和总磷。

非汛期情况：Ⅰ～Ⅲ类水占86.7%，其中Ⅰ类水占6.9%，Ⅱ类水占61.0%，Ⅲ类水占18.8%；劣于Ⅲ类水占13.3%，其中劣Ⅴ类水河长280km，占5.2%。污染河段主要分布于绵江瑞金糖厂段、贡水会昌西河大桥段、贡水赣县梅林渡口段、赣江赣州储潭段、赣江外州段、赣江滨江宾馆段、赣江大桥段、平江兴国红军桥段、平江兴国潋江大桥段、桃江龙南南海塘段、桃江龙南峡江中段、章水坝上段、上犹江上犹县竹木检查站段、敖溪水乐安红卫桥段、东乡水东张公路桥段、东乡水东乡铁路桥段、昌江景德镇昌蒙桥段、乐安河石镇街段、泸水德兴天门村段19个河段；主要污染物为氨氮和总磷。

汛期情况：Ⅰ～Ⅲ类水占91.9%，其中Ⅰ类水占2.1%，Ⅱ类水占61.3%，Ⅲ类水占28.5%；劣于Ⅲ类水占8.1%，其中劣Ⅴ类水河长58km，占1.1%；污染河段主要分布于贡水会昌西河大桥段、贡水赣县梅林渡口段、桃江龙南南海塘段、桃江龙南峡江中段、桃江信丰段、章水大余靖安桥段、章水南康窑下坝段、章水南康南门浮桥段、东乡水东乡公路桥段、东乡水东乡铁路桥段、信江鹰潭化工厂段、乐安河石镇街段12个河段；主要污染物为氨氮和总磷。

三、主要污染物及来源

五河流域及鄱阳湖区水质污染物主要以氨氮、总磷、COD、溶解氧、粪大肠菌群及重金属为主，各污染物呈局部污染、常年稳定的特性。

"五河一湖"区域水质污染主要来源有：农业面源、畜禽养殖、工业废水和城市生活污水、矿山开采重金属污染等。

近年来，随着社会经济发展，"五河一湖"区域产业结构逐渐由以第一产业为主导的发展模式过渡到以第二产业为主导的发展模式，2009年第二产业废水排放量达到总排放量的65.1%。

2009年江西省废污水排放量31.16亿t（不含发电和矿坑排水）。其中城镇居民生活废水8.76亿t，占总排放量28.1%，第二产业废水20.30亿t，占总排放量65.1%，第三产业废水2.10亿t，占总排放量6.8%。入河废污水量24.93亿t，火电厂直流式冷却水22.88亿t，矿坑排水量0.45亿t，具体见表4.4。

表4.4　2009年江西省行政分区废污水排放量　　（单位：万t/a）

行政分区	用户废污水排放量						火电厂直流式冷却水排放量	矿坑排水量
	城镇居民生活	第二产业			第三产业	合计		
		工业	建筑业	小计				
南昌市	13 360	45 990	340	46 330	6 160	65 850		
百分比1*	20.29	69.84	0.52	70.36	9.35	100		
百分比2*	15.25	22.86	19.1	22.83	29.28	21.13		
景德镇市	3 920	10 640	0	10 640	960	15 520	14 915	360
百分比1*	25.26	68.56	0	68.56	6.19	100		
百分比2*	4.47	5.29	0	5.24	4.56	4.98		
萍乡市	4 160	18 270	180	18 450	1 120	23 730	175	1 150
百分比1*	17.53	76.99	0.76	77.75	4.72	100		
百分比2*	4.75	9.08	10.11	9.09	5.32	7.62		
九江市	9 840	20 722	80	20 802	2 240	32 882	51 965	0
百分比1*	29.93	63.02	0.24	63.26	6.81	100		
百分比2*	11.23	10.3	4.49	10.25	10.65	10.55		
新余市	2 880	12 460	80	12 540	640	16 060	16 810	1 040
百分比1*	17.93	77.58	0.5	78.08	3.99	100		
百分比2*	3.29	6.19	4.49	6.18	3.04	5.15		
鹰潭市	2 480	10 296	60	10 356	640	13 476	90	
百分比1*	18.42	76.45	0.45	76.9	4.75	100		

续表

| 行政分区 | 用户废污水排放量 | | | | | | 火电厂直流式冷却水排放量 | 矿坑排水量 |
| | 城镇居民生活 | 第二产业 | | | 第三产业 | 合计 | | |
		工业	建筑业	小计				
百分比2*	2.83	5.12	3.37	5.1	3.04	4.32		
赣州市	15 360	19 335	220	19 555	3 680	38 595	30	1 091
百分比1*	39.8	50.1	0.57	50.67	9.53	100		
百分比2*	17.53	9.61	12.36	9.63	17.49	12.39		
宜春市	10 240	17 956	300	18 256	1 920	30 416	109 630	850
百分比1*	33.67	59.03	0.99	60.02	6.31	100		
百分比2*	11.69	8.93	16.85	8.99	9.13	9.76		
上饶市	10 160	18 360	140	18 500	1 440	30 100	80	0
百分比1*	33.75	61	0.47	61.46	4.78	100		
百分比2*	11.6	9.13	7.87	9.11	6.84	9.66		
吉安市	8 320	14 874	200	15 074	960	24 354	35 055	
百分比1*	34.16	61.07	0.82	61.9	3.94	100		
百分比2*	9.5	7.39	11.24	7.43	4.56	7.82		
抚州市	6 880	12 284	180	12 464	1 280	20 624		
百分比1*	33.36	59.56	0.87	60.43	6.21	100		
百分比2*	7.85	6.11	10.11	6.14	6.08	6.62		
江西省	87 600	201 187	1 780	202 967	21 040	311 607	228 750	4 491

*. 百分比1为占各市总排量比例（%）；百分比2为占该类废水全省总排量比例（%）。

资料来源：江西省水资源公报，2010。

第三节　"五河一湖"水资源利用状况

一、水资源量

水资源总量是指当地降水形成的地表、地下产水总量（不包括过境水量），由地表水资源量加地表水资源与地下水资源间不重复量而得。其对应总量见表4.5和表4.6。

表 4.5　2009 年江西省"五河一湖"水资源总量　（单位：亿 m³）

水资源分区	年降水量	地表水资源量	地下水资源量	水资源总量
赣江上游	513.95	201.06	67.08	268.14
赣江中游	293.95	137.03	35.24	172.27
赣江下游	270.49	139.06	43.56	182.62

水资源分区	年降水量	地表水资源量	地下水资源量	水资源总量
赣江小计	1077.96	477.15	145.88	623.03
抚河	232.65	120.75	37.97	158.72
信江	247.62	147.47	26.96	174.43
饶河	190.08	100.95	22.99	123.94
修河	185.25	95.37	27.24	122.61
五河总计	3011.95	1418.84	406.92	1825.76
江西省	2323.93	1144.67	312.89	1457.56

注：江西省水资源总量中包括地下水资源与地表水资源不重复量 22.24 亿 m^3。

资料来源：江西省水资源公报，2010。

表 4.6 2009 年江西省"五河一湖"地表水资源总量

水资源分区	计算面积 /km^2	年径流量 /亿 m^3	年径流深 /mm	与上年比较 /%	与多年平均比较/%
赣江上游	38 949	201.06	516.2	−34.4	−39.4
赣江中游	22 493	137.03	609.2	−25.3	−32.5
赣江下游	18 224	139.06	763.1	−0.5	−17.4
赣江小计	79 666	477.15	598.9	−24.2	−32.1
抚河	15 788	120.75	764.8	−16	−25.3
信江	14 516	147.47	1 015.9	2.2	−15.2
饶河	12 044	100.95	838.2	−9.2	−22.6
修河	14 539	95.37	656	5.6	−29.4
五河总计	216 219	1 418.84	5 762.3	—	—
江西省	166 948	1 144.67	685.6	−14.3	−25.9

资料来源：江西省水资源公报，2010。

二、供用水量

供水量是指各种水源为用户提供的包括输水损失在内的毛供水量，按地表水源、地下水源统计，具体见表 4.7。

表 4.7 2009 年江西省"五河一湖"供用水量 （单位：亿 m^3）

水资源分区	供水量			用水量						
	地表水	地下水	总供水量	农田灌溉	林牧渔畜	工业	城镇公共	居民生活	生态	总用水量
赣江上游	31.54	1.94	33.47	24.93	1.33	2.77	0.56	3.65	0.23	33.47
赣江中游	33.04	0.75	33.8	25.15	0.82	5.69	0.2	1.81	0.13	33.8
赣江下游	48.34	2.08	50.42	28.15	1.3	17.5	0.52	2.67	0.28	50.42

水资源分区	供水量			用水量						
	地表水	地下水	总供水量	农田灌溉	林牧渔畜	工业	城镇公共	居民生活	生态	总用水量
赣江小计	112.92	4.77	117.69	78.23	3.45	25.96	1.28	8.13	0.64	117.69
抚河	19.82	0.59	20.41	16.13	0.93	1.53	0.23	1.48	0.11	20.41
信江	19.44	0.96	20.40	13.92	0.78	3.35	0.30	1.92	0.13	20.40
饶河	14.18	0.84	15.02	9.36	0.54	3.74	0.16	1.20	0.12	15.02
修河	11.47	0.28	11.75	9.37	0.40	0.98	0.08	0.87	0.05	11.75
五河总计	290.75	12.21	302.96	205.24	9.55	61.52	3.33	21.73	1.69	302.96
江西省	246.58	10.37	256.95	168.67	7.57	53.18	3.52	19.24	4.77	256.95

资料来源：江西省水资源公报，2010。

用水量是指各类用水户取用的包括输水损失在内的毛用水量，按农田灌溉、林牧渔畜、工业、城镇公共、居民生活、生态环境六大类统计。工业用水为取用的新水量，不包括企业内部的重复利用水。

三、排水量

排水量一般包括城镇居民生活污水排放量，产业（第二、第三产业）废水排放量，冷却水排放量和矿坑水排放量，其中城镇居民生活污水排放量、工业废水排放量和第三产业废污水排放量是环境保护部门重点关注的排水量，2009 年江西省行政分区废水排放状况见表 4.4。

第五章 "五河一湖"主要环境污染问题

第一节 水库建设对生态环境的影响

一、概述

（1）大坝水库形成后，库区水体的水质量将在多方面得到改善；库区水体对各种污染物具有较高的稀释能力、承受能力和净化能力。

（2）建设大坝水库会对可流水系的水环境，特别是对下游河段的水质产生不利影响。但是，这些影响或者是短时期的，或者是可以通过工程措施予以控制的。

（3）造成江河水系水环境污染的根本原因，是各种人为污染源存在以及人们未有效控制这些污染源。因此，保护江河的水环境，无论在建设大坝前、建设大坝过程中，还是在建设大坝之后，其根本措施是严格而又合理地控制人为污染源。

二、修建水库对河流形态的影响

河流自身健康也需要用水维护，有一定的"河道内用水"才能保持河槽的相对稳定。水库拦蓄影响河道行水，以致不能满足河槽相对稳定的最低要求，并且坝库下泄的河水剥蚀下游河床与河岸，使靠近坝址下游的河道偏移、河床刷深、异常的淤积物聚集等，这些都会造成下游河道萎缩，降低其行洪能力。同时大坝蓄水对河流流量的调节，使河道流量的流动模式发生变化。筑坝使沿水流方向的河流非连续化，水面线由天然的连续状态变成阶梯状，使河流片段化。河流片段化的形成或加剧，使流动的河流变成了相对静止的人工湖泊，流速、水深、水温结构及水流边界条件等都发生了重大的变化。

三、水库建设对河流水文特性的影响

水库拦断江河后，对天然河流的水文情势产生了一定的影响。这种水文变化主要表现在河流流量、河流水位、地下水水位变化等。影响最大的是多年调节型水库，影响相对较小的是日调节型水库。水库水位的变化与天然江河大不相同，这取决于不同类型的调节方式，以防洪为主要目的的水库，其水位的变化在季节

上与天然河流是相反的，水位变幅较大，汛期水库处于低水位运行；在汛末蓄水，水库处于高水位运行。与天然情况相比，增加了江河枯水期流量，减少了丰水期流量，尤其是对洪峰流量有明显的削减作用，提高了下游防洪标准。同时，还可以提高下游工业生产和农业灌溉的用水保证率，增加水电站的保证出力。由于流域内的地表水与地下水有着密切的水力联系，河流水文条件的改变也会影响到地下水的水位、水质等。坝址上游水库蓄水使其周围地下水水位抬高，从而扩大了水库浸没范围，导致土地的盐碱化和沼泽化。同时，拦河筑坝也减少了坝库下游地区地下水的补给来源，致使地下水水位下降，大片原有地下水自流灌区失去自流条件，从而降低了下游地区的水资源利用率，对灌溉造成不利影响。

四、水库建设对水质的影响

水库建设对水质的影响主要表现为水库水体盐度增高、水库水温分层、库中藻类繁殖加剧等。

（1）盐度的变化。大坝拦水以后会形成面积广阔的水库，与天然河道相比，大大增加了曝晒于太阳下的水面面积。在炎热气候条件下，库水的大量蒸发会导致水体盐度的上升。此外，坝址上游土地盐渍化会影响地下水的盐度，通过地下水与河流的水力交换，又会影响河流水体的盐度。

（2）温度的变化。通常，从水库深处泄出的水，夏天比河水水温低，冬天比河水水温高；而从水库顶部附近出口放出的水，全年都比河水水温高。

（3）藻类的变化。大坝在截留沉积物的同时也截留了营养物质。这些营养物质使得水库水体更易发生富营养化现象。在气温较高时，藻类可能会在营养丰富的水库中过度繁殖，使水体散发出难闻的气味。

五、"十五"期间江西省水库信息现状

江西省水库工程始建于 1944 年，经过 60 余年来的建设，尤其是经过1958～1979 年水库建设的大发展阶段及随后的水库工程建设，水库工程已具相当规模。据统计，全省有各类水库 9394 座，其中大型水库 25 座，中型水库 227 座，小（一）型水库 1331 座，小（二）型水库 7811 座。全省水库总库容 283.21 亿 m^3，兴利库容 158.55 亿 m^3；水库有效灌溉面积为 1127.24 万亩[①]，占全省有效灌溉面积的 40.9％；水库年供水量达 108.55 亿 m^3，占全省年供水量的 48.6％；水库发电装机 174 万 kW，年发电量达 40 亿 kW·h。这些水库的建成，在防洪灌

---

① 1亩≈0.067hm²，余同。

溉、供水、发电、保护生态等方面发挥了巨大的效益,为江西省防洪减灾、促进经济社会可持续发展,提高人民生活水平、保障社会稳定、改善生态环境等作出了巨大贡献,在江西省国民经济建设和发展中起着举足轻重的作用。

由于这些水库多数建于 20 世纪 50～70 年代的"大跃进"和"文化大革命"期间,水库经过长期运行,部分老化失修,病险严重。根据已完成的水库安全鉴定成果和水利厅对各类水库的安全普查核定情况,江西省有 3488 座水库存在不同程度的病险隐患,病险水库总库容为 80.10 亿 m^3。其中大型 11 座,中型 153 座,重点小(一)型 287 座,一般小(一)型 488 座,小(二)型 2549 座。这些病险水库严重威胁着下游地区人民群众生命财产安全,对水库下游主要交通干线等基础设施也造成严重威胁,是防洪体系中的薄弱环节,是防洪安全心腹之患。此外,随着工程的不断运行,将出现新的病险水库。水库除险保安已成为经济社会持续稳定发展和水利现代化建设的迫切要求,为消除水库对下游的安全隐患和充分发挥水库的效益,对病险水库进行除险加固整治十分重要和迫切。

第二节 农业面源污染[①]

江西省农业污染源及农业环境问题可以突出体现在以下几个方面:①产业布局不甚合理,鄱阳湖水环境面临巨大压力;②化肥农药施用量高,污染严重;③畜禽养殖业污染严重;④秸秆利用效率低,地膜残留率高,资源浪费现象突出;⑤水产养殖污染日趋明显。

一、农业产业布局不甚合理

江西省种植业、畜禽养殖业和水产养殖业的总体布局,基本上结合了全省地形地貌和水系分布,较为充分地利用了自然资源和生态环境优势。但是,由于局部区域产业的发展规模过大,集约化程度过高,尤其是江西省"五河一湖"区域农业面源污染高风险区和全省农业发展的优势区域的重叠性,这不仅给当地的生态环境带来重大压力,也在一定程度上影响到流域下游乃至鄱阳湖的生态安全。例如,赣南山区果业发展,充分利用了当地的光、热资源和山地资源,但是过度开发果业,导致了较为严重的水土流失;鄱阳湖区水产养殖业的快速发展,充分利用了当地的自然资源和水资源优势,促进了区域社会经济发展,但是水产养殖业投入品的大量使用,产生了大量的污染物,直接进入鄱阳湖水体,给鄱阳湖的水环境带来较为严重的污染;规模化畜禽养殖大多分布于区域受纳水体周边,粪

---

① 江西省农业环境监测站,南昌大学 . 2010. 江西省第一次农业污染源普查技术报告。

便等废弃物直接或间接排入水库、河流和湖泊等受纳水体,恶化水环境。

二、农业化学投入品使用量大

2008 年,江西省肥料施用量 167.3 万 t(折纯),其中氮肥 116.4 万 t(折纯),单位种植业面积肥料施用量约为 569.8kg/hm²(折纯),单位种植业面积氮肥施用量约为 396.4 kg/hm²(折纯),远高于环境保护部对生态县建设中所规定的农用化肥平均施用量 280 kg/hm²(折纯)的标准,也高于我国化肥施用量强度的平均值。

对于部分县(市、区),单位种植业面积化肥施用量超过 1000 kg/hm²(折纯)(湖口县、西湖区、彭泽县);有 29 个县(市、区)单位种植业面积化肥施用量超过 600 kg/hm²(折纯)。如此高的化肥施用强度,一方面是资源的浪费(化肥流失率高),另一方面是作为大量污染物对周边环境造成污染。

江西省种植业总氮地表流失量为 3.84 万 t(其中,本年流失 1.12 万 t,基础流失 2.72 万 t,均为田间尺度污染负荷),地下淋溶量为 4809 t。另外,总磷地表流失量 4278t,氨氮流失量 5804t(其中,地表流失 5509t、地下淋溶 295 t),这些污染物进入水体,将带来严重的水环境污染。

2008 年,江西省农药施用量约为 1.92 万 t,其中有机磷农药 6286t,单位种植业面积农药施用量约为 6.64kg/hm²,单位种植业面积有机磷农药施用量约为 2.50kg/hm²。大量农药的使用,一方面导致农作物农药残留量高而引起食品安全问题,另一方面农药进入水体将导致严重的水体污染。

三、畜禽养殖污染未能得到有效控制

江西省畜禽养殖以养猪为主,猪养殖所产生和排放的污染物是畜禽养殖污染物产生和排放的主体。根据普查,江西省畜禽养殖 COD 产生量 79.16 万 t,占全省农业源 COD 产生量的 97.0%,畜禽养殖 COD 排放量 26.76 万 t,占全省农业源 COD 排放量的 94.0%;畜禽养殖总磷产生量 8759t,占全省农业源总磷产生量的 64.2%,畜禽养殖总磷排放量 3350t,占全省农业源总磷排放量的 41.4%;江西省畜禽养殖总氮产生量 4.97 万 t,占全省农业源总氮产生量的 51.7%,畜禽养殖总氮排放量 2.27 万 t,占全省农业源总氮排放量的 33.2%;江西省畜禽养殖氨氮产生量 6094t,占全省农业源氨氮产生量的 49.7%,畜禽养殖氨氮排放量 2864t,占全省农业源氨氮排放量的 32.1%。

此外,江西省畜禽养殖 COD、总磷、总氮、氨氮的排放率总体在 40% 左右,但是部分设区市和流域污染物排放率较高,如景德镇市的总氮排放率为 62.1%,

萍乡市的总氮排放率为56.4%、总磷排放率为59.2%。统计各县（市、区）畜禽养殖污染物排放率可知，有39个县（市、区）畜禽养殖总氮排放率超过50%，有35个县（市、区）畜禽养殖总磷排放率超过50%，其中有5个县（市、区）甚至超过80%，有30个县（市、区）畜禽养殖氨氮排放率超过50%，有26个县（市、区）畜禽养殖COD排放率超过50%。因此，需要加强畜禽养殖污染物的处理处置，特别是进行资源化利用，以减少污染物排放量。

四、秸秆焚烧和地膜残留需引起关注

根据普查结果，江西省秸秆产生量为2492.77万t，其中直接还田量仅有877.64万t，仅占产生量的35.2%，田间焚烧及作燃料燃烧量分别为490.33万t和445.82万t，焚烧率达到37.6%。秸秆露天焚烧将带来严重的大气污染，已经成为社会关注的公害。

随着农业科技的发展，农膜成为农业增产、稳产的主要投入品。随着大棚农业的普及，农用地膜污染正在突显。2008年江西省地膜年使用量为2522t，地膜残留量为411.09t，残留率约达16.3%，其中萍乡市、新余市的地膜残留率分别达到28.6%、25.2%，应该引起高度关注。

五、水产养殖业污染不容忽视

与畜禽养殖业污染以及种植业污染相比，水产养殖业污染相对较轻，但在部分区域水产养殖业的污染物排放量较大，特别是鄱阳湖滨湖地区水产养殖污染源点多面广，对鄱阳湖水环境造成污染。在水产养殖业源污染物产生量/排放量从高往低排序前15位的县（市、区）中，鄱阳湖滨湖地区占了1/2以上。此外，水产养殖污染物排放率一般较高〔部分县（市、区）甚至达到100%〕，污染物削减问题比较难解决。因此，控制水产养殖业污染，需要从源头上把关，尽可能减少污染物的产生量，从而减少排入环境当中的污染物量。

六、矿山开采重金属污染

位于乐安河中游地区的德兴铜矿及位于信江中游地区的永平铜矿是我国著名的大型铜业生产基地，其开采过程中产生的含金属酸性废水的排放，是这两个河口及湖区重金属污染的主要来源。

第三节 "五河一湖"源头环境问题[①]

"五河一湖"源头污染防治取得了显著成绩,但按科学发展观要求,水环境保护依然面临严峻形势。

一、污染增多,环保压力增大

"五河"源头区域污染物主要来源:一是城镇生活污水和生活垃圾,源头所在区域的城镇与村庄基本没有生活污水和生活垃圾处理设施,"污水基本靠蒸发,垃圾基本靠水运",形成对源头水的污染;二是工业园区的工业废水、工业废气大多是直排,工业废渣随意堆放,污染物不断渗入水体,给水环境安全带来重大隐患;三是工矿企业污染严重;不少重污染的矿山及加工企业建在大江大河沿岸、城市饮用水水源地附近和人口密集区,水污染事故时有发生。

"五河一湖"源头保护区特有的湿地生态系统,其具有极高的生态价值,约为其他生态系统平均水平的10倍。由于"五河"上游水资源开发利用程度过高,造成水流缓慢,河流稀释自净能力下降,特别在是枯水期容易发生水污染事故。

二、植被破坏,生态修复困难

赣江源头少数地方和博阳河流域,化工、矿山开采、冶炼相关产业性污染问题严重,污染治理工作长期没有进展,尾砂废石沿山、河边随意堆放,废水直排,水环境污染等问题非常突出,甚至一些山体被随意采挖,矿山覆土、覆绿等制度至今没有得到落实。

三、随意排放,面源污染加剧

随着种植养殖业的迅速发展,化肥、农药等农用化学品施用量大幅增加,畜禽粪便随意排放,农业生态环境正在不断恶化,农村面源污染已成为不容忽视的问题。突出表现在:农业生产污染进一步增多;大型养殖场废弃物排放污染进一步加剧;生活污染日益严重。农村环境卫生基础设施滞后,垃圾处理设备基本没有,对农业环境和整个水质环境造成极大影响。

---

① 中国科学院生态环境研究中心.2008.江西五大水系对鄱阳湖生态影响研究。

四、设施落后，污染处置不当

目前江西省 80 个县（市、区）的污水处理厂建设工作均已基本完成，运营情况基本正常。按照 70% 的污水处理率，每年可以减少 COD 排放量 6.4 万 t，减少 BOD 排放量 4 万 t，这将大大改善鄱阳湖流域生态环境。但运营初期还存在以下问题：①配套管网建设滞后，影响了污水处理厂正常功能的发挥；②地方财政负担较重，污水处理服务费支付的压力大；③经营效益低，项目不能满负荷运行，各地收取城市污水处理费普遍较低，无法保证污水处理运行成本；④污水处理后的污泥存在二次污染的隐患；⑤大多数污水处理厂的在线监控设施存在安装不到位、运行不正常、不能联网的现象。

除少数县垃圾处理场已开工建设或已建成投入使用外，"五河一湖"源头大部分县（市、区）生活垃圾处理场都没有开工建设。目前城市污水排放已经成为影响水环境质量的主要因素，2007 年全省地表水粪大肠菌群和氨氮污染较为严重，赣江和饶河出现超标断面，河流城市段下游特别明显，2007 年粪大肠菌群和氨氮断面超标率分别为 10.1% 和 7.3%。

五、认识偏差，导致污染新源

"五河一湖"源头地区部分领导不能正确处理经济发展和环境保护的关系，片面认为污染是经济发展的"合理代价"。为了单纯追求 GDP 增长，有的违反产业政策引进污染企业；有的地方保护主义严重，制订出台一些"土政策"、"土办法"，允许企业新建或改扩建项目环境影响评价审批"先上车、后买票"，甚至"上了车、不买票"；有的设立"重点保护牌"，规定不经特许不得进行检查、不得收取排污费，干扰基层环境保护部门执法；有的责令环境保护管理人员给一些高污染、高能耗的引资项目开"绿灯"，导致环保越权、违规审批、降低污染治理标准等问题较为普遍。

六、利益驱动，企业违法严重

因为缺乏相关利益诱导机制，企业的治污行为基本上靠企业负责人的自觉。一些企业片面追求利益最大化，认为缴纳了排污费就是购买了排污权，不依法办理环保审批，不按"三同时"的要求建设或擅自停运污染防治设施。还有一些污染企业通过不治理污染、不运行污染防治设施、偷排污染物等违法手段，减少本应付出的环保费用成本。

七、法制滞后，执法能力弱化

相关法律支持不足，环境保护部门执法缺乏必要手段。由于现行国家环境保护法律法规并未授权环境保护部门直接采取查封、扣押等强制措施及时制止违法行为，也没有形成有关部门配合采取断水、断电、断运、吊销营业执照等措施的综合执法机制。环保部门对有关环境法律中规定的"停止建设"、"停止生产使用"、"责令限期恢复使用治污设施"、"责令停业关闭"等维护公众环境的手段和措施难以实施。环保行政处罚决定难以落实到位。

八、机构薄弱，监管能力不强

由于历史原因，"五河一湖"源头绝大部分县（市）环境保护部门人员冗杂，专业素质不高，其中不乏"七姑八姨"，仅有的几个行政编制，不少也属于照顾性安排。在"五河一湖"源头区域，环境保护部门力量本应加强，但从现有的人员结构分析中，却很难发现其优势所在。由于缺少懂业务、懂法规的专业人员，队伍参差不齐，无法胜任日益繁重的水环境监管工作。由于财政投入少，经费捉襟见肘，县级环境保护部门基本不具备环境监察、监测能力，"五河一湖"源头区域的县（市）尤其如此。

九、机制缺失，发展矛盾突出

"五河一湖"源头地区因交通条件、地理位置和产业布局等原因，经济相对落后，招商引资困难，经济发展没有较好的出路。由于缺乏有效的新产业支持项目和源头林区经济发展项目，没有找到适合地区的生态产业发展出路，居民生存、地方经济发展与自然资源、生态环境保护的关系很难处理，矛盾日益突出。"五河一湖"源头区域第一产业和第二产业比例过大，第三产业比例较低，产业结构有待优化。一些地方形成了以高物耗、高能耗、高污染为主的单一产业结构，不少化工、矿山开采、冶炼等重污染行业企业建在江河沿岸、城市饮用水水源地附近和人口密集区，给水环境安全带来严重威胁。

第六章 "五河一湖"水污染防治对策

如第五章所述,"五河一湖"主要水污染问题有:①水利设施相对不完善;②农业面源污染;③畜禽养殖污染;④矿山开采重金属污染;⑤生活污水及工业污水污染;⑥"五河一湖"源头水环境问题。

第一节 完善水利设施

根据现有的水利发展规划,水利建设要严格按照规划实施,在完善水利建设时可通过以下方面进行执行:①深化水务体制改革和水资源管理体制改革,推进城乡涉水事务和水资源的统一管理;②推进水利投融资体制改革,建立以公共财政为主渠道的水利投资体制;③深化水利建设管理体制改革,规范水利工程建设市场;④深化水利工程管理体制改革,保障工程良性运行;⑤推进水利国有资产管理体制改革,建立分类管理、政事企分开、有效激励的资产管理体系;⑥深化农村水利改革,建立农村水利健康发展的保障机制;⑦水价改革;⑧农村水电改革。

到 2020 年,水利建设要达到以下要求:①建立安全可靠、科学规范、反应灵敏的防洪减灾体系,实现河湖安澜、水库无险、人民安居乐业;②建立水资源高效利用与供给保障体系,实现水资源的优化配置和高效利用;③建立高质量的水生态环境,努力实现山川秀美,人与自然和谐共处;④全面推进水利现代化,为江西省经济社会可持续发展提供支撑和保障。

第二节 农业面源污染控制工程

针对农业产生的面源污染,应改善土壤结构增加土壤保肥供肥能力,减少化肥损失,保持氮、磷、钾平衡,大力推广测土配方施肥和平衡施肥技术。大力推广生物防治技术,利用农业措施、物理方法和农药降解菌,以及生态控制,降低病虫发生概率,推广生物农药,改进施药方法,提高农药利用率,减少农药使用量。在化肥和农药的使用上,充分考虑土壤特性和作物生长状况,根据作物对养分和农药的需求量,合理安排施肥量、施肥方式、施肥时间,扩大以有机肥生产和使用为重点的生态农业建设。设计适当的农田景观,在农田和水体间设置适当宽度的植被缓冲带,在地形转换地带建立适当的树篱和溪沟;实行不同土地利用方式在空间上的合理搭配以及不同农作物间作、套种和轮作。此外建设鄱阳湖流域内生态林工程，提高森林覆盖率，以防止水土流失带来的面源污染。

第三节　畜禽养殖污染控制工程

畜牧业是鄱阳湖区农村经济新的增长点和重要的支柱产业，但由此造成的农业面源污染已成为不容忽视的农村"生态环境问题"，对农村畜禽养殖造成的污染治理刻不容缓。首先，在新建畜禽养殖场时，养殖场要科学规划、正确选址和合理布局，应远离居民区 5km 以上，离公路 200m 以上，水源要充足，远离河流，严禁向河流排放粪尿污水。规划猪场时，规模应适度，要有足够的土地消纳猪场所产生的粪污，无论规模大小，新建畜禽养殖场必须同步建设粪尿治理与综合利用设施，不要先污染后治理。合理布局畜禽禁养区、控养区和适养区，搬迁或关闭位于水源保护区的畜禽养殖场。其次，通过选择"合适"的无污染的原料来配制饲料，不仅可提高饲料的消化利用率，还可减少粪尿中污染物质的排出量，是消除畜牧业污染环境的"治本之举"。最后，在农村畜禽养殖户、规模化养殖场，大力推广畜禽粪便无害化、资源化处理技术和污水处理技术，大力推广"一池三改"强回流沼气池和生活污水净化沼气池，加大畜禽粪便无害化处理力度，改善农民生活环境，同时也为农业提供优质有机肥料，实现种植与养殖的良性循环。

第四节　矿山开采重金属污染控制

位于乐安河中游地区的德兴铜矿及位于信江中游地区的永平铜矿是我国著名的大型铜业生产基地，其开采过程中产生的含金属酸性废水的排放，是这两个河口及湖区重金属污染的主要来源。对乐安河上的德兴铜矿和信江上的永平铜矿进行综合治理是控制鄱阳湖流域重金属污染的主要途径。因此，严格控制"五河"特别是赣江南支、乐安河上游沿岸厂矿的废水排放，减轻有机物及重金属的污染，加强湖岸周围经济环境的管理，沿湖 5km 以内的企业排放的污水必须达到国家地表水Ⅳ类标准，对违法排污行为要加大处罚力度，对沿湖拟建项目严格执行国家"三同时"和环境影响评价制度。应加强各矿区环境保护工作，减少废水排放量；综合回收废水中有用物质，变废为宝；清污分流，废水循环使用，尽量减少排放量，具体措施是将矿山所有废水截流收集，排入尾矿库澄清后回抽作为生产用水；加入石灰乳提高废水的 pH，以利重金属在河水中转入沉积物中，减少进入湖体的量；坚持工程治理与生物治理相结合，积极进行矿山和尾矿山库坝体的植被恢复和土地复垦，保护生态平衡。

第五节　污染物总量控制工程

根据水环境承载能力和社会经济发展新形势的要求，综合考虑河流上、下游的利益，合理制订流域污染物排放总量控制及分配方案，为水污染防治、调整经济发展结构和优化产业结构布局提供基本依据，是提升环境管理、完善排污收费制度，改善地方环境质量的重要手段；对经济的可持续发展和水资源的可持续利用具有特别重要的意义。

此外，要严格控制含有重金属和持久性有机污染物的废（污）水排入五大水系及鄱阳湖，禁止向五大水系干流排放含有重金属和持久性有机污染物的废（污）水；针对鄱阳湖主要特征污染物为总磷（TP），富营养化的主要因素为总氮（TN）、TP，建议全面禁止企业生产含磷洗涤用品，禁止商家销售含磷洗涤用品，禁止公众使用含磷洗涤用品，以实现从根源上控制总磷污染，从而保护鄱阳湖的"一湖清水"。

第六节　加强"五河一湖"源头水环境保护

（1）严厉打击违法排污行为。关于企业污染问题，建议有关部门依法依规进行处理。在环保执法中，应重点整治"五河"源头区域内矿山随意采挖、废石尾砂随意堆放、废水随意排放的问题；严格要求企业限期对植被遭到破坏的地表进行覆土覆绿，保护与恢复源头区域的生态系统和生态功能。

（2）科学规划和实施城镇污水处理厂正常运行。建议政府及有关部门在实施城镇污水处理厂建设和运行中重视以下几个问题：第一，污水处理设施建设要同城市规划相衔接，各县（市）城镇人口数量不同、地域范围不同，在做污水处理厂建设规划时，既要适应城镇现有人口规模需要，又要考虑城镇长远发展，因地制宜，分类指导，分期建设，防止简单化的"一刀切"，搞一个标准、一种模式。第二，必须搞好雨污分流管网建设，工业污水一定要企业或工业园区自行处理。若没有配套的管网建设，即便是建成了污水处理厂，也难以真正发挥作用。第三，解决建成后的污水处理厂因运营成本较高导致"空转"不能达标排放的问题。建议政府在帮助运营商获取正常利益的同时，责成有关部门切实加强监测检查，防止建成后的污水处理厂成为摆设，成为"晒太阳工程"。

在加快推进城镇污水处理厂建设的同时，应重视农村生活污水处理工作，结合新农村建设，实施河塘清淤，改造和完善水利设施，适时推进农村生活污水净化工程建设。

（3）加大城镇和农村生活垃圾处理力度。建议借鉴外省市的经验，总结江西省先行开展城镇与农村生活垃圾集中处理的县（市）的成功做法，对"五河"源头及环鄱阳湖地区尚未建成无害化垃圾填埋厂的县（市）尽快进行规划、建设、尽快投入运转；在县域内适合地点建立区域性的乡镇垃圾卫生填埋场，按"村组收集、乡镇转运、县处理"模式，对垃圾进行集中填埋处理；制定农村生活垃圾处置和管理制度（尤其是乡镇和行政村），指导村镇因地制宜进行垃圾处理；出台鼓励生产和使用有机肥的政策，引导农民使用农家肥和有机肥，消纳和减少垃圾量；建立农村人畜粪便管理制度，探索简易可行、适度集中的生活污染处理设施；处理技术上，变目前单一的简单填埋为将填埋、焚烧、堆肥等多种技术有机结合，实现生活垃圾的无害化、资源化；进行分类处理，减小无害化处理难度；配套建成垃圾渗滤液处理设施，严防有毒有害废水对环境造成损害，杜绝二次污染发生。

（4）严格控制大型养殖场废水排放。建议有关部门对江西省现有大中型畜禽养殖场废水处理及排放情况进行专项检查，并有针对性地提出改进和处置意见，原有的养殖场要进行环评，新建养殖场要做到污染处理设施与主体工程同时设计、同时施工、同时投入使用，严格禁止不经利用、不经处理的废水直接排放于河湖之中。同时，严格控制化肥、农药的施用量，严格控制农业废水排放，力争农业生产全过程少污染、少废弃物，从源头减少面源污染。

（5）切实做好污染源普查工作。建议按国家统一部署和要求，组织精干力量，切实查清"五河一湖"污染源的分布及其性质、数量、危害，尤其是要清楚掌握重点污染源，并提出分类管理和治理的意见，明确政府、部门和企业的工作目标和责任。使各级政府对辖区内的污染防治与环境保护真正做到心中有数、保护有责；使各部门、各企业依法办事、守法经营。

（6）尽快出台《江西省关于建立赣、抚、信、饶、修五大河流和东江源头保护区的决定》。建立"五河"和东江源头保护区，对于加强江西省流域生态安全、实现可持续发展具有极为重要的作用。

（7）建立流域综合管理机制。建议建立流域与区域管理相结合、各部门相互协调配合、利害相关人和公众参与的流域综合管理机制，统筹协调流域管理。制定全流域可持续发展总体规划，协调有关政府部门、业务部门、科研机构和流域地方政府，建立有效的工作制度和机制，整合监测资源，建立平台，实现信息共享，强化综合执法，规范行政许可，对重大水环境事件进行高效处理。

（8）实行目标管理与分类考核。按照"生态工作项目化，项目工作目标化，目标工作责任化"的思路，通过分解落实"五河一湖"流域整治各项工作任务，实行党政一把手亲自抓、负总责，建立部门职责明确、分工协作的工作机制，做到责任、措施和投入"三到位"。尽快建立区域环保责任制，制定出境水质环保控制目标。制订相关考核办法，明确考核评分标准，对不同区域分类考核，在源头县考核体系中引入"绿色GDP"考核标准，将环保指标纳入源头县市乡镇各级干部政绩考核重要内容，考核结果作为干部奖惩、使用的主要依据，实行环保"一票否决"。

（9）为"五河一湖"水污染防治专项立法。建议制定出台《关于加强"五河"源头生态环境保护和建设的决定》、《环鄱阳湖生态经济区生态环境保护条例》、《"五河"及鄱阳湖流域水污染防治条例》等法规，保证"五河"源头和鄱阳湖生态环境保护的权威性、严肃性和连续性。加快制定"五河一湖"源头环境保护重大项目管理办法、生态公益林建设管理办法和江河流域综合管理办法。

（10）制定相关资源节约法规。建议抓紧出台《江西省清洁生产促进条例》。研究制定耕地集约管理、保护环境、促进节地节水、资源有偿使用及产权转让、环境监理等法规和规章。完善"五河一湖"水环境保护的配套法规。

（11）对生态补偿问题进行研究并适时试点推行。为了保护生态环境和全流域的长远发展，源区和上游地区进行了大量投入并且牺牲了经济发展的机会。帮助源头地区在经济发展与环境保护间选择合理发展方向，必须建立源头保护生态补偿机制。江西省河湖源流自成体系，流域间实行生态补偿的自然条件较好，建议省政府对此专题研究，加快完善生态补偿的法规和政策，择时开展多种类型的生态补偿试点工作。借鉴外省经验，确定补偿内容，以促进源头地区产业结构调整，切实解决发展与环保的矛盾。

（12）优化源头地区农业产业结构。大力发展生态农业和特色产业，扶持源头地区充分发挥本地资源优势，发展生态林业、生态果业、生态茶业、生态养殖业和生态旅游业，形成产业链、产业集群。

（13）科学制定和稳步实施生态移民规划。建议政府制定"五河"源头保护区生态移民规划，建立产业补偿制度等政策，以建设"环鄱阳湖生态经济区"为契机，争取国家项目和资金支持，逐步实施源头生态移民，最大限度地减少人类生产生活对源头地区自然生态的破坏。

（14）组织全面的科学考察。江西省还是在20世纪80年代中期对鄱阳湖做过一次全面科学考察。时隔20多年，情况发生了很大变化。建议省政府组织一次对"五河"和鄱阳湖生态环境的综合科学考察，为科学决策提供基础依据。

（15）科学分析水环境承载能力。对水源涵养、水量季节变化、水质情况等建立起完整的数据系统，进行长期科学分析，研究水环境自净能力和污染承载能力，以科学规划流域内产业布局，确定污染物排放总量及各企业排放定额和排放标准。

（16）加大污染防治科技支撑力度。建议组织省内有关科研院所、高校开展水环境安全适用技术开发研究，积极引进充分利用生物技术防治水污染、人工湿地处理污水等先进的适用技术，提高"五河一湖"源头环境安全科技水平；研究开发关键性技术，以满足解决复杂环境问题的需要。

第三篇 "五河一湖"生物多样性研究

第七章　"五河一湖"生物多样性现状

第一节　生物多样性及其保护意义

生物多样性（biodiversity）是指一定范围内多种多样活的有机体（动物、植物、微生物）有规律地结合构成稳定的生态综合体。这种多样性包括动物、植物、微生物的物种多样性，物种的遗传与变异的多样性及生态系统的多样性。其中，物种的多样性是生物多样性的关键，它既体现了生物之间及环境之间的复杂关系，又体现了生物资源的丰富性。

生物多样性对地球演化和生命保障系统具有极为重要的作用，是人类赖以生存和发展的基础。生物多样性与经济发展密切相关，生物多样性所蕴藏的巨大价值是国家经济腾飞的基础。据估计，全球生物多样性（主要以生态系统功能估算）的价值约为 33×10^{12} 美元/a，中国为 $1 \times 10^{12} \sim 4.6 \times 10^{12}$ 美元/a。有学者曾评估鄱阳湖生物资源的价值约为 70 亿元，但并不包括生物多样性各层次的价值。

对于人类来说，生物多样性具有直接使用价值、间接使用价值和潜在使用价值。无论哪一种生态系统，生物都是其中不可缺少的组成成分。在生态系统中，生物之间具有相互依存和相互制约的关系，它们共同维系着生态系统的结构和功能。生物多样性丧失，将破坏生态系统的稳定性，人类的生存环境也就要受到影响。

第二节　"五河一湖"生物多样性现状

一、鄱阳湖生物多样性

鄱阳湖处于高低水位消落地域及附近的浅水区，包括入湖河流三角洲、湖滨滩地、堤垸沟渠、池塘沼泽、冲积沙洲、港汉水道，形成了我国中亚热带湿地生态系统的特殊地理景观，鄱阳湖的动植物种类非常丰富。根据历史资料和最新的研究成果，已报道的动植物种类有 1702 种。其中，浮游植物 319 种，水生植物 327 种，哺乳类 52 种（淡水豚类 2 种），鸟类 310 种（水鸟 159 种），鱼类 136 种，底栖动物 281 种（贝类 89 种），环节动物 26 种，水生昆虫 17 种，浮游动物 205 种，虾、蟹类 10 种，其他无脊椎动物 14 种。如表 7.1 所示，与国内其他大型湖泊比较，鄱阳湖生物多样性更为丰富。

表 7.1　五大湖泊水生生物物种数

生物类别	鄱阳湖	洞庭湖	太湖	洪泽湖	巢湖
水生植物	327	77	61	81	50
浮游植物	319	161	97	165	72
浮游动物	205	122	79	91	46
底栖动物	281	58	65	76	56
虾、蟹类等无脊椎动物	24	—	—	—	—
鱼类	136	119	106	67	79
两栖、爬行类	48	—	—	—	—
鸟类	310	216	134	194	44
哺乳类*	52	22	—	—	—

资料来源：周文斌等，2011；黄新建和赵黎黎，2007；刘信中等，2006；王晓鸿，2004；吴小平等，2000。

＊鄱阳湖及周边地区。

二、五河流域物种多样性

过去对"五河"生物多样性关注的程度不同，许多河流都缺乏调查，且对不同类群的调查资料也不全面。"五河"生物多样需要做深入的工作。根据现有资料整理得"五河"主要水生动物物种多样性见表 7.2。

表 7.2　江西"五河"主要水生动物物种数

类别	赣江	抚河	信江	饶河	修河
鱼类	124	116	119	60	37
两栖类	47				
爬行类	39				
贝类	45（中游）	24	—	—	—
虾蟹类	31	—			
浮游动植物	72（中游）	72（抚州段）	30（甲壳类）	—	—

第三节　"五河一湖"重要生物类群的
种类、分布及生态特性

一、大型无脊椎动物

底栖动物是一个庞杂的生态类群，主要包括水栖寡毛类、软体动物和水生昆虫幼虫等。"五河一湖"已记录底栖动物 281 种，其中淡水软体动物 87 种，环节动物 26 种，水生昆虫 168 种。虾蟹类 31 种。鄱阳湖滨湖地区中华绒螯蟹和青虾的养殖是湖区特色水产之一。此外，鄱阳湖其他无脊椎动物门类特别丰富，但过去的研究工作较少。已知的一些种类包括多孔动物门的淡水海绵、腔肠动物门的水螅和桃花水母，纽虫动物门的鄱阳沼纽虫及水螨等。

二、鱼类的种类、分布及其生态类型

从历史资料看，鄱阳湖累计记录鱼类 136 种，隶属 25 科 78 属。其中鲤科鱼类最多，有 71 种，占鱼类总种数的 52.2%；其次是鳅科，12 种，占 8.8%；鳅科 9 种，占 5.9%；银鱼科和鮨科分别有 5 种，各占 3.7%；其他各科均在 4 种以下。但近年来的调查表明，鄱阳湖鱼类物种数有下降的趋势，如在 1980 年前鄱阳湖已记录鱼类 117 种；1982～1990 年，记录鱼类 103 种；1997～2000 年，记录鱼类 101 种。

根据其生活史各阶段栖息的水域环境条件的差异，大致可区分为以下 3 种生态类型：①过河口洄游鱼类，中华鲟、鲥、鲚、鳗鲡、暗色东方鲀 5 种，其中中华鲟、鲥、鲚、暗色东方鲀为溯河洄游鱼类，在海洋中发育到性成熟的亲鱼，溯河洄游到长江及其附属湖泊内，寻找合适的产卵场繁殖，其仔、幼鱼仍回到海洋中摄食生长。鳗鲡为降河洄游鱼类，在远洋繁殖的仔鱼进入长江干流及其附属的湖泊索饵、生长，到性成熟后洄游入海进行繁殖。②江湖洄游性鱼类，这些鱼类虽然为纯淡水鱼类，但是在单独湖泊不能完成其生活史。这些种类包括草鱼、青鱼、鲢、鳙、鳡、鳤、鲸、赤眼鳟、鳊等，它们的亲鱼是在江河流水中产卵繁殖的，卵则顺水漂流发育，孵化后的仔鱼随着泛滥的洪水进入沿江饵料生物丰富的附属水体中摄食生长。产卵后的多数亲鱼也进入湖泊中摄食肥育。湖泊中成长的补充群体和肥育的亲鱼，在冬季水位下降时，又回到长江干流深水处越冬，翌年上溯到产卵场进行繁殖。③定居性鱼类，虽然这些鱼类既可以出现在湖泊中，也出现在长江干流，但是，它们或者在湖泊中或者在干流中完成其生活史。其中，鲤、鲫、鲂、团头鲂、似刺鳊鮈、鮊类、乌鳢等约 40 种，主要在湖泊中完成其生活史。另外一些种类主要在河流的流水环境中完成其生活史，如铜鱼、长吻鮠、南方鲇、瓦氏黄颡鱼、光泽黄颡鱼等约 27 种。这些种类可以随水流进入像鄱阳湖这样的通江湖泊，但是，在湖泊中，它们不可能完成早期发育、生长和繁殖过程。此外，由于鄱阳湖接纳"五河"来水，所以有些适合于在山溪水质清澈的环境中栖息的种类，如中华纹胸鳅、月鳢、短须颌须鮈等，也出现在鄱阳湖中。

根据资料及调查结果，鄱阳湖原有鲤、鲫鱼产卵场 33 处，合计 83 334hm²，主要分布于鄱阳湖南部及中部的赣江、抚河、信江入口处。因围垦而彻底破坏的有 5 处，受严重破坏的有 13 处。现有鲤鱼产卵场 19 处，面积 31 270hm²，银鱼产卵场 4 处，约 800hm²，分布于南昌县的外青岚湖、余干县的信江河段、都昌和波阳两县交界处蛟塘湖及星子县的蚌湖。鲚鱼产卵场 3 处，约 4000hm²，分布于余干县程家池、草湾湖及新建县的东湖。由于产卵场被破坏，渔业产量降低。

长江干流和支流，以及赣江等"五河"是一些重要的经济鱼类和保护鱼类产卵场，尤其是"四大家鱼"需要在流水环境中产卵，而湖泊是这些鱼类重要的育肥场所。鄱阳湖对于湖泊渔业资源的贡献不可忽视。江、湖渔业资源的互补关系也是鱼类生态学和保护生物学关注的重要问题。

三、两栖爬行动物的生物多样性

"五河一湖"两栖动物记载 2 目 8 科 14 属 39 种和亚种，其中，有尾目 2 科（隐鳃鲵科、蝾螈科）3 属 3 种；无尾目 6 科［锄足蟾科、雨蛙（树蟾）科、蟾蜍科、蛙科、树蛙科、姬蛙科］11 属 36 种。

爬行动物计 3 目 11 科 35 属 48 种，分别占江西省已知确有分布的 3 目 15 科 50 属 80 种的 100％、74％、70％、60％。其中，龟鳖目 3 科（淡水龟科、鳖科、平胸龟科）3 属 3 种；有鳞目 7 科（游蛇科、盲蛇科、蜥蜴科、石龙子科、壁虎科、眼镜蛇科、蝰蛇科）31 属 44 种；鳄目 1 科（鳄科）1 属 1 种。

四、冬候鸟及其分布

鄱阳湖湿地有鸟类 310 种，其中水鸟 159 种。鄱阳湖鸟类以雁形目、鹤形目、鹳形目等鸟类为主，鸥形目、雀形目、鹈形目鸟类也比较常见，除少数为留鸟外，主要是候鸟。鄱阳湖湿地鸟类，属于《中国濒危动物红皮书》收录的国家 I 级保护鸟类主要有 11 种，白鹤、白头鹤、丹顶鹤、大鸨、东方白鹳、黑鹳、金雕、白肩雕、白尾海雕、中华秋沙鸭和遗鸥；II 级保护鸟类有 44 种，主要珍稀种类包括黑脸琵鹭、黄嘴白鹭、白琵鹭、小天鹅、大天鹅、白枕鹤、灰鹤、花田鸡、铜翅水雉、小杓鹬、鸳鸯、蛇雕、栗鸢、斑嘴鹈鹕、白额雁等。其中不少是世界性保护的珍禽，如白鹤、白鹭、黄嘴白鹭和大鸨被列入了世界濒危动物保护名录。鄱阳湖最重要的一个作用就是作为冬候鸟的过冬场所和中转站。

鄱阳湖越冬候鸟种类之多、数量之大，世属罕见。冬季鄱阳湖形成许多小湖和沼泽，盛产草根、鱼虾、水生昆虫幼虫和螺、蚬等软体动物，是候鸟的丰盛饲料，因而使鄱阳湖成为世界有名的候鸟越冬地之一。珍稀濒危鸟类种类众多，引起国内外广泛关注。鄱阳湖是目前世界上最大的越冬白鹤群体所在地，2002 年越冬种群总数达 4000 只以上，占全世界白鹤总数的 95％以上。

在每年的冬天，冬候鸟中的鹤形目鸟类包括白鹤、白枕鹤、白头鹤、灰鹤和大鸨主要集中分布在赤湖、赛湖、蚌湖、梅溪湖、南湖、都昌县、鄱阳县和余干县；鹳形目鸟类包括东方白鹳、黑鹳和白琵鹭主要分布在赤湖、彭泽县、湖口县、余干县、南昌县以及鄱阳湖保护区的沙湖、中湖池、小湖池、大湖池、象湖和朱市湖；而雁形目鸟类包括小天鹅、白额雁、鸿雁等在整个湖区都有分布。由于鄱阳湖国家级自然保护区和鄱阳湖南矶湿地国家级自然保护区在保护冬候鸟方面投入了大量的人力、物力和财力，保护区内基本具备适合鸟类栖息的环境，所以，冬候鸟在保护区的分布更为集中，保护的效果显而易见。

五、淡水江豚及其濒危保护

鄱阳湖水域常可见到水生哺乳类动物江豚（俗名江猪，鲸目），在九江和湖口一带以前还发现有世界最珍贵淡水鲸类之一的白鳍豚，2006 年年底，中外科学家经历了为期 38 天的寻找白鳍豚之旅后，遗憾地宣布，来回 3336km 的考察未发现一头白鳍豚。覆盖白鳍豚历史分布江段的长江科考未寻找到最后的白鳍豚，科学家们称这个结果证明白鳍豚种群状况极度濒危，可能成为世界上第一个被人类消灭的鲸类动物。白鳍豚处于长江和鄱阳湖水生生物食物链的顶端，在长江水域中没有任何天敌，因此其灭绝不可能是自然原因造成，中外科学家普遍认同导致白鳍豚在 20 年的时间内几近消亡的原因在于，人类活动的干扰和栖息地的破坏。此外，鄱阳湖湿地及其周边地区有不少丘陵山地，栖息着众多的陆生哺乳类动物，其中河麂是比较有代表性的 1 种，河麂是国家二级保护的大型哺乳动物，常在草洲觅食。

长江江豚（*Neophocaena phocaenoides asiaeorientalis*），仅分布于长江及附属湖泊中的唯一而且相对独立的一个江豚淡水亚种，也是中国水域 3 个江豚种群中最濒危的一个亚种，自 1996 年以后就一直被国际自然保护联盟物种生存委员会（IUCN SSC）列为濒危物种，1998 年《中国濒危动物红皮书·兽类》也将其列为濒危级。由于受人类活动直接和间接的影响，其自然种群数量下降迅速。据 1991 年前的考察结果估计当时的种群数量约为 2700 头，其后的考察结果表明其种群数量在明显下降，1997 年农业部渔业局组织的全江段考察仅发现江豚 1446 头次，为了避免长江江豚像白鳍豚一样走向濒临灭绝的边缘，江豚保护日益受到国内外学术界和我国政府的高度重视。鉴于其濒危现状和日益恶化的生存环境，特别是在白鳍豚近于灭绝以后，2008 年农业部已报请国务院将其从国家二级重点保护动物列为国家一级重点保护动物。

六、生态系统多样性

"五河一湖"以其独特的地形地貌，在亚热带湿润季风气候的作用下，形成了复杂多样的生物生态系统，根据生态系统的组分特征可分为五大类，其特征如下。

（1）荒山灌丛草坡生态系统：环境条件较严酷，土壤呈酸性，群落组成较单调，系统生产率低，主要生产者为映山红、芒萁、芒、乌饭树等。主要消费者为昆虫、蜥蜴、鼠类。

（2）湖滨沙地生态系统：该系统非常脆弱，抗干扰性不强，受干扰后自我恢复能力低，主要生产者为蔓荆、茵陈蒿、假俭草、美丽胡枝子等。

（3）湖滩草洲生态系统：有季节性或长年性积水，地下水位高，土壤为草甸土，主要生产者为灰化薹草、荻芦、水蓼等中生性或湿生性维管束植物。

（4）表水层生态系统：又称为光亮带，主要生产者为芦苇、荻、茭、满江红、苦草、黑藻、萍等，主要消费者为鱼类、两栖类、爬行类、哺乳类。

（5）深水层生态系统：深水层，光照差，甚至完全黑暗，主要生产者为沉积在水底的有机质和腐屑颗粒，主要消费者为摇蚊幼虫等。

第四节　　"五河一湖"生物多样性重点地区

从鄱阳湖看，该地区生物多样性重点地区可分为五个区域。

（1）重点地区之一：鄱阳湖西南部，包括南矶湿地国家级自然保护区。2006年以鄱阳湖主湖南部以南山岛和矶山岛为中心，建立南矶湿地国家级自然保护区，面积330km²。该地区为赣江多条支流汇入鄱阳湖的河口地带，发育着广阔的三角洲，生境、景观复杂。经调查，区内水生植物156种，浮游动物136种；底栖动物230种，包括贝类50种，水生昆虫168种；鱼类58种；鸟类205种，其中水鸟89种；两栖类11种；爬行类23种；哺乳类22种。尽管许多爬行类和哺乳类为陆生种类，但这些种适应长期水陆交替剧烈而频繁的水文节律。且该地区是生物的重要栖息地和经济鱼类的产卵场、育肥场。

（2）重点地区之二：鄱阳湖西部，以鄱阳湖国家级自然保护区为核心。该地区为赣江北流和修河汇入鄱阳湖的河口地带，物种丰富，特别是该地区分布有众多的国家一级、二级保护鸟类。从湿地特征和湖泊形态上看，鄱阳湖南部和西部的洲滩面积大。比较适宜候鸟（水禽）栖息。1988年在鄱阳湖西部以九江市永修县的吴城镇为中心，建立了面积224km²的国家级自然保护区。

（3）重点地区之三：鄱阳湖北部的湖口，湖口至老爷庙水域，鄱阳县龙口水域。该区域为鄱阳湖与长江生物物种相互交流的重要场所，是许多重要洄游鱼类和大型水生哺乳动物迁徙的必经之路。四大家鱼（青、草、鲢、鳙）是我国主要的淡水养殖和捕捞对象，是必须在湖泊里生长、江河中产卵的江湖洄游习性的重要经济鱼类。另外洄游性的重要经济水产种类还有中华绒螯蟹、鳗鲡、鲚、鳡、鳜等。

（4）重点地区之四：以湖口至老爷庙水域、鄱阳县龙口水域，康山的河道等地为江豚的重要分布区，江豚是大型哺乳类，属珍稀濒危物种，在鄱阳湖的种群数量有 200～300 头，有重要的保护价值。

（5）重点地区之五：鄱阳湖水系五大河流的入湖水域，五大河流与鄱阳湖交界处，生态学上有"边界效应"，该水域饵料充足，物种多样性也特别丰富，是江河鱼类产卵后幼鱼洄游进入鄱阳湖的通道，保护好这些水域，对于保护鄱阳湖生物多样性和提高鄱阳湖的渔业产量有重要的意义，如南部的青岚湖，该湖泊接纳抚河之水进入鄱阳湖，贝类资源极为丰富，且为银鱼的重要产卵场。其他如余干县接纳信江的水域，吴城县接纳赣江和修河的水域，鄱阳县接纳饶河的水域等。

从河流看，每条河流有其独特的环境和生物多样性特点，保护河流生态系统是保护生命维持系统的重要方式。赣江流域面积最广，物种多样性丰富，赣江生物多样性保护应该引起更大的重视。

第八章 "五河一湖"生物多样性
保护中主要问题与对策

第一节 "五河一湖"生物多样性保护中主要问题

一、农业的扩张造成生物栖息地面积不断缩小

随着人类活动对湿地干扰强度增加，以及对湖泊湿地大面积的、不当的开发利用，鄱阳湖湿地景观（生境）异质性降低。鄱阳湖沿岸带是湖泊生产力最高、生物种类最多、物质交换率最大的区域，也是湖泊消解周边外源污染物侵害湖泊生态系统的天然屏障。大面积地、不当地开发利用必然使生物多样性受到威胁。景观斑块的破碎化，使生态环境的多样性降低，湖泊各项生态功能受到严重影响。

二、鄱阳湖鱼类明显小型化和低龄化，一些物种甚至消失

对鄱阳湖天然水体鱼类的过度捕捞以及不合理的捕捞方式引起重要经济鱼类种群严重衰退，导致鱼类小型化和低龄化，一些物种甚至消失。近年的调查表明鲥鱼等鱼类种群数量已十分稀少，鲴鱼等物种已濒临灭绝。

三、过度采砂和不当捕捞方法严重影响了水生态环境

鄱阳湖区过度采挖泥沙以及对河蚬、腹足类的不当捕捞方法直接破坏水生植被，破坏了经济鱼类产卵场，影响渔业资源增殖，危及生物的生存环境。水生植被不仅有净化水体、固着底泥、降低湖水混浊度和提高湖水透明度的作用，也能为其他生物类群提供更大的生态位空间。对于维护物种多样性有重要作用。

四、不科学的渔业养殖导致部分湖泊由草型向藻型逆向演替

许多具有水产养殖功能的子湖泊或城郊湖泊，在养殖过程中未注意养殖环境的保护，如草鱼、河蟹等放养密度过大，破坏了水生植被及其他水生生物群落的稳定性，渔业的多元生产功能受到严重的限制，渔业生产进入恶性循环，甚至引

起水体的荒漠化。同时，湖泊也呈现由草型向藻型逆向演替的现象，物种多样性下降。

五、水污染加剧，湖泊生态服务功能减弱

湖泊污染有加剧的趋势，尤其是三峡建坝后，连续多年鄱阳湖出现低水位，这一现象不仅影响鄱阳湖的生态调节能力，削弱湖泊的自净能力，而且对鄱阳湖生物多样性有许多潜在的威胁。

六、环境污染严重，危及野生动物生存

随着工业和城市化发展速度的加快，特别是"五河"流域经济发展和人口的增加，大量的工业废水和生活污水被排入"五河"进入鄱阳湖，使湖水污染逐渐加重，全湖水质呈下降趋势。"八五"期间水质调查，整个湖区水质均能达到Ⅱ类水标准，仅有个别项目在不同的水期出现过超标现象；"九五"期间水质监测结果显示，全湖平均有 64.2% 的断面为Ⅱ类水，30.5% 的断面为Ⅲ类水，超标断面为 5.3%；2000 年鄱阳湖流域中的 85 个水质监测断面，达到和优于Ⅲ类水质的断面数仅占 50%。目前鄱阳湖全湖 Zn 超标率达 90% 以上，最大检出值为 3.23mg/L，Cu 超标率达 20%～30%，最大检出值为 0.188mg/L；有毒有害物质酚最高检出值达 0.04mg/L，氰化物在湖水中最大检出值为 0.038mg/L，油类在平水期已超标 78%。水质污染致使水环境逐渐恶化，湿地生态功能严重衰退，对湿地的生物多样性造成严重危害。

七、针对"五河"生物多样性的基础研究缺乏

作为江西省生物多样性保护的重要地区，赣江流域生物多样性状况缺乏深入研究，这一区域无疑对维护江西省生物多样性和生态安全有重要价值，赣江和其他四条河流河道挖沙太多，对生境破坏极为严重。河道建坝、被阻隔的现象越来越频繁，对水生动物多样性保护极为不利。

第二节 "五河一湖"生物多样性保护对策

一、控制鄱阳湖湿地开发规模，保护野生动物栖息地

盲目扩大开发规模的行为，是导致湿地功能下降、生态环境恶化的一个主要

原因。因此,"适度规模"应是鄱阳湖湿地未来开发利用中必须遵守的一条基本原则。多年来,鄱阳湖湿地的开发已达到了一定的规模,今后应严格制止对较高生态位的湿地的开发,对改变自然景观和利用途径的开发项目应进行环境影响评价,提供生态恢复、重建替代方案,并确保实施。同时,工农业生产的发展和城市化的扩张要逐渐形成合理的用地布局,改变用开发湿地的方法来补偿耕地面积减少的局面,对于野生动物的重要栖息地,要严格禁止任何形式的开发活动,以确保湿地生物有足够的栖息、觅食和活动空间。

二、扩大保护区的范围,建立生态系统自然保护网络

建立自然保护区是保护生物多样性的重要途径之一,江西省自然保护区的数量和面积有一定的水平。尽管如此,但赣江流域是江西省生物多样性重要地区,需要在流域尺度下规划和布局保护区,建立保护区网络,使生物多样性得到有效保护。同时保护区管理的有效性亟待提高,对保护对象的种群动态必须监测,建立有针对性的管理措施;积极推动生物多样性保护的主流化,即将生物多样性保护纳入社会经济发展规划并付诸实施。

生物多样性保护的法制建设也应该受到特别重视,在完善自然保护区和物种保护法律法规的同时,建议制定生物多样性法,以规范生物多样性的保护与利用。

三、搞好湿地生态环境建设,加强生物多样性管理与保护

近几十年来,由于环境污染和过度猎取以及非法捕杀,鄱阳湖湿地生物多样性急剧减少,湿地的生态功能日益衰退。为保证鄱阳湖湿地保持稳定的生态功能,今后必须根据具体情况对湿地进行严格保护和管理。第一,要严格控制各种污染物直接进入水体,对珍稀鱼类和其他水生或陆生动物栖息、繁殖场所进行重点管理,确保其生态环境处于正常状况;第二,要严禁毁坏莲藕、芦苇等水生植物,严禁过度捕捞和非法狩猎活动,保护鱼虾类产卵场、索饵场、越冬场、洄游通道,保护水域的生物多样性,严禁围湖造田,对影响和破坏湿地生境的农田要退耕还湖,恢复湿地生境;第三,要强化湿地自然保护区的建设,观测湿地生态系统的变化,研究湿地生物多样性动态和受威胁情况,为各级政府部门制定生物多样性保护措施提供依据;第四,应切实贯彻《中华人民共和国环境保护法》、《中华人民共和国野生动物保护法》等法律法规,通过法律和经济手段,严厉查处非法捕猎、经营、贩运、倒卖和走私野生动物及其产品的案件,制止酷渔滥捕,取缔有害捕捞设施,重点打击施毒捕鸟捕鱼的行为,坚决取缔湖滨地区的野

禽市场，禁止个人和部门的非法收购，杜绝破坏生物多样性的现象。

四、加大资金投入，加强生物多样性的研究

由于鄱阳湖湿地生物资源的重要性，我们应该采取各种行之有效的筹资措施，加大资金投入，重视鄱阳湖湿地生态环境的保护和研究，特别是利用现代高新技术，对湿地动植物资源种群数量、生态习性、繁殖规律等进行动态监测，建立鄱阳湖湿地生物多样性信息系统，使鄱阳湖湿地动植物的遗传多样性、物种多样性、生态系统多样性的调查、收集、保护、鉴定、评价等方面获得的数据库进行数据管理和服务，并据此建立鄱阳湖湿地野生动植物的繁殖和保护中心，利用先进的繁殖技术，不断扩大鄱阳湖湿地野生生物的种群数量，走出一条保护-开发-利用的新路子。

五、积极开展宣传教育工作，提高公众的参与度

湿地生物多样性的保护有赖于当地广大群众的理解、支持和参与。目前，鄱阳湖湿地生物多样性保护的宣传与教育还处于滞后状态，普及广度、力度、深度都不够，造成公众对生物多样性的保护意识薄弱，乱砍滥伐、乱捕滥猎现象时有发生。今后应加大宣传力度，加强与保护区周围居民的交流与沟通，让当地居民了解生物多样性保护的重要性，提高全社会的保护意识，只有这样才能促进鄱阳湖湿地生物多样性的永续利用和可持续发展。

六、加强生物多样性的开发和利用研究

"五河一湖"生物多样性是丰富的，在保护好生物多样性的前提下，如何充分利用鄱阳湖的生物资源，为经济建设服务，提高湖区人民的生活水平，是一个值得关注的课题。我们认为必须在尊重科学的前提下，走可持续发展之路，保护为主，开发并重。重点培植和发现"五河一湖"优质生物资源，从野生动植物遗传基因库中挖掘出优良品种，加以培育和推广，开展人工栽培和养殖。"五河一湖"的生物资源既有适合食用的，又有可以药用的，潜力巨大。例如，水生植物藜蒿，从野生到人工栽培，成为美味食品，栽培成功后，野生的种群也就得到了保护。鄱阳湖鳜鱼、日本沼虾、彭泽鲫、黄颡鱼、乌鳢、翘嘴红鲌、黄鳝等名贵水产都完成了从野生捕捞到人工养殖的转变，经济效益巨大，同时也起到了保护野生种群的目的。

七、进一步加强血吸虫防控工作

目前，江西省血吸虫病疫区仍旧主要集中在鄱阳湖沿湖地区。其防治工作是一项系统工程，它有赖于社会、经济、教育、科学技术的发展，法规与政策的支持和政府相关管理部门的通力而高效的合作。

根据江西省人民政府血吸虫病地方病防治领导小组办公室关于《环鄱阳湖生态经济区血吸虫病防治规划》和《江西省预防控制血吸虫病中长期规划纲要(2004—2015年)》，把血吸虫病防治工作与建设"鄱阳湖生态经济区"有机结合，加速控制"五河一湖"血吸虫病的流行，并基于"卫生血防、农业血防、林业血防和水利血防"是相互联系不可分割的一个整体，江西省血吸虫病的防治工作，应在其主要职能部门"江西省人民政府血吸虫病地方病防治领导小组办公室"的统一领导与指导下，建议建立"卫生、农业、林业、水利血防联动机制"，全面实施以"控制传染源为主的综合治理"策略，即在血吸虫病疫区实施封洲禁牧、家畜圈养、以机代牛、改水改厕、建设沼气池、草原综合利用，进一步加强人畜粪便管理，建立鄱阳湖血防生态林等综合治理措施，从源头上控制血吸虫病的传播，是现行治理江西省"五河一湖"血吸虫病的基本策略。

第九章 "五河一湖"生物多样性各论

第一节 鄱阳湖淡水贝类生物多样性

鄱阳湖蕴藏着极为丰富的淡水贝类资源。淡水贝类和人类的关系十分密切，一方面可供人们食用、药用、制作工艺品（珍珠核、贝雕等），也是经济鱼类、鸟类和家畜的优良食料；另一方面，它也作为传播寄生虫病的媒介动物，可引起人和动物的寄生虫病，如钉螺［*Oncomelania hupensis*（Gredler）］为日本血吸虫［*Schistosoma japonicum*（Katsurada）］的中间寄主，导致血吸虫病在湖区广为流行，严重危害人和家畜的健康。贝类也是淡水生物群落的重要组成部分，其生物量和密度都在底栖动物中占优势。贝类是初级消费者，其摄食特性在螺类为刮食者，在双壳类为滤食者，都是食物链上的基本环节，在湿地生态系统中具有重要作用。

了解鄱阳湖淡水贝类生物多样性及物种的分布、资源状况对于利用和保护鄱阳湖贝类资源和生物多样性有重要意义。

一、种类组成及分布

经整理历年鄱阳湖淡水贝类的资料和标本，得出淡水贝类87种（表9.1），包括腹足纲9科17属40种；双壳纲4科17属47种。其中双壳类中有40种为我国特有种，占全部种类的34.8%。具体见表9.1。

二、区系特点

（一）优势种

从种类组成看，腹足类主要以田螺科、豆螺科、肋蜷科、椎实螺科、扁蜷螺科为主，双壳类以珠蚌科的种类为主；从分布上看，腹足类的中国圆田螺、铜锈环棱螺、方形环棱螺、长角涵螺、中华沼螺、大沼螺、方格短沟蜷、折叠萝卜螺等，双壳类的湖沼股蛤、圆顶珠蚌、剑状矛蚌、背瘤丽蚌、洞穴丽蚌、三角帆蚌、扭蚌、背角无齿蚌、褶纹冠蚌、河蚬等分布较广且数量较多，为优势种。

表 9.1　鄱阳湖淡水贝类种类组成及分布

物　种	赣江	修河	吴城	星子	都昌码头	周溪大港	余干瑞洪	康山	瓢头	蚌湖	大汉湖	大西湖	外珠湖	汉池湖	南姜湖	大莲子湖	东湖	金溪湖	军山湖
腹足纲 Gastropoda																			
田螺科 Viviparidae																			
中国圆田螺 Cipangopaludina chinensis	+		+								+	+			+			+	+
河圆田螺 C. fluminealis							+	+											
铜锈环棱螺 Bellamya aeruginosa	+				+		+	+		+	+	+	+	+	+		+	+	+
方形环棱螺 B. quadrata					+		+	+	+		+	+	+	+	+				
绘环棱螺 B. limnoophila		+					+	+											
河环棱螺 B. reevei							+												
包氏环棱螺 B. bottgeri		+																	
厄氏环棱螺 B. heudei		+		+															
角形环棱螺 B. angularis			+																
硬环棱螺 B. lapidea		+	+		+	+	+						+						
耳河螺 Rivularia auriculata		+	+		+														
长河螺 R. elongata												+							
河湄公螺 Mekongia rivularia																			
盖螺科 Pomatiopsidae																			
钉螺指名亚种 Oncomelania hupensis hupensis			+															+	
狭口螺科 Stenothyridae																			
光滑狭口螺 S. glabra			+								+								+
豆螺科 Bithyniidae																			
长角涵螺 Alocinma longicornis			+	+	+					+	+	+	+	+	+			+	+
赤豆螺 Bithynia fuchsiana			+							+	+								
狮豆螺 B. misella													+						

续表

物　种	赣江	修河	吴城	星子	都昌码头	周溪大港	余干瑞洪	康山	瓢头	蚌湖	大汉湖	大西湖	外珠湖	汉池湖	南姜湖	大莲子湖	东湖	金溪湖	军山湖
中华沼螺 Parafossarulus sinensis	+	+	+	+	+	+	+	+					+				+	+	+
大沼螺 P. eximius	+	+	+	+	+	+	+	+					+				+	+	+
纹沼螺 P. striatulus	+		+			+	+												
瘦纹沼螺 P. woodi				+		+													
肋蜷科 Pleuroseridae			+	+	+	+	+	+			+				+				+
方格短沟蜷 Semisulcospira cancellata				+															
放逸短沟蜷 S. libertina			+																
格氏短沟蜷 S. gredleri						+													
色带短沟蜷 S. mandarina						+													
珍珠短沟蜷 S. baccata																			
膀胱螺科 Physidae																			
尖膀胱螺 Physa acuta						+													
椎实螺科 Lymnaeidae	+																		+
耳萝卜螺 Radix auricularia	+	+	+					+		+									+
折叠萝卜螺 R. plicatula	+						+												+
椭圆萝卜螺 R. swinhoei	+						+						+					+	+
狭萝卜螺 R. lagotis	+						+												
尖萝卜螺 R. acuminata																			
小土蜗 Galba pervia																			+
扁蜷螺科 Planorbidae			+	+			+					+			+				+
白旋螺 Gyraulus albus							+												
凸旋螺 G. convexiusculus														+	+				
扁旋螺 G. compressus																+			
大脐圆扁螺 Hippeutis umbilicalis												+		+					
尖口圆扁螺 H. cantori	+											+							+

续表

物　种	赣江	修河	吴城	星子	都昌码头	周溪大港	余干瑞洪	康山	瓢头	蚌湖	大汊湖	大西湖	外珠湖	汉池湖	南姜湖	大莲子湖	东湖	金溪湖	军山湖
半球多脉扁螺 Polypylis hemisphaerula	+																		
盾螺科 Ancylidae																			
平边笠贝 Ferrissia parallela			+																
双壳纲 Lamellibranchia																			
贻贝科 Mytilidae																			
湖沼股蛤 Limnoperna lacustris		+	+				+	+	+	+	+		+	+	+	+		+	+
蚌科 Unionidae																			
圆顶珠蚌 Unio douglasiae		+					+	+	+	+	+		+	+	+			+	+
雕刻珠蚌 U. persculpta							+	+	+		+		+	+	+			+	+
中国尖嵴蚌 Acuticosta chinensis							+	+	+	+	+		+	+	+			+	
金黄尖嵴蚌 A. aurora							+	+	+				+	+					
卵形尖嵴蚌 A. ovata								+					+						
勇士尖嵴蚌 A. retiaria								+	+										
射线裂脊蚌 Schistodesmus lampreyanus								+	+							+			+
赖裂脊蚌 S. spiosus								+											
剑状矛蚌 Lancelaria gladiola	+						+	+	+	+	+	+		+	+	+			+
短褶矛蚌 L. grayana						+			+										+
三型矛蚌 L. triformis						+	+												
真柱矛蚌 L. eucylindrica																	+		
圆头楔蚌 Cuneopsis heudei							+	+								+			
巨首楔蚌 C. capitata					+														
鱼尾楔蚌 C. pisciculus		+			+														
微红楔蚌 C. rufescens		+				+					+								
牙形楔蚌 C. celtiformis						+													
扭蚌 Arconaia lanceolata		+	+	+												+		+	
橄榄蛏蚌 Solenaia oleivora			+										+	+	+	+		+	

续表

物种	赣江	修河	吴城	星子	都昌矶头	周溪大港	余干瑞洪	康山	瓢头	蚌湖	大汉湖	大西湖	外珠湖	汉池湖	南姜湖	大莲子湖	东湖	金溪湖	军山湖
龙骨蛏蚌 S. carinatus		+																	+
背瘤丽蚌 Lamprotula leai		+		+			+	+				+		+	+	+		+	+
角月丽蚌 L. cornuam-lumae			+		+		+	+	+		+					+	+	+	+
洞穴丽蚌 L. caveata																	+		
刻裂丽蚌 L. scripta			+		+								+			+	+		
多瘤丽蚌 L. polysticta						+	+			+									
猪耳丽蚌 L. rochechouarti														+					
三巨瘤丽蚌 L. triclava				+													+		
巴氏丽蚌 L. bazini									+			+					+		
绢丝丽蚌 L. fibrosa														+					
失衡丽蚌 L. tortuosa																			
天津丽蚌 L. tientsinensis							+												
环带丽蚌 L. zonata		+													+			+	+
三角帆蚌 Hyriopsis cumingii									+			+	+						+
尖嵴蚌 P. pfisteri			+		+		+	+	+	+	+	+	+	+	+	+	+	+	+
背角无齿蚌 Anodonta woodiana woodiana		+			+	+				+	+	+		+	+	+	+	+	+
太平洋无齿蚌 A. pacifica		+			+							+		+	+	+	+	+	+
球形无齿蚌 A. globosula					+												+		
光滑无齿蚌 A. lucida			+												+	+	+		+
钳形无齿蚌 A. arcaeformis		+			+												+		+
褶纹冠蚌 Cristaria plicata		+				+											+		
高顶鳞皮蚌 Lepidodesma languilati					+														
截蛏科 Solecurtidae																			
中国淡水蛏 Novaculina chinensis																			
蚬科 Corbiculidae		+	+		+		+		+	+	+	+	+	+	+	+	+	+	+
河蚬 Corbicula fluminea					+													+	
江蚬 C. fluminalis																		+	

（二）稀有种

腹足类中河圆田螺、包氏环棱螺、长河螺、色带短沟蜷、尖膀胱螺等，蚌类中刻裂丽蚌、环带丽蚌、中国尖嵴蚌、卵形尖嵴蚌、三巨瘤丽蚌、天津丽蚌、多瘤丽蚌、龙骨蛏蚌、橄榄蛏蚌等种类较为稀少，尤其是大型的蚌类龙骨蛏蚌，近年来已很难找到活体标本，已处于濒危状态。

三、现存量

（一）蚌类的现存量

鄱阳湖蚌类密度最大为河蚬，最高可达 224ind. /m²[①]。蚌科的种类密度明显小于河蚬，蚌科种类中密度最大的圆顶珠蚌最高可达 0.4411ind. /m²。

（二）淡水螺类的现存量

鄱阳湖淡水螺类平均生物量和密度分别为 77.28g/m² 和 109.69ind. /m²。但是在丰水期和枯水期却存在着一定的差异。

在丰水期，鄱阳湖淡水螺类的平均生物量和密度分别为 64.78g/m² 和 122.48ind. /m²。吴城和进贤水域淡水螺类的生物量和密度较高，分别为 91.41g/m² 和 202.35ind. /m²；90.68g/m² 和 58.00ind. /m²；在鄱阳水域内有较高的密度但生物量却较低，表明该水域内淡水螺类多为个体较小的种类。枯水期淡水螺类的平均生物量和密度分别为 89.78g/m² 和 96.89ind. /m²。鄱阳县龙口水域生物量和密度均较高（439.36g/m² 和 400ind. /m²），小矶山则较低（3.36g/m² 和 16ind. /m²）。

四、不同湖泊贝类的比较

比较各湖泊的种类数可以看出（表 9.2），鄱阳湖、洞庭湖两个大型湖泊贝类均极为丰富，如鄱阳湖和洞庭湖腹足类的种数分别为 40 种和 31 种，双壳类则为 47 种和 45 种，明显多于其他湖泊。这两个大型湖泊的腹足类占已记载种类的85%，而双壳类则为 100%。从区系组成看，鄱阳湖和洞庭湖相似，尤其是双壳

---

① ind. /m² 是种群密度单位，表示单位面积的个体数。ind. 是 individual 的简写。

类的种类相似性更为突出。这两个湖泊都是大型通江湖泊，都与长江直接相通，而作为双壳类的钩介幼虫寄主的鱼类江湖间活动，对于蚌类的分布和扩散起作重要作用。这种相似性估计也与地史有关。这两个湖泊在中生代的侏罗纪初期，都为古地中海所占有，直到新生代的中期，而这一时期淡水软体动物主要为蚌类（张玺，1965）。

表 9.2　长江中下游湖泊软体动物种数的比较

科	鄱阳湖	洞庭湖	太湖	洪湖	梁子湖	牛山湖	东湖	保安湖
田螺科 Viviparidae	13	16	1	2	2	2	1	2
盖螺科 Pomatiopsidae	1	2	1	1				
狭口螺科 Stenothyridae	1	1			1			1
豆螺科 Bithyniidae	7	4		3	2	4	1	3
肋蜷科 Pleuroceridae	5	6	1		1			2
膀胱螺科 Physidae	1							
椎实螺科 Lyminaeidae	5	1	2	3	1	1	1	3
扁蜷螺科 Planorbidae	5	1				3	1	3
盾螺科 Ancylidae	1				1			
贻贝科 Mytilidae	1	1	1	1	1	1		1
珠蚌科 Unionidae	42	39	22	1	9	5	3	6
截蛏科 Solecuritidae	1	1	1					
蚬科 Corbiculidae	2	3	2	1	1	1		1
球蚬科 Sphaeriidae		1	1	1				1
合计	87	76	32	13	19	17	8	23

　　在中小型草型湖泊（除太湖）中，如梁子湖、洪湖、保安湖等，腹足类和双壳类分别占 46.5% 和 29%。许多种类，尤其是双壳类仅分布于大型湖泊，在中小型水草丰富的湖泊并未出现，这种情况很可能与它们的食性有关。双壳类主要以碎屑、细菌、浮游植物为食物。在水草生长茂密之处，对浮游植物生长不利，双壳类为滤食性，水草茂密亦影响其摄食。总体而言，长江中游的中小型浅水湖泊，包括梁子湖、保安湖、洪湖、东湖淡水贝类的区系是相似的，这些湖泊的共同特点是：水浅，环境单一，水生植物种类单一，但生物量大，少数因富营养化严重，加上人为对资源的破坏，已缺少大型的双壳类，而是以环棱螺属、萝卜螺属、扁螺属的种类为主。太湖是长江下游的大型湖泊，其区系组成介于通江湖泊和浅水草型湖泊之间。太湖淡水贝类的组成中以双壳类的种类较多。

第二节　赣江中游及支流的淡水贝类多样性和丰度

　　淡水贝类是淡水生物群落的重要组成部分，其生物量在淡水底栖动物中占绝对优势，对了解淡水生态系统的结构和功能有理论意义（刘建康，1999），淡水贝类作为食物链上的重要环节，在生态系统中有重要作用。它们生活于水底，相对固定，具有生命周期较长及移动能力弱的特点，因此其种类组成和数量变化对生境变化有良好的指示作用。河流和湖泊是淡水贝类的主要栖息地，但随着人为活动对河流和湖泊的干扰日益加剧，如河流挖沙疏浚、各种水利工程，湖泊的渔业养殖和水体富营养化等，淡水贝类栖息地被严重破坏。截至 2008 年，世界范围内淡水蚌已有 37 种灭绝，165 种被认为可能灭绝，或严重受危，或受危，或易危（Christian，et al.，2008）；世界范围内的淡水螺类有 600 种处于濒危状态（www. redlist. org）。因此，对于淡水贝类的保护刻不容缓。

赣江是江西省第一大河流，纵贯江西南北，长江八大支流之一，就水量而言，赣江为长江第二大支流。赣江起源于江西南部石城县，自赣州以上为上游，赣州至新干为中游，新干以下为下游，在永修县吴城镇汇入鄱阳湖。赣江主河道长 823km，流域面积 82 809km²，约占全省总面积的 50%（熊小群，2007）。目前赣江干流以开发水力为目的的水利工程有 33 座。结合赣江中游在建的石虎塘和峡江水利枢纽工程环境评价工作，对该段河流淡水贝类的种类、丰度和多样性开展研究，为评估赣江水生态安全和水生生物资源管理和保护提供依据。

一、材料和方法

（一）研究地区

在赣江中游吉安至峡江段及临近支流设置 8 个断面，分别为Ⅰ（孤江）、Ⅱ（禾水）、Ⅲ（赣江吉安市区）、Ⅳ（乌江）、Ⅴ（溶江）、Ⅵ（安福县）、Ⅶ（赣江金滩）和Ⅷ（赣江住歧）（图 9.1）。地理坐标为北纬 27°00′08″～27°29′41″，东经 115°03′37″～115°08′38″。该江段东、西两岸均有较大的支流汇入，东岸有孤江、乌江，西岸有禾水河、溶江。干流水流较为平缓，河床底质为沙、石底，支流底质主要为泥、沙、沙石底。采样过程中，记录各断面的水深、河宽、底质、pH、透明度、温度等环境因子。

（二）研究方法

2007 年 6 月～2010 年 4 月，分别对上述 8 个断面进行定性和定量采集。定量采集时，每个断面在左、中、右设 3 个采样点，用彼得森采泥器在每个采样点采集 3 次，样品经 40 目绢丝网分拣，4% 福尔马林固定带回实验室，分类（沈国英等，2002）、计数和称量（湿质量）。定性采集，在岸边浅水区手拣，采集区域

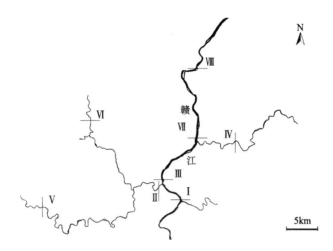

图 9.1　赣江中游（吉安段）采样断面分布图

为断面上下游 50m。

二、结果与分析

（一）种类组成及分布

对赣江中游吉安至峡江段及其临近支流采集的淡水贝类标本鉴定表明：该流域有 45 种淡水贝类（表 9.3），隶属于 2 纲 4 目 12 科。其中腹足纲中腹足目 17 种，占总种数的 37.78%，基眼目 7 种，占总种数的 15.56%；瓣鳃纲真瓣鳃目 20 种，占总种数的 44.44%，异柱目 1 种，占总种数的 2.22%。优势科为蚌科，其物种数占总种数的 42.22%。采集到江西省新记录种一种即球河螺（*Rivularia globosa*），该种螺此前报道分布在湖南沅江以及湖北、贵州（刘月英等，1993）。

通过种类优势度计算公式，可知，该江段的优势种有 6 种（表 9.3），分别为梨形环棱螺（*Bellamya purificata*）（Y=0.0371）、耳河螺（*Rivularia auriculata*）（Y=0.0359）、方格短沟蜷（*Semisulcospira cancellata*）（Y=0.0842）、格氏短沟蜷（*Semisulcospira gredleri*）（Y=0.0703）、河蚬（*Corbicula fluminea*）（Y=0.2790）和湖沼股蛤（*Limnoperna lacustris*）（Y=0.0876）。其余物种的优势度见表 9.3。

就各断面看，淡水贝类物种数差异较大。段面 V 种类最多，有 14 种；其次为断面 Ⅱ，有 13 种；断面 Ⅶ，有 10 种；断面 Ⅷ，有 9 种；断面 Ⅲ，有 6 种；断面 Ⅰ，有 5 种；断面 Ⅳ 和 Ⅵ 最少，各有 1 种（表 9.3）。

表 9.3 赣江中游淡水贝类种类及优势度

种类	断面及其生物种数								种类优势度
	I	II	III	IV	V	VI	VII	VIII	
腹足纲 Gastropoda									
中腹足目 Mesogastropoda									
1. 田螺科 Viviparidae									
1)梨形环棱螺 Bellamya purificata (Heude)		9	1		6	2	12		0.0371
2)铜锈环棱螺 Bellamya aeruginosa (Reeve)		2			1				0.0015
3)中国圆田螺 Cipangopaludina chinensis (Gray)					1				0.0002
4)卵河螺 Rivularia ovum Heude	3	2					3		0.0059
5)耳河螺 Rivularia auriculata (Martens)	3	15	1				9	1	0.0359
6)球河螺 Rivularia globosa Heude		2							0.0005
2. 瓶螺科 Pilaidae									
7)大瓶螺 Pila gigas Spix					1				0.0002
3. 狭口螺科 Stenothyridae									
8)光滑狭口螺 Stenothyra glabra (A. Adams)							1		0.0002
4. 豆螺科 Bithyniidae									
9)长角涵螺 Alocinma longicornis (Benson)			3						0.0007
10)纹沼螺 Parafossarulus striatulus (Benson)					2				0.0005
11)大沼螺 Parafossarulus eximius (Frauenfeld)		1							
12)赤豆螺 Bithynia fuchsiana (Möellendorff) *							4	1	0.0030
5. 肋蜷科 Pleuroseridae									
13)方格短沟蜷 Semisulcospira cancellata (Benson)		12			68		4	1	0.0842
14)格氏短沟蜷 Semisulcospira gredleri (Boettger)		3	1		57		10		0.0703
15)放逸短沟蜷 Semisulcospira libertina (Gould)		1							0.0002

续表

种类	断面及其物种数								种类优势度
	I	II	III	IV	V	VI	VII	VIII	
16) 异样多瘤短沟蜷 S. peregrinorum(Heude)*					6				0.0015
6. 跑螺科 Thiaridae									
17) 瘤拟黑螺 Melanoides tuberculata (Müller)									
肺螺亚纲 Pulmonata									
基眼目 Basommatophora									
7. 膀胱螺科 Physidae									
18) 尖膀胱螺 Physa acuta Draparnaud*									
8. 椎实螺科 Lymnaeidae									
19) 椭圆萝卜螺 Radix swinhoei (H. Adams)*					1				0.0002
20) 卵萝卜螺 Radix ovata (Draparnaud)*									
21) 折叠萝卜螺 Radix plicatula (Benson)									
22) 耳萝卜螺 Radix auricularia (Linnaeus)*									
9. 扁蜷螺科 Planorbidae									
23) 扁旋螺 Gyraulus compressus (Hutton)					5				0.0012
24) 尖口圆扁螺 Hippeulis cantori (Benson)					17				0.0042
瓣鳃纲 Lamellibranchia									
真瓣鳃目 Eulamellibranchia									
10. 蚌科 Unionidae									
25) 圆顶珠蚌 Unio douglasiae (Gray)							1	2	0.0015
26) 背瘤丽蚌 Lamprotula leai (Gray)*		1						1	
27) 洞穴丽蚌 Lamprotula caveata (Heude)								1	0.0001
28) 多瘤丽蚌 Lamprotula polysticta (Heude)*									

续表

种类	断面及其物种数								种类优势度
	I	II	III	IV	V	VI	VII	VIII	
29) 中国尖嵴蚌 Acuticosta chinensis (Lea)	1	1						3	0.0037
30) 卵形尖嵴蚌 Acuticosta ovata (Simpson)*									
31) 扭蚌 Arconaia lanceolata (Lea)*									
32) 圆头楔蚌 Cuneopsis heudei (Heude)*									
33) 微红楔蚌 Cuneopsis rufescens (Heude)*									
34) 鱼尾楔蚌 Cuneopsis pisciculus (Heude)*									
35) 短褶矛蚌 Lanceolaria grayana (Lea)					1				0.0002
36) 剑状矛蚌 Lanceolaria gladiola (Heude)*									
37) 真柱矛蚌 Lanceolaria eucylindrica*									
38) 射线裂脊蚌 Schistodesmus lampreyanus (Baird et Adams)*									
39) 圆背角无齿蚌 Anodonta woodiana pacifica (Heude)*									
40) 背角无齿蚌 Anodonta woodiana woodiana (Lea)*									
41) 椭圆背角无齿蚌 Anodonta woodiana elliptica (Heude)*									
42) 球形无齿蚌 Anodonta globosula (Heude)*									
43) 蚶形无齿蚌 Anodonta arcaeformis (Heude)*									
11. 蚬科 Corbiculidae									
44) 河蚬 Corbicula fluminea (Müller)	22	44	8	51	26		6	4	0.2790
异柱目 Anisomyaria									
12. 贻贝科 Mytilidae									
45) 湖沼股蛤 Limnoperna lacustris (Martens)	1	3	9		7		23	16	0.0876

＊表示定性采集的样本或者定量采集采集到的空壳。

（二）密度和生物量

该江段 8 个断面的淡水贝类平均密度为 39.04ind./m²，其中，断面Ⅴ的平均密度最大，为 132.78 ind./m²，断面Ⅵ的平均密度最小，为 2.37ind./m²；8 个断面的平均生物量为 39.98 g/m²，其中，断面Ⅴ的平均生物量最大，为 78.71g/m²，断面Ⅵ的平均生物量最小，为 6.69g/m²。且各个断面的平均密度和平均生物量有所差异（图 9.2）。

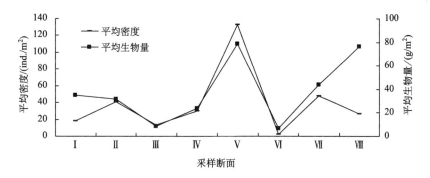

图 9.2 赣江中游各断面淡水贝类的平均密度和平均生物量

（三）多样性指数变化

用 Shannon-Wiener 多样性指数和 Simpson 多样性指数表示淡水贝类的物种多样性，其变化规律基本一致。物种多样性指数随季节变化不明显（图 9.3）。不同断面多样性指数差异较大（图 9.4）。断面Ⅱ、断面Ⅴ和断面Ⅶ多样性指数都较高，这些断面都远离居民聚居区，所受污染少，生境复杂且多样化，淡水贝

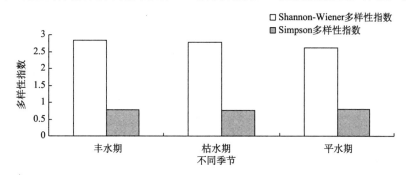

图 9.3 赣江中游不同季节淡水贝类多样性指数

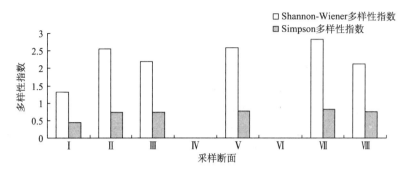

图 9.4　赣江中游各断面淡水贝类多样性指数

类物种较多,因此多样性指数相对较高。断面Ⅳ和Ⅵ多样性指数为零,其共同的特点是:这些断面长期有挖沙船在其附近作业,使其生境单一,底质为沙底或者沙石底。因此,可推断挖沙对淡水贝类栖息环境破坏严重。

三、影响因素分析

影响淡水贝类分布的环境因子很多,包括生物和理化因子,特别是河流的底质、流速、河流的形态和河流底部水流的冲力(剪应力)。赣江中游泥底的断面(Ⅱ和Ⅴ)在种类上比其他底质的断面淡水贝类丰富。在生物因子中,由于蚌类钩介幼虫需要寄生在鱼的体表,且有专一性,鱼类群落结构也影响蚌类的分布和丰度。同样水生植物对螺、蚌的种类和丰度影响较大,植被往往为螺类,特别是为小型螺类提供生态空间。

淡水贝类在我国区域性分布明显。表 9.4 是中国一些河流的淡水贝类物种多样性和丰度。尽管每条河流调查的深度不同,但可以看出,除珠江外,大型河流干流的淡水贝类种类不多,一些支流种类较多。从支流来看,湖南湘江和浙江境内河流的种类最为丰富,而四川、云南、西藏、吉林、甘肃和河北河流的淡水贝类仅有几种,长江中下游和珠江下游地区是淡水贝类的主要分布区。从优势种来看,东北地区河流有其独有的优势种,与其他地区优势种成分有较大差异;西南地区河流的优势种主要为椎实螺科的种类和河蚬,华北地区河流优势种则以田螺科、豆螺科和椎实螺科种类为主;长江中下游地区河流优势种成分复杂,有蚬科、田螺科、肋蜷科、贻贝科和椎实螺科等,蚌类主要分布在长江中下游河流中。整体来看,赣江中游淡水贝类还是相对丰富的。

由于建坝和河床挖沙作业不断,赣江水生生物的栖息地受到越来越大的影响,不利于淡水贝类的生存,从保护河流生态系统完整性和河流的生态安全看,

表 9.4 赣江中游淡水贝类与其他河流的比较

	河流名称	省（自治区、直辖市）	种类数	优势种	调查时间
主要干流	辽河盘锦段	辽宁	6		2006~2007 年
	松花江下游	黑龙江	12	黑龙江短沟蜷，东北田螺	1999~2005 年
	松花江（哈尔滨段）	黑龙江	10	东北田螺	1985~1986 年
	黑龙江	黑龙江	8	旋螺，乌螺，土蜗	1958 年
	海河	北京，天津，山东，河北	8		
	淮河流域	安徽	11		2006 年
	长江（江苏段）	江苏	16	钉螺，河蚬	2004 年~2005 年 3 月
	黄河（兰州段）	甘肃	1	椎实螺	1990 年
	珠江水系（广东江段）	广东	62	河蚬，湖沼股蛤	1981~1982 年
主要支流	浑江	吉林	3	耳萝卜螺	1994~1995 年
	滦河中游干流	河北	2	椭圆萝卜螺	2007 年
	温榆河	北京	2	圆扁螺	2006 年
	雅鲁藏布江雄村河段	西藏	1	萝卜螺属一种	2007 年
	金沙江（渡口市段）	四川	3	萝卜螺	1980 年
	乌江（洪家渡）	贵州	4	蚬科，椎实螺科，萝卜螺科	1986 年
	黑河流域	甘肃	5	扁旋螺	1997 年
	黄浦江上游	上海	7	铜锈环棱螺，河蚬	2005~2006 年
	东江流域	广东	12	短沟蜷属	2005~2006 年
	钱塘江流域	浙江	67	河蚬，圆顶珠蚌，方格短沟蜷	1981~1985 年
	闽江	福建	17		1987 年
	湘江	湖南	67	环棱螺属，格氏沟蜷，耳河螺，湖沼股蛤，大沼螺，湖沼股蛤，圆顶珠蚌，闪蚬	2005~2006 年
	赣江中游	江西	45	梨形环棱螺属，格氏沟蜷，耳河螺，方格短沟蜷，湖沼股蛤和河蚬	2007~2010 年

保护淡水贝类栖息地，维护贝类物种多样性刻不容缓（欧阳珊等，2009）。建议在赣江贝类分布重要的江段，划出禁止采沙区；同时在多数贝类繁殖的春季，限制或减少挖沙作业，同时减少对鱼类的捕捞，有利于贝类的繁殖。由于河流建坝改变了蚌类寄主鱼的分布，改变上下游的水深、水温，进而影响贝类的生存，也可以考虑异地保护和人工放流的方式保护淡水蚌类以维护河流的生态健康。

第三节　鄱阳湖区域淡水蟹类的生物多样性

一、研究背景

江西省淡水蟹类，隶属 2 总科 2 科 4 属。迄今，已见诸报道 31 种，含 21 个新种。淡水蟹类的种类与构成，由于受到水系、山脉和海拔等自然地理条件的阻隔，地理隔离现象极为突出。其分类地位如下。

甲壳动物亚门 CRUSTACEA

　软甲纲 MALACOSTRACA

　　十足目 DECAPODA

　　　短尾次目 BRACHYURA

　　　　拟地蟹总科 Superfamily Gecarcinucoidea Rathbun，1904

　　　　束腹蟹科 Family Parathelphusidae Alcock，1910

　　　　　束腰蟹属 Genus *Somanniathelphusa* Bott，1968

　　　　　中华束腰蟹 *Somanniathelphusa sinensis*（H. Milne-Edwards，1853）

　　　　　波阳束腰蟹 *S. boyangensis*（Dai *et* Zhou，1994）

　　　　　黄龙束腰蟹 *S. huanglungensis*（Dai *et* Peng，1994）

　　　　　临川束腰蟹 *S. linchuanensis*（Dai *et* Peng，1994）

　　　　　瑞金束腰蟹 *S. ruijinensis*　（Dai *et* Peng，1994）

　　　　　高云束腰蟹 *S. gaoyunensis*　（Dai *et* Peng，1994）

　　　　　重石束腰蟹 *S. zhongshiensis*（Dai *et* Peng，1994）

　　　　溪蟹总科 Superfamily Potamoidea Ortmann，1896

　　　　溪蟹科 Family Potamidae Ortmann，1896

　　　　　华南溪蟹属 Genus *Huananpotamon* Dai et Ng，1994

　　　　　弋阳华南溪蟹 *Huananpotamon yiyangense*（Dai，Zhou *et* Peng，1995）

　　　　　贵溪华南溪蟹 *H. guixiense*（Dai，Zhou *et* Peng，1995）

　　　　　黎川华南溪蟹 *H. lichuanense*（Dai，Zhou *et* Peng，1995）

　　　南城华南溪蟹 *H. nanchengense* (Dai，Zhou *et* Peng，1995)

　　　崇仁华南溪蟹 *H. chongrenense* (Dai，Zhou *et* Peng，1995)

　　　中型华南溪蟹 *H. medium* (Dai，Zhou *et* Peng，1995)

　　　瑞金华南溪蟹 *H. ruijingense* (Dai，Zhou *et* Peng，1995)

华溪蟹属 Genus *Sinopotamon* Bott，1967

　　　修水华溪蟹 *Sinopotamon xiushuiense* (Dai，Zhou & Peng，1995)

　　　九江华溪蟹 *S. jiujiangense* (Dai，Zhou & Peng，1995)

　　　万载华溪蟹 *S. wanzaiense* 　　(Dai，Zhou & Peng，1995)

　　　安远华溪蟹 *S. anyuanense* 　　(Dai，Zhou & Peng，1995)

　　　莲花华溪蟹 *S. lianhuaense* 　　(Dai，Zhou & Peng，1995)

　　　玉山华溪蟹 *S. yushanense* 　　(Dai，Zhou & Peng，1995)

　　　宁冈华溪蟹 *S. ninggangense* (Dai，Zhou & Peng，1995)

　　　四股桥华溪蟹 *S. siguqiaoense* (Dai，Zhou & Peng，1995)

　　　浏阳华溪蟹 *S. liuyangense* 　　(Dai，1995)

　　　兰氏华溪蟹 *S. lansi* 　　　　(Doflein，1902)

　　　福建华溪蟹 *S. fukienense* 　　(Dai，Chen，1979)

　　　斜缘华溪蟹 *S. obliquum* 　　(Dai，Jiang，1991)

　　　双叶华溪蟹 *S. bilobatum* 　　(Dai，Jiang，1991)

　　　不等叶华溪蟹 *S. uneaquum* 　　(Dai，Jiang，1991)

　　　凹肢华溪蟹指名亚种 *S. depressum depressum* (Dai，Fan. 1979)

　　　长江华溪蟹指名亚种 *S. yangtsekiense yangtsekiense* (Bott，1967)

博特溪蟹属 Genus *Bottapotamon* Tuerkay *et* Dai，1997

　　　福建博特溪蟹 *Bottapotamon fukienense* (Dai *et* Lin，1979)

　　上述研究，与鄱阳湖直接相关淡水蟹的种类，计有 2 总科 2 科 2 属 5 种。即束腰蟹属 Genus *Somanniathelphusa* 的波阳束腰蟹 *S. boyangensis*、临川束腰蟹 *S. linchuanensis* 和华溪蟹属 Genus *Sinopotamon* 的修水华溪蟹 *Sinopotamon xiushuiense*、九江华溪蟹 *S. jiujiangense* 与兰氏华溪蟹 *S. lansi*。

二、鄱阳湖区域淡水蟹类的动物地理

　　鄱阳湖是中国第一大淡水湖，地理坐标东经 115°49′～116°46′、北纬 28°24′～

29°46′，位于长江中下游南岸的东洋界内，属中亚热带湿润季风区。

依照江西淡水蟹类在动物地理学上所划分的 3 个区域，鄱阳湖区域的淡水蟹类分属于"中部平原及丘陵区"之内，在物种的组成和分布上具有以下两大特点。

第一，具长江中、下游淡水蟹区系特点，华溪蟹 Sinopotamon 是长江水系的代表类群。第二，拥有丰富的束腰蟹 Somanniathelphusa，该类群为淡水蟹中发育较原始，具宽盐性咸淡水的海相型。例如，兰氏华溪蟹 Sinopotamon lansi 是典型的平原型，主要分布于鄱阳湖平原区的九江市、南昌市、新建县、进贤县、余干县等县（市）；而该区的九江华溪蟹 Sinopotamon jiujiangense 则为典型的湖泊型，分布在鄱阳湖近周的九江市、鄱阳县、新建县等处。

三、鄱阳湖区域淡水蟹类的生物多样性

鄱阳湖区域的特殊地质、地势与地貌构造和发育完整的动物、植物生物链，提供了淡水蟹等淡水十足甲壳动物完成其生活史的必备生态自然地理条件。为探索和研究淡水蟹类种类的发生及其遗传关系，提供了宝贵的物种信息资料。

然而，尽管淡水蟹类在鄱阳湖区域水生生态系统拥有重要的生态意义，但对它的分类、分布和系统发育却一直了解得很少，其主要原因是先前所取得的标本有限。根据现有获得的 84 个样点标本，我们相信鄱阳湖区域所拥有的淡水蟹类尚有相当的种类尚待发现，进而演绎该地区淡水蟹类的生物地理学，并为淡水蟹类生物多样性的理解与保护，提供基础数据资料和有效的证据。

鄱阳湖区域淡水蟹类的采集样点及地理分布见彩图 12。

第四节　鄱阳湖的鱼类生物多样性及其保护

鄱阳湖是中国第一大淡水湖，长江水系的明珠，江西的"宝湖"。它位于江西省北部，长江中下游交界处南岸，位于东经 115°49′～116°46′、北纬 28°24′～29°46′。它纳赣江、抚河、修河、饶河和信江"五河"来水，经湖口注入长江。整个鄱阳湖流域流经九江市、九江县、湖口县、都昌县、永修县、南昌市、南昌县、新建县、进贤县、余干县、鄱阳县等 25 市县，面积约 16.2 万 km²。

鄱阳湖由于江、湖之间物质和能量的频繁交换，加上静水、流水生境的互补作用，孕育出相当复杂的淡水生物群落，鱼类资源丰富。该湖既是江湖洄游性鱼类重要的摄食和育肥场所，也是某些河口洄游性鱼类的繁殖通道或繁殖场，对长江鱼类种质资源保护及种群的维持具有重大意义。

一、物种组成

到目前为止，鄱阳湖累计记录鱼类 136 种，隶属 25 科 78 属（表 9.5）。其中鲤科鱼类最多，有 71 种，占鱼类总种数的 52.2%；其次是鳅科，12 种，占 8.8%；鳅科 9 种，占 5.9%；银鱼科和鮠科分别有 5 种，各占 3.7%；其他各科均在 4 种以下。但近年来的调查表明，鄱阳湖鱼类物种数有下降的趋势，如在 1980 年前鄱阳湖已记录鱼类 117 种；1982~1990 年，记录鱼类 103 种；1997~2000 年，记录鱼类 101 种。

表 9.5 鄱阳湖鱼类种类名录

种名	1990 年前	1997~2000 年
鲟科 **Acipenseridae**		
中华鲟 *Acipenser sinensis*（Gray）	+	
白鲟 *Psephurus gladius*（Martens）	+	
鲱科 **Clupeidae**		
鲥 *Macrura reevesii*（Richardson）	+	+
鳀科 **Engraulidae**		
鲚 *Coilia ectenes*（Jordan *et* Seale）	+	+
短颌鲚 *Coilia brachygnathus*（Kreyenberg *et* Pappenheim）	+	+
银鱼科 **Salangidae**		
太湖新银鱼 *Neosalanx taihuensis*（Chen）	+	+
乔氏新银鱼 *Neosalanx jordani*（Wakiya *et* Takahasi）	+	
寡齿新银鱼 *Neosalanx oligodontis*（Chen）	+	+
大银鱼 *Protosalanx hyalocranius*（Abbot）	+	+
短吻间银鱼 *Hemisalanx brachyrostralis*（Fang）	+	+
鳗鲡科 **Anguillidae**		
鳗鲡 *Anguilla japonica*（Temminck *et* Schlegel）	+	+
胭脂鱼科 **Catostomidae**		
胭脂鱼 *Myxocyprinus asiaticus*（Bleeker）	+	
鲤科 **Cyprinidae**		
宽鳍鱲 *Zacco platypus*（Temminek *et* Schlegel）	+	+
马口鱼 *Opsariichthys bidens*（Günther）	+	+
尖头鱥 *Phoxinus oxycephalus*（Sauvage *et* Dabry）	+	
青鱼 *Mylopharyngodon piceus*（Richardson）	+	+
草鱼 *Ctenopharyngodon idellus*（Cuvier *et* Valenciennes）	+	+
赤眼鳟 *Squaliobarbus curriculus*（Richardson）	+	+
鳡 *Ochetobius elongatus*（Kner）	+	+
鳤 *Luciobrama macrocephalus*（Lacepède）	+	+

续表

种名	1990 年前	1997~2000 年
鳡 *Elopichthys bambusa*（Richardson）	+	+
飘鱼 *Pseudolaubuca sinensis*（Bleeker）	+	+
寡鳞飘鱼 *Pseudolaubuca engraulis*（Nichols）	+	+
似鲚 *Toxabramis swinhonis*（Günther）	+	+
餐 *Hemiculter leucisculus*（Basilewsky）	+	+
贝氏餐 *Hemiculter bleekeri*（Warpachowsky）	+	+
红鳍原鲌 *Culterichthys erythropterus*（Basilewsky）	+	+
翘嘴鲌 *Culter alburnus*（Basilewsky）	+	+
蒙古鲌 *Culter mongolicus*（Bailewsky）	+	+
达氏鲌 *Culter dabryi*（Bleeker）	+	+
尖头鲌 *Culter oxycephalus*（Bleeker）	+	+
拟尖头鲌 *Culter oxycephaloides*（Kreyenberg *et* Pappenheim）	+	+
鳊 *Parabramis pekinensis*（Basilewsky）	+	+
鲂 *Megalobrama skolkovii*（Dybowsky）	+	+
团头鲂 *Megalobrama amblycephala*（Yih）	+	+
银鲴 *Xenocypris argentea*（Günther）	+	+
黄尾鲴 *Xenocypris davidi*（Bleekrer）	+	+
细鳞鲴 *Xenocypris microlepis*（Bleeker）	+	+
似鳊 *Pseudobrama simoni*（Bleeker）	+	+
鲢 *Hypophthalmichthys molitrix*（Cuvier *et* Valeneiennis）	+	+
鳙 *Aristichthy nobilis*（Richardson）	+	+
唇鲴 *Hemibarbus labeo*（Pallas）	+	
花鲴 *Hemibarbus maculatus*（Bleeker）	+	+
似刺鳊鮈 *Paracanthobrama guichenoti*（Bleeker）	+	+
麦穗鱼 *Pseudarasbora parva*（Temminck *et* Schlegd）	+	+
长麦穗鱼 *Pseudorasbora elongata*（Wu）	+	
华鳈 *Sarcocheilichthys sinensis*（Bleeker）	+	+
小鳈 *Sarcocheilichthys parvus*（Nichols）	+	+
江西鳈 *Sarcocheilichthys kiangsiensis*（Nichols）	+	+
黑鳍鳈 *Sarcocheilichthys nigripinnis*（Günther）	+	+
短须颌须鮈 *Gnathopogon imberbis*（Sauvage *et* Dabry）	+	+
银鮈 *Squalidus argentatus*（Sauvage *et* Dabry）	+	+
亮银鮈 *Squalidus nitens*（Günther）	+	+
点纹银鮈 *Squalidus wolterdstorffi*（Regan）	+	+
铜鱼 *Coreius heteroden*（Bleeker）	+	+
北方铜鱼 *Coreius septentrionalis*（Nichols）	+	

续表

种名	1990 年前	1997~2000 年
吻鮈 *Rhinogobio typus*（Bleeker）	+	+
圆筒吻鮈 *Rhinogobio cylindricus*（Günther）	+	
棒花鱼 *Abbottina rivularis*（Basilewsky）	+	+
洞庭小鳔鮈 *Microphysogobio tungtingensis*（Nichols）	+	
蛇鮈 *Saurogobio dabryi*（Bleeker）	+	+
长蛇鮈 *Saurogobio dumerili*（Bleeker）	+	
光唇蛇鮈 *Saurogobio gymnocheilus*（Lo，Yao *et* Chen）	+	
宜昌鳅蛇 *Gobiabotia filifer*（Garman）	+	
无须鱊 *Acheilognathus gracilis*（Nchols）	+	+
大鳍鱊 *Acheilognathus macropterus*（Bleeker）	+	+
兴凯鱊 *Acheilognathus chankaensis*（Dybowsky）	+	+
越南鱊 *Acheilognathus tonkinensis*（Vaillant）	+	+
短须鱊 *Acheilognathus barbatulus*（Günther）		+
寡鳞鱊 *Acheilognathus hypselonotus*（Bleeker）	+	
巨口鱊 *Acheilognathus tabira tabira*（Jordan *et* Thompson）	+	
长身鱊 *Acheilognathus elongatus*（Regan）	+	
革条副鱊 *Paracheilognathus himantegus*（Günther）	+	
彩副鱊 *Paracheilognathus imberbis*（Günther）	+	+
高体鳑鲏 *Rhodeus ocellatus*（Kner）	+	+
彩石鳑鲏 *Rhodeus lighti*（wu）		+
方氏鳑鲏 *Rhodeus fangi*（Miao）	+	+
光倒刺鲃 *Spinibarbus hollandi*（Oshirna）	+	+
台湾光唇鱼 *Acrossocheilus formosanus*（Regan）	+	
光唇鱼 *Acrossocheilus fasciatus*（Steindachner）	+	
稀有白甲鱼 *Onychostomas rara*（Lin）	+	
鲤 *Cyprinus carpio*（Linnaeus）	+	+
鲫 *Carassius auratus*（Linnaeus）	+	+
鳅科 Cobitidae		
花斑副沙鳅 *Parabotia fasciata*（Dabry）	+	
武昌副沙鳅 *Parabotia banarescui*（Nalbant）	+	+
长薄鳅 *Leptobotia elongata*（Bleeker）	+	
紫薄鳅 *Leptobotia taeniops*（Sauvage）	+	+
花鳅 *Cobitis taenia*（Linnaeus）	+	
中华花鳅 *Cobitis sinensis*（Sauvage *et* Dabry）	+	+
大斑花鳅 *Cobitis macrostigma*（Dabry）	+	+
泥鳅 *Misgurnus anguillicaudatus*（Cantor）	+	+

续表

种名	1990 年前	1997～2000 年
大鳞副泥鳅 *Paramisgurnus dabryanus*（Sauvage）	+	
平鳍鳅科 **Homalopteridae**		
犁头鳅 *Lepturichthys fimbriata*（Günther）	+	
鲇科 **Siluridae**		
鲇 *Silurus asotus*（Linnaeus）	+	+
大口鲇 *Silurus meridionalis*（Chen）	+	+
胡子鲇科 **Clariidae**		
胡子鲇 *Clarias fuscus*（Lacepède）	+	+
鲿科 **Bagridae**		
黄颡鱼 *Pelteobagrus fulvldraco*（Richardson）	+	+
长须黄颡鱼 *Pelteobagrus eupogon*（Boulenger）	+	+
光泽黄颡鱼 *Pelteobagrus nitidus*（Sauvage *et* Dabry）	+	+
瓦氏黄颡鱼 *Pelteobagrus vachelli*（Richardson）	+	+
长吻鮠 *Leiocassis longirostris*（Günther）	+	+
钝唇鮠 *Leiocassis crassilabris*（Günther）	+	
圆尾拟鲿 *Pseudobagrus tenuis*（Günther）	+	+
白边拟鲿 *Pseudobagrus albomarginatus*（Rendahl）	+	
乌苏里拟鲿 *Pseudobagrus ussuriensis*（Dybowsky）	+	
细体拟鲿 *Pseudobagrus pratti*（Günther）	+	+
凹尾拟鲿 *Pseudobagrus emarginatus*（Günther）	+	
大鳍鳠 *Mystus macropterus*（Bleeker）	+	+
钝头鮠科 **Amblycipitidae**		
鳗尾［鱼央］*Liobagrus anguillicauda*（Nichols）	+	+
黑尾［鱼央］*Liobagrus nigricauda*（Regan）	+	+
司氏［鱼央］*Liobagrus styani*（Regan）	+	
白缘［鱼央］*Liobagrus marginatus*（Günther）	+	
鲱科 **Sisoridae**		
中华纹胸鲱 *Glyptothorax sinensis*（Regan）	+	+
青鳉科 **Oryziatidae**		
中华青鳉 *Oryzias latipes*（Temminck *et* Schlegel）	+	+
鱵科 **Hemirhamphidae**		
间下鱵 *Hyporhamphus intermedius*（Cantor）	+	+
合鳃鱼科 **Synbranchidae**		
黄鳝 *Monopterus albus*（Zuiew）	+	+
鮨科 **Serranidae**		
鳜 *Siniperca chuatsi*（Basilewsky）	+	+

续表

种名	1990 年前	1997～2000 年
大眼鳜 *Siniperca knerii*（Garman）	＋	＋
波纹鳜 *Siniperca undulata*（Fang *et* Chong）	＋	＋
斑鳜 *Siniperca scherzeri*（Steindachner）	＋	＋
长身鳜 *Coreosiniperca roulei*（Wu）	＋	＋
塘鳢科 **Eleotridae**		
沙塘鳢 *Odontobutis obscura*（Temminck *et* Schlegel）	＋	＋
褐塘鳢 *Eleotris fusca*（Forster）	＋	
黄 鱼 *Micropercops swinhonis*（Günther）	＋	＋
鰕虎鱼科 **Gobiidae**		
子陵吻鰕虎鱼 *Rhinogobius giurinus*（Rutter）	＋	＋
波氏吻鰕虎鱼 *Rhinogobius cliffordpopei*（Nichols）	＋	＋
粘皮鲻鰕虎鱼 *Mugilogobius mywodermus*（Herre）		＋
斗鱼科 **Belontiidae**		
圆尾斗鱼 *Macropodus chinensis*（Bloch）	＋	＋
叉尾斗鱼 *Macropodus opercularis*（Linnaeus）	＋	
鳢科 **Channidae**		
乌鳢 *Channa argus*（Cantor）	＋	＋
月鳢 *Channa asiatica*（Linnaeus）	＋	＋
刺鳅科 **Mastacembelidae**		
中华刺鳅 *Mastacembelus sinensis*（Bleeker）	＋	＋
舌鳎科 **Cynoglossidae**		
窄体舌鳎 *Cynoglossus gracilis*（Günther）	＋	
三线舌鳎 *Cynoglossus trigrammus*（Günther）	＋	
鲀科 **Tetrodontidae**		
弓斑东方鲀 *Takifugu ocellatus*（Linnaeus）	＋	
暗纹东方鲀 *Takifugu obscurus*（Abe）	＋	

二、生态类型

按鱼类的栖息习性，鄱阳湖鱼类可以分为定居性、半洄游性、洄游性和山溪性四个生态类群。大多数种类属于湖泊定居型，它们的繁殖、生长、发育过程都在鄱阳湖中进行，如鲤、鲫、红鳍原鲌、黄颡鱼、鲇、乌鳢等，这些鱼类是鄱阳湖渔业的重要基础。青鱼、草鱼、鲢、鳙、鳡、鯮、鳤、赤眼鳟等属于半洄游性鱼类，它们在湖中生长发育，但必须到江河流水中繁殖，进行江湖之间的洄游活动；前四种鱼是我国淡水养殖的主要对象，在鄱阳湖渔业中有着重要意义。鲥、鲥和鳗鲡是海淡水洄游性鱼类，前两种具有溯河洄游习性，它们在海水中生长、发育，性成熟后必须到淡水中繁殖产卵；后一种恰好与前者相反，属降河洄游类型，性成熟后必须到海水中繁殖产卵，幼鱼溯河到湖泊中生长、发育。还有一类属于山溪性鱼类，如中华纹胸鮡、胡子鲇和月鳢等，它们原本生活在鄱阳湖水系上游的溪流中，后随流水入湖，经过长期适应而生存下来。

三、渔具渔法

鄱阳湖水面大，生境复杂，既有流水也有静水，既有浅水洲滩也有深水沟潭，能适应不同生态习性的鱼类栖息和繁衍。在鄱阳湖为了捕捞不同生境的鱼类，相应的渔具渔法也非常多。主要渔具渔法有网簖、电捕鱼、虾毫、刺网、卡子、饵钓、虾托等。

由于坚固耐用的合成材料广泛使用，在20世纪50年代经常可见的竹箔渔法已被网簖所取代。目前网簖在鄱阳湖是最常见和数量最多的渔具。根据网目大小可将网簖分为密眼和稀眼两类。前者网目直径为5～10mm，主要在沿岸带作业，后者网目直径一般为15～30mm，通常安置在水较深的水域。因受长江水位影响，鄱阳湖水位落差大，季节性明显，5月水位上涨，9月开始下降。因此，网簖捕捞旺季在春、夏、秋鱼类繁育和生长季节。秋末至春初，由于水位下降，原先能插网簖的许多水域先后变成了无水的洲滩，再加上水温低，鱼类活动减少，网簖鱼产量往往很低。

除了网簖外，在秋末至仲春，电捕也是鄱阳湖常见的一种渔捞方式。设备通常安装在带船尾机的木船上，俗称"电捕船"。一条电捕船一般以一台12～20马力[①]的195型柴油机为动力，带一台具整流装置的发电机。电捕船可独立操作，亦可与围网等配合，以便提高功效。电捕鱼始于20世纪70年代，进入80年代后，鉴于其对鱼类资源造成较大损害，明确列为禁止使用的有害渔具。但随着小型柴油机和发电机的普及，加之该渔法简便易行且效率高，仍被非法使用，禁而不止。

此外，由于湖面广阔，流水作业生境多，拖网、围网类渔具经常可见，各种形式的张网也常使用。在秋冬退水期间，各类操网也广泛应用于湖滩草洲中。

四、渔获物组成

由于鄱阳湖面积大，渔民多，捕捞作业非常分散，若要估算整个湖区的渔获

---

① 1马力＝745.700W。

物组成,非常困难。因此,仅就主要渔具的渔获物进行调查。下面介绍4种主要渔具的渔获物组成特征。

根据1997年和1998年冬季、2000年春季在湖口、都昌和波阳水域调查,稀眼网簖渔获物中尽管有草鱼、翘嘴鲌、蒙古鲌、鲤、鲇、鲢等大中型鱼类,但它们所占的比例小(<20%),绝大部分是小型鱼类(>80%),主要包括鲫、黄颡鱼、红鳍原鲌、鳘、鳑鱼类等(表9.6)。密眼网簖中几乎都是小型鱼类,黄颡鱼、鲫、鳘、蛇鮈等的比例较高。

表9.6 鄱阳湖稀网簖(网目15~20mm)渔获物组成

种类	都昌水域(1998年11月)		波阳水域(2000年4月)	
	重量/kg	比例/%	重量/kg	比例/%
鲫 *C. auratius*	248.5	32.8	102.0	38.5
红鳍鲌 *C. erythropterus*	129.5	17.1	41.0	15.6
黄颡鱼 *P. fulvldraco*	13.0	1.7	27	10.2
鳘 *H. sinensis*	159.6	21.1	18.0	6.8
草鱼 *C. idellus*	15.0	2.0	3.0	1.2
鲢 *H. molitrix*	4.0	0.5	2.0	0.6
鲤 *C. carpio*	2.5	0.3	36.0	13.5
鲌类 *Culter sp.*	14.5	1.9	10.0	3.8
鲇 *S. asotus*	8.0	1.1	1.0	0.2
其他*	162.4	21.5	25.0	9.6
合计	757.0	100.0	265.0	100.0

* 主要包括鳑鱼类、沙塘鳢和蛇鮈类。

五、鱼产量估算

鄱阳湖跨界11个县(市),作业渔船数量多,且分散,渔货自产自销,要想较准确统计全湖鱼产量,很不容易。为了对该湖鱼产量有个粗略的估算,根据湖区11个县(市)的渔业统计资料,将各县(市)天然水域的鱼类捕捞量之和视为鄱阳湖鱼产量。如果鄱阳湖面积以252 000hm² 计,则可算出每年的单位面积产量。自1950年以来的各个时期的年均鱼产量,在20世纪60年代以前,年均鱼产量大约是88kg/hm²;在70年代,产量明显下降,约为62kg/hm²;随后鱼产量逐步上升,至90年代,高达198kg/hm²。如果鄱阳湖面积的统计不包括其周围现已分隔开来的众多中小型湖泊,那么1980年以后的鱼产量估算可能有所偏高,因为各县(市)统计的天然捕捞量可能包括了境内其他湖泊天然捕捞量。

六、鱼类物种多样性和群落结构的关系

迄今为止，关于湖泊鱼类多样性与湖泊环境因子之间的关系研究报告比较缺乏。学者认为河流的鱼类种数分别与河流流域面积、年平均流量呈显著或极显著的正相关，单位干流长和单位流域面积的鱼种类数分别与河流径流深、比降呈显著或极显著的正相关。Sacramento-San Joaquin Delta 的鱼类群落与其水温、水流关系密切，其中土著鱼类适应生活于浑浊的水体和急流中，非土著鱼类更好暖水性或缓流条件。Koel 和 Peterka 指出 Red River 的水环境（尤其是月流量、5 月最小流量以及水体的电导率、硫酸盐浓度、总硬度）是控制其鱼类群落的重要条件。斯凯尔特河口的溶解氧含量高低决定着其鱼类物种的丰富度，而水温、盐度、水流、悬浮物和叶绿素 a 浓度与鱼类物种丰富度的关系不明显。

依据 2007 年 7 月至 2008 年 6 月湖口的水位和渔获物的资料，探讨了鄱阳湖湖口的水位与湖口水域鱼类群落结构组成的关系。发现湖口水位与湖口水域鱼类的种类数目、物种丰富度以及渔获量（渔获物个体数、重量）都存在正相关关系，且鱼类的种类数目、物种丰富度和生物量多样度与水位的相关性显著。随着湖口水位的上涨，水域面积增大，鱼类种数、物种丰富度和渔获量增多。

七、鱼类洄游

鄱阳湖既是江湖洄游性鱼类重要的摄食和育肥场所，也是某些过河口洄游性鱼类的繁殖通道或繁殖场，如四大家鱼，它们为江湖洄游性鱼类，在湖中生长发育，在江河流水中繁殖。

根据 2007 年和 2008 年长江四大家鱼幼鱼进入鄱阳湖的监测数据，发现进入鄱阳湖的长江四大家鱼幼鱼以鲢鱼为主，鳙鱼所占比例较小。长江四大家鱼幼鱼进入鄱阳湖的时间主要集中在 7 月、8 月，其中 7 月中下旬至 8 月底为青鱼幼鱼、草鱼幼鱼和鲢鱼幼鱼的入湖高峰期；而鳙鱼幼鱼的入湖高峰期出现在 7 月。

应用 SPSS 13.0 软件对 2007 年和 2008 年湖口水位与长江青鱼幼鱼、草鱼幼鱼、鲢鱼幼鱼和鳙鱼幼鱼的入湖数量进行相关分析，得出 2007 年和 2008 年长江四大家鱼幼鱼的入湖数量与湖口的水位都呈现正相关关系。

八、鱼类生物多样性保护

（一）威胁鱼类生物多样性的因素

过度捕捞是导致鄱阳湖鱼类资源下降的最重要的因素之一。经过调查，鄱阳湖的渔具、渔法主要是迷魂阵、斩秋湖、电捕鱼、虾笼、丝网和定置网［网目：(0.15 cm ×0.3 cm) ～ (2 cm×2cm)］等，在冬季水位过低的基础上，这种捕捞强度破坏了保护区内凶猛鱼类和其他大、中型鱼类的生活史，加上它们的种群调节能力较差，导致它们的种群数量不断减少。而小型鱼类具有较强的补偿调节能力，这种失去了通过捕食和竞争等种间关系对小型鱼类种群密度的生态控制作用，在客观上造成了小型鱼类数量的增加。因此，鄱阳湖鱼类资源的衰退还在群落结构的演替上表现出了强烈的小型化趋势。

湖泊沼泽化是威胁鱼类物种的又一因素。江湖阻隔使得鄱阳湖草食性鱼类（草鱼和鳊鱼）等的种类锐减，从而加剧了湖泊水草蔓延和沼泽化。植物群落的演替直接或间接引起鱼类群落结构的相应变化。首先是适应水草茂密的沼泽环境的种类如乌鳢、黄颡鱼、刺鳅、沙塘鳢和红鳍原鲌，以及小型沿岸带生活的鱼类如和麦穗鱼等的种群因为繁殖、隐蔽和摄食场所增加而得到发展。其次是退水时，沉水植物的覆盖率相对较低，维持了相当大面积的敞水带水域，因而翘嘴鲌、蒙古鲌等鱼类具有较大的种群数量；涨水时，过多的沉水植物的竞争使得浮游藻类难以大量生长，同时间接影响了浮游动物的数量，因而浮游生物食性的种类，尤其是大、中型经济鱼类幼鱼的饵料来源减少。沉水植物过于密集，还使大型底栖无脊椎动物的数量减少，这一方面造成以瓣鳃类为产卵基质的鳑鲏的种群数量下降，另一方面也使以底栖动物为主食的青鱼和鲤鱼的食物相对减少。

（二）鱼类生物多样性的保护措施

1. 取缔有害的渔具渔法，实行限额捕捞

禁止使用定置网、迷魂阵、密眼网等危害性较大的网具，严禁电鱼、斩秋湖等渔法。加强渔船、渔具和渔法管理等一系列措施；加强科学研究，制订鄱阳湖的捕捞限额，做到把限定起捕规格内的鱼放回到湖中去；控制捕捞强度，严禁酷渔滥捕，保护后备资源。

2. 建立鲤、鲫种质资源库

鄱阳湖西南水域具有以下优势：①水域宽广，水质条件好，无工厂和工业污

染，其水体溶解氧量超过国家地表水环境质量的Ⅱ类标准，重金属、酚类等含量均低于Ⅱ类标准；②鱼类饵料生物十分丰富，与长江天鹅洲故道、老江河故道以及淤泥湖种质资源天然生态库相比，其浮游植物、水生植物、浮游动物、底栖动物和水生昆虫等鱼类饵料生物毫不逊色；③鱼类种类丰富，在其鱼类群落中，鲤、鲫为优势种，其年产量约占水产品总产量的50%，生物量为10.92g/m²，相对丰度为60.22%；④鲤、鲫具有稳定的形态学性状，且生长状况良好，其年均生长指标分别为（28.89 ± 0.41）kg/m³、（30.18 ± 0.58）kg/m³；⑤鲤、鲫的染色体均为二倍体；⑥鲤、鲫的种质资源优良，对其群体的同工酶和随机扩增多态DNA分析，显示它们均有丰富的遗传多样性。此外，该水域地处鄱阳湖主湖区南部，占有天然生态地理优势，其生境复杂多样，草洲丰富，是鲤、鲫的良好产卵繁殖和生长发育场所。因此，鄱阳湖西南水域目前的生态条件良好，是建设鲤、鲫天然种质资源库的理想场所。

第五节　江西省"五河一湖"两栖 爬行动物的生物多样性

依据江西省政府下发的《关于加强"五河一湖"及东江源头环境保护的若干意见》和《关于设立"五河一湖"及东江源头保护区的通知》（赣府字〔2009〕36号），"五河一湖"和东江源头保护区涉及7个设区市，25个县（市、区），150个乡（镇），59个林场，1368个行政村，总面积近1万km²，占全省国土面积的6%。江西省属亚热带湿润季风气候，气候温和、湿润，雨量充沛，植被繁茂，为我国两栖爬行动物种类和数量较多的省份之一，鄱阳湖内与"五河"（赣江、抚河、信江、饶河、修河）相连，外与长江相通，构成一个相对独立、封闭的水生态系统。在查阅以往的记录与研究资料基础上，通过整理从20世纪50年代始采集的馆藏标本，结合近期在爬行动物分子遗传学上的研究工作，对"五河一湖"区域两栖爬行动物的生物多样性进行初步的总结与探讨。

一、"五河一湖"区域两栖爬行动物的生物多样性

在两栖动物的生物多样性上，"五河一湖"区域与全省现存种属相一致，合计2目8科14属39种和亚种，其中有尾目2科（隐鳃鲵科、蝾螈科）3属3种；无尾目6科〔锄足蟾科、雨蛙（树蟾）科、蟾蜍科、蛙科、树蛙科、姬蛙科〕11属36种。

在爬行动物的生物多样性上，"五河一湖"区域与全省现存种属有一定差异，合计3目11科35属48种。其中龟鳖目3科（淡水龟科、鳖科、平胸龟科）3属

3 种；有鳞目 7 科（游蛇科、盲蛇科、蜥蜴科、石龙子科、壁虎科、眼镜蛇科、蝰蛇科）31 属 44 种；鳄目 1 科（鳄科）1 属 1 种。分别占江西省已知确有分布的 3 目 15 科 50 属 80 种的 100%、74%、70%、60%。

"五河一湖"区域现存两栖爬行动物名录如下。

两栖纲

　　有尾目

　　　隐鳃鲵亚目

　　　　隐鳃鲵科

　　　　　中国大鲵 *Andrias davidianus*

　　　蝾螈亚目

　　　　蝾螈科

　　　　　东方蝾螈 *Cynops orientalis*

　　　　　肥螈 *Pachytriton brevipes*

　　无尾目

　　　锄足蟾亚目

　　　　锄足蟾科

　　　　　宽头短腿蟾 *Brachytarsophrys carinensis*

　　　　　掌突蟾 *Leptolalax pelodytoides*

　　　　　淡肩角蟾 *Megophrys boettgeri*

　　　　　挂墩角蟾 *Megophrys kuatunensis*

　　　　　小角蟾 *Megophrys minor*

　　　　　崇安髭蟾 *Vibrissaphora liui*

　　　新蛙亚目

　　　　雨蛙（树蟾）科

　　　　　中国树蟾 *Hyla chinensis*

　　　　　日本树蟾 *Hyla japonica*

　　　　　三港树蟾 *Hyla sanchiangensis*

　　　　蟾蜍科

　　　　　中华大蟾蜍 *Bufo gargarizans*

　　　　　黑眶蟾蜍 *Bufo melanostictus*

　　　　蛙科

　　　　　华南湍蛙 *Amolops ricketti*

　　　　　尖舌浮蛙 *Occidozyga lima*

　　　　　弹琴蛙 *Rana adenopleura*

　　　　　棘腹蛙 *Rana boulengeri*

    日本林蛙 *Rana japonica*

    古氏赤蛙 *Rana kuhlii*

    阔褶蛙 *Rana latouchii*

    泽蛙 *Rana limnocharis*

    大绿蛙 *Rana livida*

    黑斑蛙 *Rana nigromaculata*

    金线蛙福建亚种 *Rana plancyi fukienensis*

    金线蛙 *Rana plancyi*

    虎纹蛙 *Rana rugulosa*

    花臭蛙 *Rana schmackeri*

    棘胸蛙 *Rana spinosa*

    棕背蛙 *Rana swinhoana*

    竹叶蛙 *Rana versabilis*

  树蛙科

    经甫泛树蛙 *Polypedates chenfui*

    大泛树蛙 *Polypedates dennysi*

    斑腿泛树蛙 *Polypedates megacephalus*

  姬蛙科

    粗皮姬蛙 *Microhyla butleri*

    小弧斑姬蛙 *Microhyla heymonsi*

    饰纹姬蛙 *Microhyla ornata*

    花姬蛙 *Microhyla pulchra*

爬行纲

  龟鳖目

    平胸龟科

      平胸龟 *Platysternon megacephalum*（Gray）

    淡水龟科

      乌龟 *Chinemys reevesii*（Gray）

    鳖科

      鳖 *Pelodiscus sinensis*（Wiegmann）

  有鳞目

    蜥蜴亚目

    壁虎科

      多疣壁虎 *Gekko japonicus*（Duméril *et* Bibron）

      铅山壁虎 *Gekko hokouesis* Pope

石龙子科

    中国石龙子 *Eumeces chinensis*（Gray）

    蓝尾石龙子 *Eumeces elegans* Boulenger

    铜蜓蜥 *Sphenomorphorus indicus*（Gray）

    宁波滑蜥 *Scincella modesta*（Günther）

蜥蜴科

    北草蜥 *Takydromus septentrionalis* Günther

    白条草蜥 *Takydromus wolteri* Fischer

蛇亚目

  盲蛇科

    钩盲蛇 *Ramphotyphlops braminus*（Daudin）

  游蛇科

    闪皮蛇亚科

      黑脊蛇 *Achalinus spinalis* Peters

    钝头蛇亚科

      平鳞钝头蛇 *Pareinae boulengeri*（Angel）

      钝头蛇 *Pareinae chinensis*（Barbour）

    游蛇亚科

      钝尾两头蛇 *Calamaria septentrionalis* Boulenger

      黄链蛇 *Dinodon flavozonatum* Pope

      赤练蛇 *Dinodon rufozonatnm*（Cantor）

      双斑锦蛇 *Elaphe bimaculata* Schmidt

      王锦蛇 *Elaphe carinata*（Günther）

      玉斑锦蛇 *Elaphe mandarina*（Cantor）

      紫灰锦蛇（黑线亚种）*Elaphe porphyracea*（Cantor）

      红点锦蛇 *Elaphe rufodorsata*（Cantor）

      黑眉锦蛇 *Elaphe taeniura* Cope

      翠青蛇 *Cyclophiops major*（Günther）

      黑背白环蛇 *Lycondon ruhstrati*（Fischer）

      虎斑颈槽蛇（大陆亚种）*Rhabdophis tigrinus*（Boie）

      赤链华游蛇 *Sinonatrix annularis*（Hollowell）

      华游蛇（指名亚种）*Sinonatrix percaninata*（Boulenger）

      渔游蛇 *Xechrophis piscator*（Schenider）

      中国小头蛇 *Oligodon chinensis*（Günther）

      台湾小头蛇 *Oligodon formosanus*（Günther）

福建颈班蛇 *Plagopholis styani*（Boulenger）

花尾斜鳞蛇 *Pseudoxendon stejnegenri* Barbour

灰鼠蛇 *Ptyas korros*（Schlegel）

滑鼠蛇 *Ptyas mucosus*（Linnaeus）

黑头剑蛇 *Sibynophis chinensis*（Günther）

乌梢蛇 *Zaocy dhumnades*（Cantor）

绞花林蛇 *Boiga kraepelini* Stejnegr

　水游蛇亚科

福建水蛇 中国水蛇 *Enhydris chinensis*（Gray）

眼镜蛇科

　眼镜蛇亚科

银环蛇 *Bungarus multicinctus* Blyth

丽纹蛇 *Calliophis macclellandi*（Reinhardt）

舟山眼镜蛇 *Naja atra* Cantor

蝰蛇科

　蝰亚科

短尾蝮 *Gloydius brevicaudus*（Stejneger）

尖吻蝮 *Dienakistrodon acutus*（Günther）

原矛头蝮蛇 *Protobothrops mucrosquamatus*（Cantor）

竹叶青蛇 *Trimeresurus stejnegeri* Schmidt

鳄目

鳄科

鳄（扬子鳄）*Alligator sinensis* Fauver

二、"五河一湖"区域内两栖爬行动物的地理区划及从属区系

"五河一湖"区域在我国动物地理区划上属于东洋界（季风区南部）、华中区、东部丘陵平原亚区。在钟昌富教授划分的 5 个动物地理省中占了 4 个，即除赣南丘陵山地省外的赣中丘陵山地省、赣东北丘陵山地省、赣北平原省、赣西北丘陵山地省。

鄱阳湖生态经济区两栖爬行动物区系由 4 种区系成分构成，分别是东洋界的华中华南区、华中区、华南区、东洋界和古北界（为国内广布种）。两栖动物区系成分与江西省的区系构成一致；爬行动物区系成分与江西全省相比较，东洋界的华中西南区成分阙如。

"五河一湖"区域内，两栖动物区系以东洋界成分为主体（34 种，占全省的 87.2％），东洋界和古北界种类 5 种（占全省的 12.8％）。在东洋界中华中华南区成分、华中区成分各有 16 种（各占全省的 47.1％），华南区成分 2 种（占全省 5.8％）。爬行动物区系中东洋界成分为主体（41 种，占全省的 51％），并杂有国内广布种成分（7 种，占全省的 9％）；在东洋界中又以华中华南区成分为主（27 种），华中区（13 种）成分多于华南区（1 种）成分。

三、"五河一湖"区域两栖爬行动物的生物多样性保护

江西省因其地理位置及气候条件适合两栖爬行动物的生长繁衍，其资源保有基数较大，物种多样性丰富。长期以来森林及植被面积缩小、农药大量使用后的残留及过度捕捉等导致野生动物生境的人为破坏，已对野生动物资源造成不利影响，"五河一湖"区域的两栖爬行动物的生物多样性亟待采取综合措施进行保护。

在法律法规建设上，早在 1988 年 12 月 10 日，国务院批准的《国家重点保护野生动物名录》中将扬子鳄列为一类国家重点保护野生动物。此外，江西省林业厅、江西省农业厅（赣林资发〔1995〕30 号）《江西省级重点保护野生动物名录》《江西省非重点保护野生动物名录》中也囊括了所有的野生两栖爬行类。当前，"五河一湖"区域两栖爬行动物的所有物种均列入 2000 年 8 月 1 日以国家林业局令第 7 号发布实施的《国家保护的有益的或者有重要经济、科学研究价值的陆生野生动物名录》（简称"三有名录"）。

依据省政府下发的《江西省人民政府关于加强"五河一湖"及东江源头环境保护的若干意见》和《关于设立"五河一湖"及东江源头保护区的通知》精神，建议在以下方面加强保护工作：

（1）开展并加强两栖爬行动物保护的宣传教育活动，提高保护区民众对各种野生动物的保护意识；

（2）科学规划保护区的核心区域，建议适度扩大保护区的范围，在保守计算环境承载量的限制下控制生态旅游开发的强度；

（3）重视两栖爬行动物资源本底的补充调查，并将其作为一个客观性指标监测生态环境的变化；

（4）发展保护区替代生计项目，以实现保护区内经济的可持续发展。

四、"五河一湖"区域两栖爬行动物的分子遗传学研究

随着分子生物学技术的飞速发展，国内应用各种分子手段对蛇类进行种属鉴定及系统发生的研究。近年来，通过测定某个或者某几个基因的部分序列进行物

种鉴定和区分的 DNA 条形码（DNA barcode）技术在国外得到了迅速的发展和应用。这一技术可以让非从事形态分类的专业人员在短时间内准确、经济地对目标物种进行鉴定和区分，大大提高了如保护生物学等与物种鉴定有关的学科的应用效率和实用价值。DNA 条形码的一般定义由 2003 年 Paul Hebert 指定的，线粒体 *COI* 基因 5′端长度为 648bp 的标准片段，但 Miguel 等发现在两栖动物中运用 16S rRNA gene 比 *COI* 标准片段更优越，提出在某些动物类群中，线粒体 16S rRNA gene 满足作为 DNA 条形码通用标记的条件。

　　我们在爬行动物蛇类物种的分子分类上首次采用了 DNA 条形码策略进行了尝试，通过设计 *COI*、16S、*CR* 三种基因的简并引物，对南昌地区常见的 2 科 6 属 7 种蛇类样品进行扩增，将得到的 20 条蛇类线粒体 16S rRNA 基因 440bp 左右的 DNA 序列结合 GenBank 中 10 条蛇类的 16S rRNA 基因片段进行序列比较分析，构建 NJ（neighbor-joining）树，计算 K2P（kimura -2-parameter）遗传距离，初步探讨应用 16S rRNA 基因片段构建 DNA 条形码对蛇类物种识别鉴定的可行性。实验结果表明，在本次实验涉及的蛇类个体及类群的识别上，16S rRNA 基因片段合乎通用条码标记的序列的要求；且本实验设计的简并引物有适用性强、宽容度大的优势。研究结果支持"16S rRNA 基因至少应该作为脊椎动物标准条码标记——线粒体 *COI* 基因不可缺少的补充"观点；提示当前对 DNA 条形码在不同生物类群的应用方面，尚待在更大的标本样品数量及更多不同基因片段序列数据的支持。此项实验研究可为蛇类 DNA barcode 的分析选择和单位点分型研究提供参考信息。

第十章 "五河一湖"血吸虫病的防治策略

第一节 "五河一湖"血吸虫病分布及防治概况

江西"五河一湖"生态环境保护与资源综合开发利用，是鄱阳湖生态经济区建设全局和流域实施可持续发展战略的重要组成部分。存在于该地域的血吸虫与血吸虫病，涉及生态与公共卫生安全。降低与减轻血吸虫病对全省经济与社会发展产生的负面影响，需要在省委、省政府及其各级政府部门的主导下，开展长期与持续的综合性防治工作。

血吸虫病的传播与自然生态环境和社会经济等因素关系密切。江西是我国血吸虫病流行最为严重的省份之一，疫区范围涉及南昌、九江、上饶、宜春、鹰潭、景德镇、吉安、赣州8个市的39个县（市、区）的315个乡（镇），疫情仅次于湖北和湖南两省。在上述地域计有21个县157个乡（镇）达到传播阻断血吸虫病标准之外（消灭血吸虫病），尚有7个县67个乡（镇）达到传播控制标准（基本消灭血吸虫病）和11个县91个乡（镇）达到疫情控制标准。中间宿主钉螺面积8万公顷，血吸虫患者计约10万人，急性感染患者在2007年仅发生16例，有效地控制了急性血吸虫病的暴发疫情，取得了显著的防治效果。

目前，江西省血吸虫病疫区仍旧主要集中在鄱阳湖沿湖地区。省委省政府所规划的"鄱阳湖生态经济区"，涉及15个血吸虫滨湖县（市、区），即南昌县、进贤县、新建县、都昌县、湖口县、星子县、永修县、共青城市、庐山区、德安县、九江县、彭泽县、鄱阳县、余干县和万年县。该地域现仍有钉螺面积6.8万公顷，患者8.5万余人，病牛2万余头，直接受到威胁的人口计约280万人。因此，血吸虫局部地区的疫情仍然较为严重。同时伴随着社会经济的迅速发展，经过鄱阳湖和几条主要入湖河流的人流与物流逐年增加等因素的影响，其中间宿主钉螺有向城市蔓延的趋势，江西省血吸虫病的防治形式依然十分严峻。

建立"鄱阳湖生态经济区"，是中共江西省委、省政府践行科学发展观，树立生态文明，建设和谐江西，实现江西早日科学崛起的重大战略构想。认识血吸虫给湖区群众的生命健康构成威胁和带来严重危害，已成为各级领导、职能部门、科学工作者和公众的普遍共识。但如何策应"鄱阳湖生态经济区"建设，并依据省情综合实施"卫生、农业、林业和水利"血吸虫病的综合治理策略，实现江西血防工作历史性的新跨越，无疑对血防科学工作者提出了更高的要求与挑战。

第二节　"五河一湖"血吸虫病防治中的主要问题

江西血吸虫病的防治工作，经过数代血防工作者艰苦卓绝的努力和富有成效的工作，已有力地遏制了血吸虫病在"五河一湖"区域人与家畜中的流行与传播。患者、病畜、钉螺面积等显著减少，防治工作取得了举世瞩目的巨大成就。但是，随着湖（山）区的建设与发展以及湖（山）区人流、物流量的增加，人、畜暴发疫情的潜在威胁依然存在而不容忽视。

目前，江西血吸虫与血吸虫病的防治研究工作，存在的主要问题之一，是尚缺乏更高层次的、统一的、严而有力的组织领导与协调机制。虽然省卫生厅、农业厅、林业厅和水利厅都建立有专门血防管理部门或附设机构且各施其责，但在相互配合与策应等方面存在缺陷与不足，当中涉及的主要问题表现为国家血防总经费的投入严重不足、血防政策与法规、从事血防工作人员的待遇等亟待修订与改善，血吸虫病科学研究工作亟待加强与提高等。目前，采取以控制血吸虫病传染源为主要措施的综合防治策略，是由卫生部血吸虫病防治领导小组根据我国的血吸虫病防治及其疫情的具体情况而拟定的新的防治策略，且已成为我国血防工作者的共识并在防治实践上得到成功的应用与推广。但目前血吸虫病防治仍然存在仍以下问题。

一、卫生血防存在的主要问题

（一）血吸虫病传染源还没有得到有效控制

洲滩放牧的家畜是血吸虫病传播给当地居民最主要的传染源。由于鄱阳湖区域家畜敞放散养的历史习惯，十余万头家畜在有螺草洲放牧，可能感染血吸虫并排出大量虫卵感染钉螺，是导致血吸虫病传播的主要因素（占血吸虫病传染源的90%），而利用鄱阳湖洲滩丰富的草料饲养家畜是湖区群众增加收入的重要来源。

渔船民、水上作业人员粪便管理难度大。由于渔船民、水上作业人员流动性大，其粪便往往不经无害化处理就直接排放到湖里或草洲上，这是造成血吸虫病传播的重要因素。

（二）湖区消灭血吸虫中间宿主钉螺难度极大

药物灭螺受环境保护和费用高昂等因素制约，大规模药物灭螺的方式控制血吸虫病传播的措施难以全面实施。

鄱阳湖冬陆夏水，水位难以控制，所形成的数百万亩草洲是钉螺孳生的理想场所。

（三）疫情反弹的潜在危险依然存在

经过数十年的不懈努力，血吸虫病疫区的范围显著缩小，但鄱阳湖水域面积广阔，易感季节时间长（4～11月），随着鄱阳湖区域的建设和发展，湖区人流、物流增加，若血吸虫病传染源控制措施得不到有效落实，极易造成钉螺扩散，出现人、畜暴发疫情，其潜在威胁不容忽视。

（四）专业机构和队伍难以适应血防工作的需要

江西省血防机构大多是20世纪50年代建立的，许多办公和实验用房年久失修，交通工具和检验、医疗仪器设备陈旧、简陋。血防队伍一方面由于专业人员待遇低、工资得不到保障等原因，人才流失，出现青黄不接的问题；另一方面，大量非专业人员涌入，造成机构臃肿，人浮于事，出现防治工作效益低下的问题。

（五）血防科学研究不能满足防治工作的需要

主要表现为血防科学研究滞后于血防工作形式的变化与发展要求，防治技术无突破性进展。急需开发与研制高效、低毒、价廉、使用方便的灭螺药物和血吸虫病预防治疗的后备药物，急需加快现场使用方便的血清学诊断方法和快速诊断试剂的研制，加强对可持续发展的血防策略研究等。

二、农业血防存在的主要问题

农业血防实施"以机代牛"、沼气池建设、水改旱、挖池灭螺、家畜圈养和调整养殖结构为主要内容的"三推一控"农业综合治理工作，需要大量经费加以支撑，而目前的财力与需求有较大差距，上述各项综合治理措施难以达到由试点向全面铺开的转变。

如前述，疫区居民血吸虫感染，90％以上是源于当地居民将养殖的水牛、黄牛等放牧于草洲所形成的稳定的血吸虫生活环（史）所致。此外，血吸虫疫区实行"移民建镇"的地方，出现少数百姓自行迁移回原居住地进行耕作和放养家畜（牛、猪、羊等），也是造成血吸虫疫区得以维持与不变的原因之一。

农业血防与林业血防、水利血防三者关系密切，既相对独立又相互联系而不可分割，它直接涉及当前疫区居民的联产承包等管理体制及其分配制度等，在现行血防体制、政策保障、资金投入，甚至草洲资源利用、产业模式转变（种植、养殖）等诸多问题方面，尚需要加强组织领导与协调管理。

三、林业血防存在的主要问题

林业血防，主要涉及"抑螺防病林"的建设，目前在此方面国内已有成熟理论与成功的实践经验可予借鉴。当前，在鄱阳湖沿湖和山丘血吸虫疫区，江西省尚未建立完整的"抑螺防病林"生态系统。在已建设有"抑螺防病林"的地方，近年来也或多或少出现乱砍滥伐破坏"抑螺防病林"的情况。因此，林业主管部门应加强全面建设"抑螺防病林"的可行性论证，包括"林权"的所属关系的归属这一直接关系百姓利益的敏感问题等。"抑螺防病林"是林业血防的当务之急，需要尽快提上血防工作的议事日程，而成为生态控制血吸虫病的有效措施之一。

四、水利血防存在的主要问题

江西省水利血防存在的问题主要有四个方面。一是初设审批滞后。已完成可研批复的 31 个项目中，只有七一灌区等 17 个项目初设已批复，尚有 14 个项目初设未批。二是工程开工率偏低。已下达投资计划的 23 个项目，只有白塔渠西片、七一灌区和都昌大港灌区等 4 个项目开工。三是地方配套资金筹措困难。江西省规划内结合水利血防项目总投资 7.41 亿元，投资比例为中央：地方＝3：7，地方配套资金 5.19 亿元，压力太大。四是小流域治理和水利行业职工血防工程无中央补助资金，难以完成规划任务。特别是疫情未控制县的水文测站职工，血吸虫病感染率高达 80％，很多职工出现反复感染。

此外，对"鄱阳湖生态水利枢纽工程"尚需要组织各行业专家做进一步科学论证。

第三节 "五河一湖"血吸虫病防治策略

血吸虫病严重阻碍"五河一湖"社会经济的可持续发展是不言而喻的。

血吸虫病的防治工作是一项系统工程，它有赖于社会、经济、教育、科学技术的发展，法规与政策的支持和政府相关管理部门的通力而高效的合作。血吸虫病防治工作又是一项长期而艰巨的任务，将防治工作纳入江西社会、经济发展规划，重新审视血吸虫病控制与构建和谐社会、绿色经济的可持续发展关系，并着力解决血防工作与鄱阳湖湿地生态保护、经济可持续发展的矛盾，以积极策应"鄱阳湖生态经济区"建设，全面实施以"控制传染源为主的综合治理"策略，进而贯彻落实江西省血防规划目标和重点项目的实施。

根据江西省人民政府血吸虫病地方病防治领导小组办公室关于《环鄱阳湖生态经济区血吸虫病防治规划》和《江西省预防控制血吸虫病中长期规划纲要（2004—2015 年）》，把血吸虫病防治工作与建设"鄱阳湖生态经济区"有机结合，加速控制"五河一湖"血吸虫病的流行，并基于"卫生血防、农业血防、林业血防和水利血防"是相互联系不可分割的一个整体，江西省血吸虫病的防治工作，应在其主要职能部门"江西省人民政府血吸虫病地方病防治领导小组办公室"的统一领导与指导下，建议建立"卫生、农业、林业、水利血防联动机制"，全面实施以"控制传染源为主的综合治理"策略，即在血吸虫病疫区实施封洲禁牧、家畜圈养、以机代牛、改水改厕、建设沼气池、草原综合利用、进一步加强人畜粪便管理，建立鄱阳湖血防生态林等综合治理措施，从源头上控制血吸虫病的传播，是现行治理江西省"五河一湖"血吸虫病的基本策略。

目前，"五河一湖"地方社会经济的发展和居民健康意识的提高，为策略的实施和推广提供了可能。减轻直至消除血吸虫病对湖区人、畜健康所构成的威胁，国家财政拟应进一步加大卫生、农业、林业、水利血防经费的投入，加强血防科学研究；必须坚持以社会措施为主导，加强血防健康教育，切实贯彻落实国务院颁发的《血吸虫病防治条例》；必须改变、调整农业产业结构，大力发展、扶持和推广"三水产业（水禽、水产、水生植物）"，从传统的"生物-医学-血防模式"转变为"社会-经济-生态-人文-血防新模式"，从而实现阻断血吸虫病传播的最终目标。

一、卫生血防策略

对血吸虫生活史及血吸虫病流行环节的全面认识和准确把握，是科学制订血吸虫病生态控制策略的基本前提。实施"控制传染源为主的综合治理策略"，还拟应包括制定"生物防治血吸虫病规划",开展"第三次'五河一湖'钉螺分布的基线调查"等。

根据国家《血吸虫病控制和消灭标准》和《江西省预防控制血吸虫病中长期规划纲要(2004—2015 年)》,总体在以下四个层面拟应采取的防治策略如下。

(1)尚未控制传播地区。湖沼型疫区开展以人畜同步化疗和封洲禁牧为重点,对易感环境实施药物灭螺,有效控制传染源;结合沼气池建设和改水改厕、健康教育等措施,最大限度地降低人畜感染率,有效控制疫情;结合农村种植业、养殖业结构调整,水利血防灭螺工程、兴林抑螺和湿地保护等工程,改造重点地区有螺环境,压缩血吸虫病疫区范围。

(2)传播控制地区。通过实施农业、水利和林业工程消灭残存钉螺,加强安全供水和粪便管理,并采取人畜选择性化疗,防止疫情反复,巩固防治成果。

(3)传播阻断地区。加强医疗卫生人员的培训,积极开展对当地群众、流动人口、家畜和螺情的监测,发动群众报螺报病;加强与毗邻地区的信息交流和联防联控,防止外来传染源和钉螺输入,防止疫情在当地蔓延;有残存钉螺地区,还要结合发展经济,改造钉螺孳生环境,消灭残存钉螺。

(4)其他历史流行区和有潜在传播危险的地区。重点做好疫情和螺情的监测工作,加强医疗卫生人员的培训,及时发现和治愈传染源,消灭残存和新孳生的钉螺,并完善防止钉螺扩散的措施。

依据江西省血防规划目标和拟定的重点计划项目,鉴于目前"五河一湖"血吸虫病已得到有效控制,当前拟应采取的具体防治策略如下。

(1)建立完善的"鄱阳湖区血吸虫病疫情监测体系"。该体系由省、市、县三级监测网络组成,具备动态、即时、快速反应功能,以及时了解和掌握湖区血吸虫患者、病畜疫情动态,钉螺消长趋势,特别是感染性钉螺的分布状况。加强血吸虫病的预警预测、疫情风险评估,提高预警预报和应急处置能力,做到早发现、早报告、早控制,为有针对性地采取预防控制措施提供决策依据。

"鄱阳湖区血吸虫病疫情监测体系"拟由 60 个监测点组成,分别在南昌市、新建县、进贤县、鄱阳县、余干县、永修县、九江市、星子县、都昌县、彭泽县各设立 5 个疫情监测点,在共青城市、庐山区、德安县、湖口县、万年县各设立 2 个疫情监测点。其主要监测内容包括:①人畜感染情况;②所属有螺洲滩螺情;③流动人口和渔船民;④水体感染性;⑤传染源控制各项措施落实情况;⑥当地社会经济发展指标;⑦开发项目对血防的影响。

该监测体系自身即是一个涉及多部门、多学科的复杂而庞大的工程。建立这样一个工程需要场地、设备、专业技术管理人员。该体系还应包括建立"疫情网络直报系统",开发疫情实时动态模拟分析软件,以及配备调查监测用的车、船与通信工具,和引进遥感与地理信息系统及其相关设备,并提供航拍设备与条件。

（2）基于"鄱阳湖区血吸虫病疫情监测体系"的"血吸虫病防治信息数据库"，以及时审核、汇总、分析、报送各类报表和资料，准确收集、掌握全省血吸虫病疫情现状和防治工作进展，为制订全省的防治策略提供科学依据，以完善血吸虫病突发疫情应急反应机制，指导全省血吸虫病突发疫情处置与提高应急处理能力。

（3）进一步加强血防机构能力建设。进一步加强血防机构能力建设，加快解决血防机构的工作条件、经费投入、人员待遇、队伍稳定等实际问题。卫生、农业部门应抓好专业技术人员的培训以提升现有队伍的技术水平，以最大限度地服务于农村经济社会发展的需要，服务于湖区群众的身体健康的需要，从而服务于"鄱阳湖生态经济区"建设的需要。

与此同时，拟应重点加强省、市、县三级血防机构必需的基本装备和设施建设，建立和完善适合江西省特点的可持续发展的血吸虫病预防控制模式，提高血吸虫病预防控制和突发疫情应急处理能力。加强江西省寄生虫病防治研究所防治工作技术指导与培训能力建设及其标准化诊断中心实验室建设等。

（4）进一步加强血吸虫病防治政策研究。"鄱阳湖生态经济区"建设，必将出现一系列新情况与新问题，按照国务院颁发的《血吸虫病防治条例》，需要加强立法研究和进一步完善法律法规体系，做到依法管理、依法开发与综合利用湖区资源。

研究制定《鄱阳湖区草洲资源开发利用管理办法》。切实解决鄱阳湖草洲开发利用的相关政策，通过血防部门评估论证，农业部门牵头组织技术指导，支持疫区地方政府和群众合理开发利用草洲资源，解决封洲禁牧后农民增收问题。

研究制定《鄱阳湖区产业政策和工程项目血防卫生学评估管理办法》。将产业开发和科学防治有机结合起来，对湖区实行和实施的产业政策、区域建设规划、资源开发、旅游区建设、工程项目等进行卫生学评估，有效地预防控制血吸虫病的传播。

对《江西省血吸虫病防治条例》进行修订。1992 年 12 月 20 日江西省第七届人民代表大会常务委员会第三十一次会议通过《江西省血吸虫病防治条例》，并公布实施。该条例的实施对江西省血吸虫病防治工作发挥了重要作用。随着血防工作的深入和防治策略的调变，已难于满足当前血防工作的需要，亟待修订完善，以适应血防工作的需要。

（5）进一步加强血吸虫病防治技术科学研究。加强血吸虫病防治技术的科学研究。"鄱阳湖生态经济区"的建设，给血防工作带来了前所未有的机遇与挑战。当前拟急需解决的问题有：①开展第三次鄱阳湖区域钉螺分布调查，以掌握钉螺生长变化情况，科学地指导防治工作；②开展湖区水体血吸虫感染情况快速检测技术的研究；③控制传染源为主的阻断血吸虫病的社会学研究。

（6）建设重疫区村级小学血防健康教育室。加强疫区学校学生的健康教育工作，进一步推进"创建无血吸虫患者学校"活动，以增强疫区学生血防意识，避免学生下水感染。在216个湖区重疫区村的村级小学建设健康教育室，配备相应设备和血吸虫健康教育材料。

二、农业血防策略

（1）相关疫情数据全部连接"鄱阳湖区血吸虫病疫情监测体系"，借以适时、科学地分析疫情，指导农业血防工作。

（2）农业血防工作的任务与目标，必须与农业、农村、农民即"三农"问题相结合。按照省委省政府鄱阳湖生态经济区规划工作方案，并根据家畜血吸虫病流行规律，需要在鄱阳湖湖区贯彻实行"四大工程"血吸虫病防治策略：①重疫区的综合治理工程；②建沼气池工程；③以机耕代替牛耕工程；④控制传染源工程。其目的旨在阻断血吸虫病感染途径，促进湖区农村经济社会协调与可持续发展。

封洲禁牧：按照《国务院办公厅关于进一步做好血吸虫病传染源控制工作的通知》精神与要求，通过政府法规形式下发相关法律文件，指定执法主体，尽快形成权威、有效的依法管理制度，在滨湖13个县（区）397块有螺洲滩全面实施封洲禁牧。

家畜圈养：加强对耕牛的管理至关重要。各级政府和有关部门要出台相关政策，引导群众改变传统落后的敞放散养的耕牛饲养模式，实施家畜舍饲圈养，避免粪便污染草洲。建立若干个示范点，在政策、技术、资金等方面引导群众走公司化、集约化、规模化的牲畜圈养模式，保证农民增收致富。

全面实施以机代牛：加大以机代牛力度和进度，提高购机补助标准，改变传统耕作模式，逐步淘汰耕牛。组织农民成立农机互助服务组织。

草洲资源利用：提高湖区群众经济收入，做好草洲资源利用的大文章。加强草洲资源利用的管理，积极探索利用模式。对现有产业结构进行调整，积极推广和引进符合"环鄱阳湖生态经济区"产业政策的种植、养殖（如家禽养殖等）和其他经济开发项目，增加农民收入。鼓励大力发展水禽养殖和挖池蓄水水产养殖。

农业血防新思路与"四个突破"和"四大工程"的防治方略。国家农业部依据农业血防数十年的工作实践，提出了"围绕农业抓血防，送走瘟神奔小康"的新思路，并适时总结出实施农业血防"四个突破"的防治策略：①改变耕作制度和耕作方式，突破传统的种植习惯；②改变养殖模式，调整养殖结构，突破传统的饲养习惯；③实施改水改厕，硬化沟渠，突破传统的生活习惯；④依法治虫，加强畜源性粪便管理，突破传统的管理方法。

三、林业血防策略

沿鄱阳湖畔建立宽 100～200m 环鄱阳湖的血防生态林，即抑螺防病林。

以生态控制理论为指导，在血吸虫病疫区的有螺滩地上，恢复与重建以林为主、林农副渔相结合的复合生态系统——抑螺防病林，由此改变血吸虫唯一中间宿主钉螺原有的适生环境，以抑制钉螺的孳生，切断血吸虫的传播链（环）。此外，抑螺防病林的建立，可有效沿湖水土的保持，而当林木成长后所形成的天然阻隔屏障，在人、畜与有螺洲滩之间形成隔离带，进而实现抑螺防病林生态控制血吸虫病的传播。

抑螺防病林：抑螺防病林生态系统内所形成的微地形、温度、湿度等非生物因子以及他感植物、食螺动物等生物因子的变化，都趋向于不利于钉螺孳生的方向发展，正是由于这些不利要素的影响，对钉螺的生长繁育产生了很好的抑制作用。

四、水利血防策略

水利血防，即水利工程（农业水利建设）与血防灭螺、防螺相结合，其主要措施包括：高围垦种、封堵湖汊、硬化堤防、改造进螺涵闸等。

对大型水利枢纽工程的建设，如"鄱阳湖生态水利枢纽工程"，尚需要组织各行业专家做进一步科学论证。

鄱阳湖生态水利枢纽工程主要由屏峰山—长岭生态水利枢纽组成，集防洪、航运、发电、供水、灌溉和血防于一体。从血防的角度，江西省水利与卫生部门开展了多年调研，"屏峰山—长岭生态水利枢纽"建成后，受水位调变的影响，至少可使鄱阳湖现有 8.67 万公顷的有螺面积压缩 80% 以上，患病人数减至 2 万例以下，病牛减少至 2000 头以下，在相当程度上降低湖区血吸虫病的危害，建议省政府对该项目进一步论证与立项。

《长江三峡工程对鄱阳湖生态环境的影响研究》专题文章提示，三峡工程运行引起鄱阳湖水位变化和泥沙冲淤变化，对湖区血吸虫病可能产生 3 个方面的影响：①三峡水库在春季增泄流量，加上"江南春雨"，导致草洲少量积水和浅水期延长，助长了血吸虫病的传播；②3～4 月湖区开始涨水，在长江顶托、湖口又泄流不畅的情况下，全湖淤积增加，导致洲滩发展和钉螺面积的扩大，从而扩大了疫区的范围；③由于 5 月下旬和 6 月上旬水库排水，鄱阳湖高水位期延长，防洪排涝活动因此增多，将导致急性血吸虫病的流行和再感染的加剧。

　　《洞庭湖区水利工程建设与血吸虫病防治》专题研究（非水利枢纽工程），对洞庭湖各种工程措施的血吸虫病防治效果进行了总结、评价，表明现阶段洞庭湖湖区钉螺孳生环境与以前预测性研究成果基本一致。但认为三峡工程运行才几年，近期的监测结果不能作为对洞庭湖区血吸虫病流行的长远影响的结论，需要日后坚持不断的疫情监测加以证明。

第四篇　"五河一湖"湿地保护与资源开发研究

第十一章 "五河一湖"湿地概况

湿地是介于陆地与水生生态系统间的生态过渡带,是自然环境的重要组成部分,在维持生态平衡特别是水平衡、调节气候、降解污染、提供珍稀动植物栖息地和保存生物多样性等方面,具有不可替代的作用。随着湿地科学的发展,对湿地资源保护与利用研究已经从单个湿地生态系统扩展到了流域生态系统水平,将湿地生态系统认为是流域生态系统中极为重要的子系统。对流域湿地研究,从生态、社会、经济多方面考虑湿地保护与利用问题,不仅有助于从流域水平的整体方面了解流域内湿地资源分布、保护现状及各个湿地之间的相互关系,同时可为进一步合理地可持续利用流域内土地资源和保护管理流域内湿地资源提供科学依据,对于实现区域社会-经济-自然复合生态系统的可持续发展具有重要的理论意义和科学价值。

鄱阳湖流域位于长江中下游南岸,地处东经113°~118°,北纬23°~31°,跨赣(江西)、闽(福建)、浙(浙江)、皖(安徽)、湘(湖南)、粤(广东)六省,南北长约620km,东西宽约490km,流域面积为162 225km²,占长江流域面积的9%。其中157 086km²位于江西省境内,占全流域面积的96.8%,占江西省国土面积的94.09%。流域地跨两大构造单元,以萍乡-广丰深断裂带为界,北部属扬子准地台,南部属华南褶皱系。流域地壳经历过多次构造运动,其中以燕山运动最为瞩目,产生一系列断陷盆地,并伴有大规模的岩浆侵入和火山喷发活动,基本奠定了全流域现今的构造格局。由于地质构造运动,尤其是第四纪以来的新构造运动,形成了流域三面环山、南高北低、周高中低的地貌格局。

鄱阳湖流域开发较早,经过几千年的发展,鄱阳湖流域已经形成了比较发达的农业和水产业经济。随着人口迅速增长,农田水利、森林砍伐、水域开发、水体污染等人为活动,流域湿地的生态环境不断恶化,曾经出现的垦山种粮、围湖造田、酷渔滥捕等行为,更是对流域湿地资源造成不可估量的影响。人为对鄱阳湖流域湿地资源的过度开发利用引起了省内外众多学者及政府有关机构的关注,如水利、农业、林业、国土资源、环境保护等部门,在各自业务范围内对流域湿地的保护和管理做了一些工作,使得流域湿地环境有所好转。例如,自1985年以来形成了针对鄱阳湖流域管理的29项地方法规和28项行政规章。同时,截至2007年年底,已经建立了28个以湿地生态和以湿地为依托的野生动植物为主要保护对象的自然保护区和10余个湿地公园。虽然如此,各职能部门的工作力量被分散,工作成果没有整合,使得鄱阳湖流域湿地保护管理进展缓慢。针对鄱阳湖流域湿地的保护与资源开发，本研究从流域水平，以"五河一湖"这一鄱阳湖流域湿地的核心为主，对流域湿地的形成、资源特点、面临的生态问题进行讨论，并提出适用的保护与开发利用对策，为保护流域生态环境、合理利用有限资源、促进区域经济可持续发展提供科学依据。

第一节 "五河一湖"湿地分布概况

"五河一湖"主要是指赣江、抚河、信江、饶河、修河及鄱阳湖，同属鄱阳湖流域，其中，赣江、抚河、信江、饶河、修河五条河流为鄱阳湖流域的五大支流。"五河一湖"湿地可分为天然淡水湿地和人工湿地，天然淡水湿地主要包括湖泊、河流、河岸带湿地、森林沼泽湿地等，人工湿地主要是水田、水库、池塘、沟渠，其中水田是面积最大的人工湿地。

一、"五河一湖"湿地分布

本研究范围主要是江西省境内鄱阳湖流域除东江流域、湘江流域、韩江流域、北江流域长江中下游干流区间及流入浙江省部分之外的所有范围，包括鄱阳湖、环湖区河流及"五河"流域，共涉及 92 个县（市、区）（表 11.1），总面积为 156 595.33km²，占江西省总面积的 93.80%，占鄱阳湖流域总面积的 96.53%。其

表 11.1 "五河一湖"湿地资源研究范围

流域名称	面积/km²	占研究区的比例/%	涉及县（市、区）
赣江流域	83 937.35	53.60	永修县，新建县，余干县，安义县，南昌县，南昌市，奉新县，铜鼓县，新建县，宜丰县，高安市，万载县，上高县，丰城市，抚州市，樟树市，分宜县，新余市，宜春市，新干县，崇仁县，峡江县，乐安县，萍乡市，宜黄县，吉安县，安福县，吉水县，永丰县，莲花县，南丰县，永新县，宁都县，广昌县，泰和县，井冈山市，万安县，遂川县，兴国县，石城县，于都县，瑞金市，赣县，南康市，上犹县，赣州市，会昌县，崇义县，安远县，大余县，信丰县，寻乌县，全南县，定南县，龙南县，上栗县，芦溪县，吉安市
饶河流域	12 918.66	8.25	浮梁县，鄱阳县，婺源县，景德镇市，德兴市，乐平市，余干县，玉山县，万年县，上饶县，弋阳县，横峰县，贵溪市，余江县
信江流域	16 430.01	10.49	鄱阳县，德兴市，余干县，玉山县，万年县，上饶县，弋阳县，横峰县，上饶市，贵溪市，广丰县，余江县，东乡县，铅山县，鹰潭市，金溪县，资溪县

流域名称	面积/km²	占研究区的比例/%	涉及县（市、区）
抚河流域	16 993.38	10.85	余干县，南昌县，南昌市，进贤县，余江县，东乡县，丰城市，抚州市，金溪县，新干县，崇仁县，资溪县，南城县，乐安县，宜黄县，黎川县，永丰县，南丰县，宁都县，广昌县，石城县
修河流域	14 675.08	9.37	瑞昌市，武宁县，德安县，修水县，永修县，新建县，靖安县，安义县，南昌市，奉新县，铜鼓县，新建县，宜丰县，高安市，万载县
鄱阳湖区	11 640.85	7.43	德安县，东乡县，都昌县，浮梁县，抚州市，湖口县，进贤县，九江市，九江县，南昌县，彭泽县，鄱阳县，瑞昌市，武宁县，新建县，星子县，永修县，余干县

中，鄱阳湖区包括鄱阳湖、环湖区河流，如博阳河流域、西河流域、清丰山溪流域等，主要涉及鄱阳县、都昌县、星子县等 18 个县（市、区），总面积为11 640.85km²，占研究区面积的 7.43%。赣江流域涉及 58 个县（市、区），如石城县、赣州县、吉安县、樟树县等，总面积为 83 937.35km²，占研究区面积的 53.60%。抚河流域涉及 21 个县（市、区），如宜黄县、抚州市、进贤县等，总面积为 16 993.38km²，占研究区总面积的 10.85%。信江流域涉及 17 个县（市、区），如鹰潭市、贵溪市、玉山县等，总面积为 16 430.01km²，占研究区总面积的 10.49%。饶河流域涉及 14 个县（市、区），如婺源县、景德镇市、余江县等，总面积为 12 918.66km²，占研究区面积的 8.25%。修河流域涉及 15 个县（市、区），如武宁县、德安县、奉新县等，总面积为 14 675.08km²，占研究区总面积的 9.37%。

二、"五河一湖"流域湿地形成的自然条件

（一）鄱阳湖湿地形成的自然条件

鄱阳湖湿地位于北纬 28°22′～29°45′，东经 115°47′～116°45′，地处江西省北部，长江中、下游分界处的南岸，是我国第一大淡水湖。鄱阳湖南北长173km，东西最宽 74km，平均宽 16.9km，湖口至五河控制站的区间面积为24 599km²。鄱阳湖是个吞吐型、季节性淡水湖泊，形似葫芦，高水湖相、低水河相，有"高水是湖，低水似河"，"洪水一片，枯水一线"的独特自然地理景观。

鄱阳湖湿地周围为丘陵山地和平原，自丘陵到平原渐次向湖区倾斜，形成堆

积阶地和河流泛滥平原。丘陵沿湖周分布,高程 200～300m,湖周以平原为主,高程 30～200m,多系河谷平原和滨湖平原组成,湖区地貌由水道、洲滩、岛屿、内湖、汊港组成。构造单元系下扬子-钱塘台拗和江南台隆,地质年代属新生代第四纪和第三纪。鄱阳湖湿地地处亚热带湿润季风气候区,气候温和、降雨丰沛、日照充足,年均气温 17℃左右。

鄱阳湖湿地是随着鄱阳湖的形成、演变而形成的。鄱阳湖盆地主要是燕山运动使盆地周围地区强烈褶皱上升,而盆地本身却下陷成为一个地堑式断裂洼陷而成。全新世海侵使得长江中下游水位、河床提高,对现代鄱阳湖的形成起到重要作用。此外,鄱阳湖流域温润的气候、丰沛的降水、辐聚状水系对鄱阳湖湿地的水资源的补充,十分利于鄱阳湖湿地的形成与发展。总之,鄱阳湖的形成和演变是新构造运动,全新世海侵,以及气象、水文等因素复合作用及长期发展的结果。

(二)"五河"流域湿地形成的自然条件

1. 赣江

赣江流域地理位置在东经 113°30～116°40′、北纬 24°29～29°11′之间,赣江是江西省内第一大河流,纵贯江西南北,亦为"五河"之首,长江八大支流之一。赣江发源于石城县洋地乡石寮崬(赣源崬),河口为永修县吴城镇望江亭。赣江流域是以山地丘陵为主体的地貌格局,流域内山地占 50%,丘陵占 30%,平原占 20%,这种地貌格局自南向北沿着赣江的流向呈阶梯状分布。

近代一般以赣州和新干为界,将赣江分为上、中、下游。赣州以上为上游,贡水为主河道,河长 312km。赣江上游属山地冲刷性河流,山地丘陵面积占83%,低丘岗地占 15.6%,平原占 1.5%。赣州市至新干县为中游,河段长303km,该河段为山间盆地型冲积性河流,山地丘陵面积占 56.7%,低丘岗地占 38.1%,平原占 5.2%。新干以下称为下游,河段长 208km,东岸无较大支流汇入,西岸有袁河、锦江汇入。赣江在南昌市以下,绕扬子洲分为左右两股汊道,左股分为西支、北支,右股分为中支、南支,四支又各有分汊注入鄱阳湖。赣江下游为平原型冲积河流,山地丘陵面积占 37%,低丘岗地占 55.9%,平原占 7%。由南向北,海拔高度逐渐降低,山地丘陵依次减少,低丘岗地则渐次增多,河谷平原面积相应扩大。

2. 抚河

抚河位于江西省东部,发育于武夷山与雪山之间的谷地,发源于广昌县驿前镇的古血木岭,位于东经 116°17′,北纬 26°31′,河口为进贤县三阳乡,位于东经 116°16′，北纬 28°37′。流域内山地占 27%，丘陵占 63%，平原占 10%，属于赣抚中游河谷阶地与丘陵区和赣中南中低山与丘陵区的南丰——黎川侵蚀剥蚀丘陵亚区，地形为东南高，西北低。

3. 信江

信江位于江西省东北部，发育于怀玉山与武夷山之间的谷地，发源于浙赣边界玉山县三清乡平家源大岗，位于东经 118°05′，北纬 28°59′，河口为余干县瑞洪镇章家村，位于东经 116°23′，北纬 28°44′。信江流域地势东南高西北低，南部海拔 800～1300m。山区占 40%，丘陵占 35%，平原占 25%，流域地貌以侵蚀剥蚀红岩盆地为特征，除怀玉山和武夷山山地外，以丘陵和高岗为主，并有低岗、平原和河流阶地散布。

4. 饶河

饶河位于江西省东北部，乐安河与昌江在鄱阳县姚公渡汇合后称为饶河，有两个源头，乐安河发源于皖赣交界婺源县五龙山，位于东经 118°03′，北纬 29°34′，昌江发源于安徽祁门县的大洪岭，位于东经 117°55′，北纬 29°53′，河口为鄱阳县双港乡尧山，位于东经 116°35′，北纬 29°03′。乐安河为饶河分段河流，流域面积 8820km² （含浙江省境内 262km²），河长 280km；北支昌江流域面积 6260km² （含安徽省境内 1894km²），河长 254km；汇合口以下流域面积 220km²。流域形状呈鸭梨形，地形东北高而西南低，山丘占 10%，丘陵占 63%，平原占 26%，石灰岩岩溶约占 1%。流域地貌以中、低山和丘陵为主，可分为西北部的浩山、蛟潭侵蚀剥蚀丘陵（浮梁、景德镇），东南部的婺源、怀玉山侵蚀中、低山，以及西部乐平、万年的丘陵平原。本区属新构造运动大面积掀斜上升区，主要由变质岩和花岗岩构成，地势从东南和西北向西倾斜，与鄱阳湖区相接。

5. 修河

修河位于江西省西北部，发源于铜鼓县高桥乡叶家山，位于东经 114°14′，北纬 28°31′，河口为永修县吴城镇望江亭，位于东经 116°01′，北纬 29°12′。修河流域呈东西宽，南北狭的长方形，西北高而东南低，地势海拔在 10～1200m 之间，山地占 47%，丘陵占 37%，平原占 16%。河道平均坡降 0.46‰。流域地貌以山地为主，属于赣西北中、低山与丘陵区的幕阜、九岭侵蚀中山副区。

第二节　"五河一湖"湿地资源特点

"五河一湖"湿地包括赣江、抚河、信江、饶河、修河五河在内的大小河流共 2400 余条，总长约 18 400km，水域面积 71.8 万 hm²，湖泊总面积约为 58 万 hm²，水库 9700 余座，加上山塘，水域总面积约为 45 万 hm²。此外，诸多池塘、水田、沟渠等在鄱阳湖流域纵横交织、星罗棋布，还有分布于山地、丘陵的呈小斑点状和走廊式的各类沼泽湿地。对"五河一湖"湿地的类型、分布、面积、生物多样性等进行总结，其湿地资源主要有以下一些特点。

一、湿地面积大、类型多样

"五河一湖"有各类湿地面积为 40 547.2km²，占全省国土面积 24.29％，其中，水田面积为 199.47 万 hm²，天然湿地面积占全省除水田面积的 70.79％。按照国际《湿地公约》的湿地分类系统，将湿地分为"天然湿地"和"人工湿地"两大类 41 种类型，"天然湿地"分为"海洋/海岸湿地"和"内陆湿地"两个亚类。"五河一湖"处于江西省内，周边不靠海，所以没有"海洋/海岸湿地"。按照《湿地公约》的分类系统，可将"五河一湖"湿地分为"天然内陆湿地"和"人工湿地"两类 23 种类型，比《湿地公约》的相应类型少 7 类。按照《全国湿地资源调查技术规程（试行）》，"五河一湖"有四大类 17 种类型的湿地。具体分类见表 11.2。

二、水系完整、水资源丰富、水质良好

"五河一湖"是相互独立又相互联系的完整水系，赣江、抚河、信江、饶河、修河五大水系及鄱阳湖环湖各中小河流汇入鄱阳湖后，经湖口注入长江，形成完整的鄱阳湖水系。"五河一湖"年均水资源总量为 1422.4 亿 m³，约占全国水资源总量的 5.4％，居全国第七位。由鄱阳湖注入长江的多年平均水量为 1420 亿 m³，占长江径流的 15.6％，为长江流域第二大支流。且区域内多年平均水资源模数为 70 万～90 万 m³，每公顷耕地年平均 6 万 m³，大大高于全国水平。且研究区内河流湖泊水质基本良好，除少数流经城市和工业集中区的河段外，绝大多数达到国家Ⅲ类及以上水质标准。

表11.2 "五河一湖"湿地类型表

《湿地公约》分类系统	《全国湿地资源调查技术规程（试行）》分类系统
一、天然湿地	I. 河流湿地
L－永久性内陆三角洲：内陆河流三角洲	I1. 永久性河流
M－永久性的河流：包括河流及其支流、溪流、瀑布	I2. 季节性或间歇性河流
N－时令河：季节性、间歇性、定期性的河流、溪流、小河	I3. 洪泛平原湿地
O－湖泊：面积大于8hm^{2}永久性淡水湖，包括大的牛轭湖	I4. 喀斯特溶洞湿地
P－时令湖：大于8hm^{2}的季节性、间歇性的淡水湖；包括漫滩湖泊	II. 湖泊湿地
Tp－永久性的淡水草本沼泽、泡沼；草本沼泽及面积小于8hm^{2}泡沼，无泥炭积累，大部分生长季节伴生浮水植物	II1. 永久性淡水湖
	II2. 季节性淡水湖
Ts－泛滥地：季节性、间歇性洪泛地，湿草甸和面积小于8hm^{2}的泡沼	III. 沼泽湿地
U－草本泥炭地。无林泥炭地，包括藓类泥炭地和草本泥炭地	III1. 藓类沼泽
	III2. 草本沼泽
W－灌丛湿地；灌丛沼泽、灌丛为主的淡水沼泽，无泥炭积累	III3. 灌丛沼泽
Xf－淡水森林沼泽：包括淡水森林沼泽、季节泛滥森林沼泽、无泥炭积累的森林沼泽	III4. 森林沼泽
	III5. 沼泽化草甸
Xp－森林泥炭地；泥炭森林沼泽	III6. 地热湿地
Y－淡水泉及绿洲	III7. 淡水泉/绿洲湿地
Zg－地热湿地。如温泉	IV. 人工湿地
Zk（b）－内陆岩溶洞穴水系。地下溶洞水系	IV1. 库塘
二、人工湿地	IV2. 运河、输水河（包括灌溉为主要目的的沟、渠）
1－水产池塘。例如鱼、虾养殖池塘	
2－水塘。包括农用池塘、储水池塘，一般面积小于8hm^2	IV3. 水产养殖场
3－灌溉地。包括灌溉渠系和稻田	IV4. 稻田/冬水田
4－农用泛洪湿地。季节性泛滥的农用地，包括集约管理或放牧的草地	
6－蓄水区。水库、拦河坝、堤坝形成的一般大于8hm^{2}的储水区	
7－采掘区。积水取土坑、采矿地	
8－废水处理场所。污水场、处理池、氧化池等	
9－运河、排水渠。输水渠系	
Zk（c）－地下输水系统。人工管护的岩溶洞穴水系等	

三、天然湿地在减少、人工湿地在增加、湿地总面积相对稳定

"五河一湖"天然湿地面积，在历史上没有确切的数据，根据20世纪50年代江西省地貌特点的描述"六山一水二分田、一份道路和庄园"，可知50年代时天然湿地约为流域面积的10％。然而，50年代以来，大规模的围垦及城市扩张，

使得天然湿地面积大幅缩小，而大规模的兴修水利工程，遍及各地的水库使得人工湿地面积大大增加。经统计，以鄱阳湖流域为主体的江西省湿地总面积保持占全省国土面积 10% 左右，然而天然湿地面积为 6.9%。

四、湿地生物物种丰富

"五河一湖"湿地生物多样性非常丰富，湿地高等植物在 1000 种以上，其中水生植物有 327 种，这些湿地植物中不乏珍稀濒危保护物种，如中华水韭 *Lsoetes sinensis*、野生稻 *Oryza rufipogon*、水蕨 *Ceratopteris thalictroides*、莲 *Nelumbo nuafera*、莼菜 *Brasenia schreberi* 等。湿地野生动物资源也很丰富，经调查确认的湿地脊椎动物有 646 种，陆栖的有 433 种，珍稀濒危保护物种也比较多，如白鹤 *Grus lemcogeranus*、白头鹤 *G. monacha*、白枕鹤 *G. vipio*、东方白鹳 *Ciconia byciana*、中华秋沙鸭 *Mergus squamatus*、獐 *Hydropotes inermis*、大鲵 *Andrias davidianus*、虎纹蛙 *Rana tigrina* 等。

五、"五河一湖"湿地资源特点

(一)"五河"源头区森林沼泽湿地资源

我国的森林沼泽主要分布于大兴安岭、小兴安岭和长白山地，南方仅有零星小面积分布。"五河一湖"森林沼泽湿地不多，主要分布于"五河"源头区，沿着鄱阳湖流域周边山地零星分布，面积很小。例如，井冈山和九岭山的积水沟谷中分布有约 20hm² 的天然桤木林，云居山积水沟谷中分布有沼柳群落和天然桤木林，乐安河源头分布有小面积的枫杨林。这类源头森林沼泽是重要的水源涵养林，对控制源头水土流失、保护饮用水源、保护"五河"源头起着重要作用。

(二)"五河"河流湿地

"五河一湖"范围内河流众多，共有流域面积在 10km² 以上的河流 3431 条，河流总长超过 20 000km，其中，赣江流域有流域面积在 10km² 以上的大小河流 2073 条，为河流条数和河流湿地面积最大的流域，其次为抚河流域，其共有 10km² 以上的河流 382 条。流域面积在 100km² 以上的有 427 条，占"五河一湖"湿地河流总数的 12.45%，其水域面积占总水域面积的 50% 左右。流域面积在 1000km² 以上的有 40 条。流域面积在 10 000km² 以上的有 5 条，即赣江、抚河、信江、饶河和修河，这五条河流各自形成独立的水系和流域。河流湿地的植被主要是由沉水植被、挺水植被构成,如眼子菜、茨藻、金鱼藻、黑藻、秕壳草、空心莲子草等构成的河道水生植物群落,然而,由于五河的采砂与淘金等活动,"五河"河流湿地的水生植被大量破坏。"五河一湖"主要湿地类型见表11.3。

表11.3 "五河一湖"主要湿地类型统计表

流域名称	大中型水库/座	流域面积10km² 以上的河流/条	湖泊/个	河流总长度/km	河流水域面积/km²	河岸带/km²
鄱阳湖区	25	58	71	1 190.0	3 990	23.80
赣江流域	108	2 073	2	11 784.5	3 765.17	235.69
抚河流域	18	382	0	2 099.3	340.38	41.99
信江流域	36	320	0	2 211.4	411.32	44.23
饶河流域	17	293	0	2 054.2	338.94	41.08
修河流域	13	305	0	1 818.0	349.06	36.36
总计	217	3431	73	21 157.4	9 194.87	423.15

赣江流域水系发达,上游为典型的辐射状水系,流域面积10km² 以上的河流有2073条,其中10~30km² 的1293条,30~100km² 的549条,100~300km² 的159条,300~1000km² 的50条,1000km² 以上的22条。流域地表水资源量为702.89亿m³,占鄱阳湖流域地表水资源量的48.2%,占全省的45.5%,地下水资源量为188.43亿m³,占鄱阳湖流域地下水资源量的52.3%,占全省的49.6%。赣江径流量以外洲水文站实测值计算,多年(1956~2000年)平均为687亿m³。

抚河水系有10km² 以上的河流382条,其中10~30km² 的229条,30~100km² 的34条,100~1000km² 的有42条,1000km² 以上的有6条。抚河流域水资源丰富,地表水资源量为161.7亿m³,占鄱阳湖流域地表水资源量的11.1%,单位面积产水量仅次于信江流域居第2位。地下水资源量为40.16亿m³,抚河多年平均入湖径流量为161.99亿m³。

信江古称余水,流域内有流域面积在10km² 以上的河流320条,其中10~30km² 的有174条,30~100km² 的有99条,100~1000km² 的43条,1000km² 以上的有4条。信江流域东部是一个降水高值区,水资源丰富,在五大河流中单位面积产水量最高。地表水资源量为173.83亿m³,地下水资源量37.27亿m³,信江多年平均入湖径流量为185.26亿m³。

饶河流域共有10km² 以上的河流293条,其中10~30km² 的河流183条,30~100km² 的71条,100~1000km² 的36条,1000km² 以上的3条。饶河流域

地表水资源量为 130.35 亿 m³, 地下水资源量为 27.28 亿 m³, 饶河多年平均入湖径流量 140.42 亿 m³, 河水含沙量 0.0845kg/m³。

修河流域有流域面积大于 10km² 以上河流 305 条, 其中 10～30km² 的河流有 172 条, 30～100km² 的有 96 条, 100～1000km² 的有 33 条, 1000km² 以上的有 4 条。修水流域地表水资源量 135.16 亿 m³, 地下水资源量 33.44 亿 m³, 修水多年年平均入湖水量为 127 亿 m³, 河水含沙量 0.133kg/m³。

(三)"五河"河岸带湿地

河岸带湿地是 25 年洪水位外延 30m, 至河流与湖泊湿地之间的范围, 为紧邻水体的连续的带状湿地。"五河"河流两边有大面积的河岸带湿地, 主要由洪泛平原、沼泽、河漫滩等构成。由于防洪堤的修建, 河岸带湿地的面积大大减少, "五河"河流两边仅剩下宽 20m 左右的河岸带湿地。而且, 城市的硬质河堤的修建, 穿过城市的河流两岸的河岸带湿地消失或向河中央移动。目前, "五河"仅剩河岸带湿地约为 400km²。"五河"河岸带湿地植被类型主要有: 由枫杨、水杨柳、柳等构成的落叶阔叶林, 狗牙根、假俭草、结缕草等构成的河漫滩草甸, 牡荆、构树等构成的落叶阔叶灌丛, 残存的樟树林, 水蓼、秕壳草、空心莲子草等构成的沼泽植被, 等等。

(四)"五河"水库湿地

"五河"水系上修建有大量的水库, 据统计, 江西省有水库 9673 座, 其绝大部分建在"五河"各河流上。到目前为止, "五河"已建有库容量在 1 亿 m³ 以上的大型水库 25 座, 如柘林水库、江口水库、万安水库、洪门水库等, 另有石虎塘枢纽和峡江水利枢纽正在建设。库容量为 1000 万～1 亿 m³ 的中型水库有 190 座, 如广丰县的七星水库、吉水县的返步桥水库、全南的虎头陂水库等。

(五)鄱阳湖湖泊湿地

"五河一湖"湖泊众多, 水面面积大于 2km² 的湖泊有 73 个, 主要分布于"五河"尾闾地区。其中, 鄱阳湖是我国最大的淡水湖泊, 此外, 其他较大的湖泊还有青山湖、军山湖、瑶湖、药湖等。鄱阳湖周边还有许多人工拦截形成的内湖, 或者由于天然沙坝形成的季节性卫星湖, 如蚌湖、大湖池、康联圩内湖等。

鄱阳湖承"五河"水, 而通长江, 成为全省的"集水盆"、"五河"来水的"中转站", 是一个季节性、吞吐型浅水湖泊。每年 4～9 月, 五河及博阳河、清丰山溪、西河等洪水入湖，湖水上涨，湖面扩大，湖口水位 22.0m 时（吴淞高程），相应鄱阳湖水面面积为 4078km²，容积为 300.89 亿 m³。冬春季，湖水落槽，湖滩显露，湖面变小，水位 12.0m 时，通江水面仅 500km²。以松门山为界，分为南北两部分，北部为入长江水道，南部为主湖区。湖底凹凸不平，自南向北倾斜，高程由 12m 降至湖口的约 1m，平均水深 8.4m，最深处在蛤蟆石附近，高程-7.5m。

湖区地貌复杂，湿地类型多样，上游总舵湖泊群组成的一个复合体。湖底地貌有火焰山、峡谷、盆地、丘陵、河床及堆积深厚的低于海平面数米的带状砂床。湖区地貌有水道、岛屿、内湖、汊港、洲滩等组成。高水位时以湖泊为主，低水位时以沼泽、草洲为主体。成为湖泊、河道、沼泽、洲滩、岛屿等季节性变化的湿地景观。洲滩有沙滩、泥滩、草滩，其中沙滩与泥滩大多为 14m 以下，面积共有 1895km²；草滩多为 14～18m，面积共有 1235km²。全湖共有岛屿 25 处 41 个，分为石岛、土岛、土石岛、沙岛四种类型，面积为 103km²，面积最大的是莲花山，有 41.6km²，最小的是落星墩，不足 0.01km²。全湖主要汊港 20 处。

第三节 "五河一湖"湿地退化的主要影响因素

"五河一湖"湿地尽管面临着各种各样的问题，但不管从湿地面积、数量、类型，还是从湿地质量来说，都处于良好的水平。同时，如前所述，"五河一湖"湿地也正面临着各方面的威胁，这些威胁包括其内在的形成机制、全球环境等的因素，也有人为干扰的因素，特别是不合理开发活动对湿地破坏，是"五河一湖"湿地质量下降的主要原因。

一、自然因素

湿地是一个开放的生态系统，既是环境的调节器，又是环境变化的指示器，各种自然因素的变化在湿地都可以引起巨大的反应，如全球气候变暖、外来入侵、生物多样性受损、水文变化等。

（一）气候变化

鄱阳湖流域气候资源丰富，但每年仍可出现不同程度的气象灾害，主要灾害性天气有低温冷害、高温干旱、暴雨洪涝等。

流域内低温冷害主要发生在春季、夏初、秋末时节气温非正常下降，而使湿地植物生长受到抑制或死亡。较明显的是三寒：春寒、小满寒、寒露风及冻害。新中国成立以来，共有15年比较严重的春寒，春寒的危害主要是降低春季孕实的湿地植物种的结实率，或者使得该类型植物当年不结实。小满寒是指5月下旬前后出现的异常低温，这类灾害天气主要出现在平原区，赣北多于赣南，对河流与湖泊湿地及人工湿地的危害较大，如对遭到的孕穗发育极为不利。寒露是出现在每年9月下旬至10月中旬的北方第一次强冷空气南下侵入江西而造成的低温天气过程，寒露降低秋季结实植物的结实率，如对晚稻抽穗、扬花不利，而导致晚稻减产。由于湿地富含水分，低温冻害湿地土壤冰结宿根多年生植物不利，从而降低这类植物来年的萌发率。1951～1992年，流域内出现低温冻害33次，最严重的是1991年12月至1992年年初的一次特强冷空气南下，整个流域内出现百年罕见冻害。

高温干旱也是危害湿地的主要气象灾害之一，每年6月月底～7月上旬前后，雨季结束，流域内几乎每年都会出现程度不同的伏、秋干旱，尤其是近几十年来，全球气候变暖造成的全球气温上升，鄱阳湖流域局部的高温干旱天气也愈演愈烈。高温酷热，使得湿地植物蒸腾作用增大，植物个体失水、植株萎蔫，影响植物后期生长发育；也加大湿地地表蒸发，使湿地面积缩小。高温酷热对浅水水体的水生生物也是一个考验，容易使坑洼、沼泽、季节性河流中的水生生物致死。高温直接带来的就是干旱，而且高温与干旱往往同时出现。干旱不仅使得农田、坑塘等人工湿地取水困难，致使农作物减产、绝产，还使湿地失水、干旱，使得湿地"碳汇"功能变成"碳源"，对 CO_2 等温室气体的排放产生影响，加重全球变暖。

丰富的降水有利于湿地的维持，但暴雨形成洪涝，不仅危害湿地周边群众的生命财产，对湿地也有不利影响，比如洪涝携带的大量泥沙冲洗进入湿地，在河床、湖床沉积，是河流湿地和湖泊湿地淤浅。流域内暴雨主要集中于5月、6月、7月，大暴雨最大中心出现在赣东北和赣北鄱阳湖南部地区，最小中心出现在赣中吉泰盆地和赣南盆地及赣西南地区。而洪涝主要发生在夏季，严重洪涝区主要分布在赣江、抚河、信江、饶河、修河"五河"的中下游和鄱阳湖滨湖地区。且近年来，洪涝灾害越来越频繁，这与流域森林及湿地破坏密切相关。

（二）水资源量的时空变异

水资源量的时空变异是湿地类型分布的主要影响因素之一。"五河一湖"湿地的水资源包括地表水资源与浅层地下水资源，主要由大气降水补给，故水资源量对"五河一湖"的影响主要包括降水、地表水资源、浅层地下水资源。

鄱阳湖流域与江西省的降水总量都是地区分布不均，总趋势是四周山区多于中部盆地，东部大于西部，且各年降水量也有显著不同。受地势影响，山区年降水量一般大于1600mm，鄱阳湖盆地、吉泰盆地等中央盆地地区是少雨区，多年平均降水量小于1500mm。全省水资源平均为85.17万 m^3/km^2，赣东北可达100万 m^3/km^2，吉泰盆地、鄱阳湖湖滨等地区，则不到60万 m^3/km^2，流域内降雨、水资源都有明显的空间分异。鄱阳湖流域内的降水时空分异，特别表现为年内分配不均，1～3月降水量占全年降水量的14%～17%，4～6月占全年的53%～60%，最大月占全年降水量的22%，7～9月占全年的18%～22%，10～12月占全年的6%～12%。

地表水资源表现为河川径流量，鄱阳湖水系多年（1956～1985年）平均径流量为1419亿 m^3，从"五河"来看，赣江的径流量最大，为685.5亿 m^3，修河的径流量最小，为124.2亿 m^3。而全流域内的空间分布为东部大于西部、中部小于东西部，与降水量分布的总趋势一致。径流量的年内变化为，12月至翌年2月的径流量占全年的10%左右，3～5月占40%左右，6～8月占36%～39%，9～11月的径流量在"五河"之间略有差异，赣江为15%～16%，抚河、信江、饶河、修河为6%～10%。

浅层地下水是与大气降水、地表水体有直接水力联系的水资源，是湿地的重要补给水源。"五河—湖"湿地均得到地下水的补给，占全年河川径流的15%～30%，平均为22%。但由于"五河"流域内组成物质、地质构造和河床下切深度等不同，所获得的地下水量有很大差异：各河的上游大于下游，山区大于丘陵，丘陵又大于平原。九连山、九岭山、诸广山等和抚河上游山区对河川径流的补给均大于30%，而赣北湖泊地区地下水占径流的比例在13%以下。就各水系而言，也略有差异，以修河最大，达到27%，信江最小，仅16%，而赣江、抚河、饶河分别为25%、24%、17%。

（三）外来入侵生物

湿地良好的环境条件不仅有利于本地种的生存，也利于外来入侵物种的入侵，尤其是植物入侵，已经成为干扰湿地生态系统的重要因素。

外来入侵种通过掠食、压制或排挤本地物种，与土著种杂交，以及破坏当地生境等，危及本地物种的生存，从而造成本地物种多样性不可弥补的消失及种的灭绝。"五河—湖"湿地外来入侵种主要有植物、动物和病虫害三种。例如，鄱阳湖区有外来入侵植物13科35种，外来入侵动物2种，入侵病虫害3种，这些外来入侵种对鄱阳湖湿地生态系统的影响是潜在的，短时期内不易显现。成功的入侵种对各种环境因子的适应幅度较广，对环境具有较强的忍耐力，而"五河—湖"湿地分布广泛、生境类型多样，各种入侵种很容易在湿地找到适宜的生境进行繁殖，直至种群暴发。湿地生态系统的脆弱性与开放性，也是外来入侵物种易于入侵的一个原因。

此外，"五河一湖"湿地的外来入侵种还呈现以下几个规律：①外来入侵物种丰富度与道路密度呈正相关，如鄱阳湖国家级自然保护区有外来入侵植物 12 科 16 属 19 种，主要分布在村庄附近、道路两侧、防洪堤坝上等道路比较密集的地方；②随着干扰加强，入侵物种丰富度增加，如赣江流域河岸带有外来入侵植物 17 科 27 属 31 种，随着工业城镇化、农业生产、林木择伐的人为干扰强度增加，外来入侵植物种数增加。

（四）河岸的冲刷

河岸的冲刷也是影响"五河一湖"湿地的主要因素之一，其引起河岸崩塌，威胁河岸的稳定性，增加水体含沙量，增加河湖淤积的机会。河岸发生冲刷取决于河岸土质的抗冲力，如果水流的冲刷力大于土壤的抗冲力，河岸及发生冲刷，随之而来的是大体积的崩坍。在导致河岸冲刷的各种因素中，水流作用占主要地位。河道中的流速分布于两侧河岸的影响，最大值为邻近河岸的三维水流，此外河槽内的次生流也会改变河流主流速及边界水流剪应力而造成河岸带冲刷和淤积。波浪引起的冲刷也比较严重，其中风成浪和船成浪的危害最大。行驶过程中，船舶周围水体流动形成初生波，引起船头和船尾的水位急剧变化，伴随产生逆向流动的回流及船尾横浪，这些水流及横浪能引起河道的严重冲刷。

河岸的冲刷对"五河一湖"湿地的影响是比较大的，而且这种影响是不易察觉的。河岸的冲刷可引起湿地边界的移动和改变，从而增加河道宽度，在河槽两边形成河岸沼泽湿地、河漫滩湿地等湿地类型，从而改变湿地类型与面积；也可使河道淤浅，促使河道偏移。河岸的冲刷将加快鄱阳湖的湖床淤积，湖泊变浅，加快湖泊的顺向演替。

二、人为因素

流域中的湿地，不仅受到水陆相互作用、地形地貌、气候变化等的影响而动态变化和发展，还受到人为活动的影响。而且，自然因素对湿地的干扰所造成的影响是长期的、不易察觉的，对短时期内的影响占湿地生态退化的一小部分，人为干扰对湿地生态系统造成的压力是短期的、易观察得到的，是湿地生态系统退化的主要原因。

（一）污染物的排放

江西省 94% 的国土面积在鄱阳湖流域内，除九江市外的所有大中型城市都在"五河一湖"湿地周边，江西省第一、第二、第三产业的兴起、发展主要依靠"五河一湖"湿地。因此，污染物排放是"五河一湖"湿地的主要影响因素之一。

"五河一湖"的污染物排放主要分为三类：点源污染、面源污染及内源污染。点源污染主要是"五河"沿岸城镇工业废水与生活污水的集中排放，2007 年全省城市排放污水 63 792 万 m^3，处理 25 080 万 m^3，未处理率为 60.68%，其中南昌市排放污水 18 055 万 m^3，处理量为 11 544 万 m^3，是全省排污水量最大的城市。面源污染主要是"五河一湖"周边大面积的农田径流，农田废水夹带着浓度较高的化肥、农药，尤其是赣州盆地、吉泰盆地、鄱阳湖平原大量的农田，另外，还有畜禽养殖业排放的废水、废物以及农村的生活污水等。据统计，1987 年 7 月至 1988 年 6 月面源污染携带总氮、总磷进入鄱阳湖的量分别如下：随降雨进入的量分别为 2462.00t、74.38t，随降尘进入的量分别为 3.68t、63.28t，城镇径流带入的量分别为 17.13t、2.17t，地表径流带入的量分别为 27769.99t、2887.42t，底泥释放量分别为 2249.91t、180.8t，候鸟产生的量分别为 156.0t、24.0t。内源污染也称为二次污染，主要是上游水库水体中的污染物没有完全降解，随着水库泄水，长期积累的污染物再次排放，而污染下游水体。

（二）农业开发

农业开发对"五河一湖"湿地的影响主要表现为围湖造田、河岸带垦荒等对湿地的围垦活动。湿地围垦对"五河一湖"湿地的危害最大，主要表现为湿地排水使温室气体排放增加、河岸带围垦使河岸带不稳定、围垦使湿地面积缩小。大部分湿地，尤其是沼泽湿地，长期的地表积水使得土壤缺氧，长期的湿地动植物死亡在缺氧环境下不分解，从而成为地球最大的"碳库"，湿地排水使原本缺氧土壤空隙充满空气，耗氧微生物大量繁殖及分解动植物残体，增加 CO_2 等温室气体的排放，使"碳库"成为巨大的"碳源"。河岸带开垦，不仅增大河岸的地表压力使河岸带不稳定，还破坏河岸带植被，缺少植被保护的河岸带更增添了崩塌的危险，同时，大量的农业面源污染在没有经过河岸带植被过滤的情况下，直接排入河流。此外，对湿地围垦使得湿地面积缩小，减少了湿地的容量，其对洪水的蓄纳能力、污染物的消纳能力都大大减小。

（三）城镇化建设

农业城镇化建设的表现为城镇规模的扩大和城镇数量的增加，城镇化使社会经济系统中各个要素的联系与组合不断优化，使农村产业系统不断优化和资源配置不断优化。城镇化建设，使人口集中、小城镇工业发展，重污染企业转移至小城镇，将产生一系列的生态问题。

城镇规模扩大使得城镇周边的河流、坑塘、农田等天然与人工湿地转变为建设用地，使城镇周边大量的湿地消失，湿地面积持续萎缩，大大削弱周边湿地对城镇发展的承载能力。随着城镇化进程的加快，城镇生活污水和工业废水排放量急剧增加，而由于城镇人口主要是由农业人口转移、转变而来，缺乏对生态环境保护的意识，也缺少对湿地保护的投入与系统规划，生产、生活污水直接排入天然水体，甚至以渗坑、渗井等方式排出，导致城镇水体污染、湿地环境恶化。湿地功能的退化，一方面降低了水资源的质量，对人体健康和工农业用水带来不利影响，另一方面，由于严重污染，原本可利用的水资源失去了利用价值，形成功能性缺水。

（四）防洪工程

人们修建大量的水库、水利工程，满足了人对于供水、防洪、灌溉、发电、航运、渔业、旅游等的需求，也对湿地生态系统产生胁迫效应。主要表现为对河流湿地中动植物的影响及流域湿地生态系统的影响，影响方式是：①自然河流的渠道化；②自然河流的非连续化。

自然河流渠道化主要产生三个影响：①河流形态直线化，即将蜿蜒曲折的天然河流改造为直线或折线的人工河流或人工河网，使原本急流、缓流、弯道及浅滩相间的格局消失，如铜鼓县下源河公路桥以下河道改直，抚河下游河网改造成赣抚平原灌溉渠系；②河流河岸规则化，把自然河流的河岸带改造成规则的堤防，使原本洼坑、漫滩、沼泽等湿地类型相间的格局消失，如"五河"干支流的河岸带湿地上及鄱阳湖湿地修建有大量的防洪堤，如康山大堤、筠安堤、唱凯堤等；③河床材料的硬质化，渠道化的边坡及河床采用混凝土、砌石等硬质材料，以减少水体对河岸的侵蚀。河流的渠道化改变了河流蜿蜒型的基本形态，改变了河流的结构，生境异质性降低，对水生生物产生重要影响，使水生生态系统结构与功能发生变化。同时，减少了附近区域与河流生态系统的物质、能量、信息的交流，使河岸带的功能下降。

自然河流的非连续化，是指河流上筑坝修建水库、水利枢纽、梯级电站等，将流动的河流变成相对静止的人工湖，水体流速、水深、水温及水流边界条件都发生重大变化。库内原有多样的河岸带湿地生态系统变成了人工湿地生态系统，陆生生物的栖息地消失。同时，水库形成后也改变了原有河流营养物质输移转化的途径与规律。水库的人工调节径流，改变了自然河流年内丰枯的水文周期规律。同时，大坝的修建阻断了河流的上下交流，改变了河流的廊道功能。

第四节　"五河一湖"湿地生态价值

湿地评估通常主要涉及湿地的功能、服务及价值等方面，采用适当经济价值标度湿地生态系统及其生态功能的效益，并将其纳入国民经济核算体系，有利于增强人们的生态意识，促进湿地保护及其自然资源开发的合理决策。"五河一湖"湿地的生态价值主要表现为直接利用价值、间接利用价值和非使用价值。直接利用价值表现为湿地产品所产生的价值，包括食品、医药、矿产及其他工农业生产原料等带来的直接价值。间接利用价值表现为湿地所提供的功能性服务带来的价值，包括涵养水源、蓄洪防旱、净化水质、固定 CO_2、调节区域气候、休闲娱乐、教育与科研价值等方面。非使用价值主要表现为维护生物多样性、遗产价值、存在价值等。而湿地生态价值是所有人对湿地所有服务的支付意愿的货币表达，因此，湿地价值评价是建立在对湿地功能充分了解和充分分析的基础上，对湿地生态系统服务功能价值评估与功能分析是不可分的。此外，在大多数情况下，对湿地的绝对价值进行评估是不可能的，只能对湿地绝大部分功能或服务的价值进行评估。

一、直接利用价值

（一）水资源利用

"五河一湖"的年平均水资源总量为 1450 亿 m^3，全省居民用水、工业用水和农业用水的绝大部分是从"五河一湖"湿地摄取。水运也是直接对湿地水资源利用的重要方面，"五河一湖"具有巨大的通航能力。

（二）湿地产品价值

"五河一湖"湿地产品价值是指该湿地生态系统生产是可直接进入市场交换的物质产品，包括植物产品、动物产品、采砂等。"五河一湖"湿地物产丰富，其动物产品主要表现为渔业资源，研究区内有丰富的鱼类产卵场和索饵场，如赣江有沿溪渡产卵场、小江产卵场、三湖产卵场等 12 处四大家鱼产卵场，2007 年处于赣江流域的赣州市渔业总产值就达 25.95 亿元。研究区内天然湿地的植物产品大多属于未开发状态。例如，鄱阳湖的薹草群落面积达 60 000～70 000hm²，可为牧业提供饲草；南荻含糖量较高，可用于制取燃料乙醇等。研究区内人工湿地生产水稻、莲藕、菱等水生植物作物。

（三）休闲娱乐与教育科研价值

湿地蕴含着丰富秀丽的自然风韵，具有自然观光、旅游、娱乐等美学功能，成为人们观光旅游的好地方。研究区内有众多以河流、湖泊湿地为主，或依赖湿地的旅游资源，水天一线、烟波浩渺的鄱阳湖每年吸引众多国内外的游客来此观鸟，仙女湖、柘林水库以其优美的青山绿水成为众多游人休闲度假的圣地。

此外，独特的湿地生态系统、丰富的生物群落、珍贵的濒危稀有动植物等，在自然科学教育与科研中都具有十分重要的意义。湿地生态系统是生物圈的重要组成部分，对湿地生态系统进行系统研究与监测，对于了解和保护湿地生态系统有重要的意义。1999 年完成的江西省湿地资源调查和重点保护野生动植物资源调查，江西省已经有两个以鄱阳湖湿地为研究主题的教育部重点实验室。此外，湿地还是重要的生态环境教育和自然保护教育基地。近几年来，江西省以鄱阳湖湿地、鱼类、水鸟保护为重点，加大湿地保护法制宣传和科普教育的力度。每年抓住"湿地日"、"爱鸟周"和"保护野生动物宣传月"等时机，开展了一系列宣传教育活动。2000 年开展了以"同在蓝天下，人鸟共家园"为主题的万人签名活动、全国"爱鸟周"启动仪式；2002 年以"环境与青少年"为主题，邀请南昌市十多个中学的校长和生物老师参与"青少年与大自然"的座谈会；2003 年以"爱鸟——需要您的参与"为主题，开展了组建"观鸟俱乐部"、举行观鸟大赛等系列活动，还开展了我国第一个湿地冬令营活动；2004 年以"爱护鸟类，珍惜生命"为主题，开展了鸟类摄影作品展、鸟类知识讲座等系列活动。这些宣传教育活动使湿地的概念及保护湿地的意识逐步地为社会所接受，为江西省湿地保护创造了良好的社会氛围。

二、间接利用价值

（一）涵养水源、蓄洪防旱功能

湿地是天然的调节器，具有调节径流、控制洪水的生态功能，"五河一湖"湿地对江西省区域防洪、抗旱和减灾起着举足轻重的作用。鄱阳湖对五河洪水有明显的调蓄作用，鄱阳湖面积 4070km²，具有 320 亿 m³ 容积，对五河最大入流量的一次调蓄量为 74 亿～246 亿 m³，平均调蓄率为 34%，历年削减五河最大日平均流量 2690～37 300m³/s，多年平均削减 14 700m³/s。此外，鄱阳湖的吞吐，对长江洪水的有效调洪率约为 20%。地下水的补给功能也是湿地对水资源调节的重要环节，水从湿地流入到地下蓄水系统，蓄水层的水得到补充，湿地即成了地下蓄水层的水源，尤其是在干旱年对地下水的补给更为重要。

（二）环境调节功能

湿地的环境调节功能主要表现为气体调节功能和气候调节功能。气体调节是指调节大气化学组成，如 CO_2/O_2 平衡等；气候调节是对气温、降水等的调节。湿地植物通过光合作用固碳，但植物枯萎后未被完全分解，而堆积形成泥炭，从而使得湿地成为全球重要的碳库之一，这也是湿地生态系统的重要功能之一。

（三）降解污染功能

湿地之所以被称为"地球之肾"，其重要原因之一是其纳垢消污的功能，尤其是对氮、磷、钾等营养物及重金属的吸收、转化和滞留有较高的效率，从而大大降低水体中污染物的浓度，净化水体。有研究表明，宽 9.1m 的草地型河岸带可降低农田径流中 76% 的固体污染物和 55% 的有毒物质。赣江入湖水多为Ⅳ类和Ⅴ类水，鄱阳湖流入长江的为Ⅲ类或Ⅱ类水，其对 N、P 的去除能力分别为489.9t/a、2383.7t/a，可见鄱阳湖湿地对水质的净化，此外，鄱阳湖对重金属污染也有一定的降解作用。

三、非使用价值

（一）生物多样性

湿地的特殊生境为各种涉禽、游禽提供了丰富的食物来源，也营造了避敌的良好条件。湿地是众多珍稀濒危物种栖息和繁衍的场所，在保护生物多样性方面有着极其重要的价值。"五河一湖"湿地生物多样性十分丰富，据不完全统计，"五河一湖"湿地维管束植物在 1000 种以上，此外，还有大量的苔藓、藻类等植物；湿地野生脊椎动物有 641 种，其中哺乳类 17 种，湿地鸟类 332 种，两栖类40 种，爬行类 44 种，淡水鱼类 208 种。这些动物中，有国家重点保护动物 63种，其中，鸟类有 53 种。"五河一湖"湿地生物多样性在国内、国际都有重要影响。例如，东乡野生稻（*Oryza rufipogon*）是世界上北纬纬度最高的野生稻，南矶湿地国家级自然保护区高峰时期候鸟栖息量高达 20 余万羽，而且有 16 种水鸟种群数量超过国际重要湿地标准。

（二）文化遗产与宗教价值

湿地的文化遗产价值是指在湿地中或以湿地为支撑的，从历史、艺术或科学角度看，具有突出的普遍价值的建筑物、文物、遗址。早在新石器时代，鄱阳湖流域很早就有人定居，从而使得"五河一湖"湿地具有丰富的文化遗产资源。赣江两岸散布着众多的吴城文化遗址，如位于赣江古河道的新干商代墓葬群、吴城商代遗址等。关于彭蠡泽形成的古老传说在鄱阳湖区的口口相传，鄱阳湖的各种美丽动听的传说的流传，以及鄱阳湖上 25 处 41 个岛屿上的各种人文历史遗迹都是明证。此外，傩文化是距今 7000～9000 年前在长江流域原始稻耕区形成的区域宗教文化和图腾祭祀，"五河一湖"湿地作为世界稻耕文化的摇篮和农业的古老发源地的一部分，傩文化已经在这里流传了几千年，而且还在延续。

（三）土壤保护

湿地的土壤保护功能主要包括土壤侵蚀控制和土壤截留两方面。这部分功能主要由湖泊、水库、沼泽等体现，河流湿地对土壤侵蚀控制和土壤截留的贡献较小，但河岸带湿地对土壤保护、保持水土方面也有很重要的作用，如 1976～1987 年鄱阳湖湖内淤泥泥沙约 0.78 亿 t，年淤积 709 万 t。此外，河岸带植被通过茎叶降低水流流速及根系对河岸土壤的固定，可以减少河岸的侵蚀，并且河岸植被还可拦截毗邻高地冲刷下来的泥沙。

当然，湿地还有其他一些方面的价值，诸如防风功能、护岸功能、造陆功能等，这些功能在"五河一湖"湿地中并非主要的生态系统服务功能，或者有部分功能已经涵盖在上述 9 个功能当中，此处对这部分功能价值不作讨论。

第十二章　"五河一湖"湿地保护现状
及其面临的主要生态问题

第一节　"五河一湖"湿地保护现状

自西汉建制立郡以来，在古代的江西，有"川衡"之职专司"川泽禁令"。可见，"五河一湖"湿地的保护历史悠久，但现代意义上的湿地保护，是从江西省鄱阳湖候鸟保护区建立开始，发展至今，已经形成了以不同级别的自然保护区系统和湿地公园等为形式的保护体系，并建立了相关的法律法规对"五河一湖"湿地进行保护。至 2009 年年底，"五河一湖"共建有自然保护区 131 余处，其中国际重要湿地 1 个，国家级自然保护区 10 个，省级自然保护区 37 个，此外还有县市级自然保护区和众多的水源保护区、山体水体保护区、自然保护区小区。已经建立有各类湿地公园 12 处。目前还没有针对湿地资源保护的法律，关于专门为湿地保护的立法工作还在艰难地进行，但已经有多部相关法律法规可适用于湿地各方面保护，如《中华人民共和国森林法》、《中华人民共和国渔业法》、《中华人民共和国草原法》、《中华人民共和国水法》、《中华人民共和国农业法》、《中华人民共和国气象法》、《中华人民共和国野生动物保护法》、《中华人民共和国自然保护区保条例》等。江西省为保护本省湿地资源，也先后颁布了一些针对湿地资源保护的规定、条例与办法，尤其是针对鄱阳湖湿地保护的条例，如《江西省鄱阳湖湿地保护条例》、《江西省鄱阳湖自然保护区候鸟保护规定》、《江西省野生植物资源保护管理暂行办法》、《关于制止酷渔滥捕、保护增殖鄱阳湖渔业资源的命令》等。但人类长久以来对鄱阳湖流域资源的过度利用与破坏，使得"五河一湖"湿地资源面临着各种各样的问题。

第二节　面临的主要生态问题

长期以来，湿地基础研究薄弱、人才匮乏，人们的资源保护意识淡薄、法制体系不完善、保护宣传教育滞后、管理不善等原因，使"五河一湖"湿地资源面临着较为严重的生态问题。

"五河一湖"面临的首要问题是长时间以来的过度围垦和无序开发导致的天然湿地面积萎缩、湿地数量锐减、湿地景观丧失等。自 20 世纪 50 年代以来，为满足人口增加对耕地是需求，"五河一湖"湿地出现了大规模的无序围垦和过度开发，致使"五河一湖"湿地的面积继续减少，湖泊面积萎缩得尤为突出。例如，20世纪50～70年代，鄱阳湖区盲目围湖造田，使湖泊水域面积从1949年的4390km² 减少至3222km²，湖岸线由1954年的2049km减少至1984年的1200km，全湖航道也由1953年的1395km减少至1980年的721km，至今仅有400km（江西湿地）。自1998年长江流域特大洪水以后，为根治水患、保护生态环境，开展了大规模的退田还湖、疏浚河道、加固干堤等工程，湿地面积已有一定的回升。新垦农田对东乡野生稻种群的挤占，使得东乡野生稻的种群数量由最初发现的3处9个种群减少至2000年的3个种群。南昌西山洗药湖是难得一见的大面积南方泥炭沼泽湿地群，自1948年秋发现统计的48个之多，至1956年仅剩27个，由于周围山地不断被围垦及湿地排水，现在仅剩下十几个，而且其面积也不断在萎缩，而且这种境况到目前还没得到解决。

湿地环境污染逐渐加大、湿地生态环境面临威胁。自"九五"以来，全省GDP一直保持着9%以上的增长速度，随着经济增长，环境污染问题也不断凸显。"五河一湖"湿地不断地受到周边地区的工业污染、农业污染与生活污水污染的影响，且影响不断加大。1980年鄱阳湖的水质基本为Ⅰ类、Ⅱ类水，但2004年4个国控断面中有2个Ⅴ类、2个劣Ⅴ类水质，特别是Zn、Cu含量超过渔业水质标准。1990年监测"五河一湖"水质基本为较清洁的Ⅱ类水，局部为Ⅲ类。而2000年"五河"水质为Ⅲ类或优于Ⅲ类水质的断面数与劣Ⅲ类水的断面数基本上各占一半。

湿地生态系统功能退化是"五河一湖"湿地面临的另外一大问题。对湿地的围垦使得湿地面积大大缩小，大大削弱了湿地调洪蓄水的功能。20世纪90年代以来，持续增强的降水，使得持续上升的降水量对湿地容纳的需求与不断缩小的湿地面积之间的矛盾逐渐凸显。日益加重的环境污染对湿地的净化功能也变成不小的考验，"五河一湖"湿地在成为工农业、生活废水、废渣的承泄区的同时，"五河一湖"湿地的消污纳垢的能力也在减弱。

湿地是自然界最富生物多样性的生态系统，在维系生物的生存与发展有着重要的意义。湿地资源过度开发及不合理利用，势必改变湿地的生态环境，而湿地生态功能的变化又影响到湿地动植物的生存与生长，从而导致湿地资源衰退、生物多样性受损，甚至使一些生物由于不适应改变的生存环境而退出被破坏的湿地。"五河一湖"湿地存在着的酷渔滥捕、资源过度开发利用等行为，造成生态环境恶化，使得一些动植物种种群缩小，甚至消失。例如，鄱阳湖流域内的鲥鱼产卵场不断消失，峡江鲥鱼产卵场现已很难捕到鲥鱼；鄱阳湖流域的江豚数量不断减少，白鳍豚已濒临灭绝；四大家鱼的产卵场也在不断缩小，四大家鱼种群数量在变小，渔获物群体结构呈低龄化和个体小型化趋势；曾经在"五河一湖"湿地随处可见的水蕨、中华水韭，现在已经难觅其踪。

流域是最基本的湿地生态系统单元,从宏观尺度来讲,"五河"与鄱阳湖同属鄱阳湖流域,是河湖一体而不可分割,"五河一湖"湿地在宏观尺度面临的生态压力主要是湿地面积缩小、水质下降、生态系统功能退化、生物多样性受损等问题。而从中观尺度或河湖的流域尺度出发,由于江河湿地与湖泊湿地的形成、形态与类型的差异,"五河"流域与鄱阳湖湖区各自又面临着不一样的生态问题。对河湖各自面临的生态问题进行探讨,有利于深入了解"五河一湖"湿地面临的生态问题在小尺度上的表现及其深层次原因。

一、鄱阳湖湖区湿地面临的生态问题

鄱阳湖是我国最大的淡水湖,在国内和国际都有着重要的声誉和重要影响。受人口增长、经济发展、资源利用、全球气候变化等多重影响,鄱阳湖区生态环境日益恶化,鄱阳湖区湿地面临的生态压力不断增大,出现了一些生态问题。

(一) 鄱阳湖水位变幅大且多年持续下降

鄱阳湖丰枯水位变幅较大,形成"高水是湖、低水是河;洪水一片、枯水一线"的特殊年内景观变化,丰水期在5~9月,枯水期在11~3月。由于受上游水库蓄水的影响,鄱阳湖入湖水量不断减少,"五河"控制水文站监测的"五河"多年最大流量、最小流量、平均流量均呈减小趋势,尤其是近十年来减小的幅度最大,2003~2007年"五河"来水入湖径流量比1998~2002年少474亿 m^3。受全球气候、上游水利工程等影响,鄱阳湖枯水期水位连续下降、枯水期持续时间变长,如星子站2003~2007年最低水位比1998~2002年低0.83m,2003~2007年平均水位比1998~2002年低1.50m,2003~2007年10m以下水位持续天数水位比1998~2002年多66天。

(二) 湖区水质呈下降趋势

湖区地表径流和五河携带的面源污染、工业污染排入湖体,鄱阳湖水质污染呈上升趋势,局部水体污染严重。2002年鄱阳湖流域废污水日排放量为932.55万t,年排放量为34.03亿t,其中42.82%的废污水为未达标排放。"五河"携带的污染物是造成鄱阳湖水体环境质量下降的主要原因,主要污染物是总磷、总氮。自1996年Ⅰ类水断面不再出现;1996~2000年,全湖水质基本维持在Ⅱ~Ⅲ类标准,水质较好,全湖平均有64.2%的断面为Ⅱ类水,30.5%的断面为Ⅲ类水,超标断面为5.3%;2003年以后,水质呈急剧下降趋势。

（三）湿地面积减少，湿地结构改变

随着鄱阳湖周边地区人口膨胀，以及增加的人口对土地的需求，尤其是对耕地的需求，加上曾经不当的政策导向，使得鄱阳湖湿地大量被围垦。1954 年的鄱阳湖水面面积为 5090 km²，至 1978 年共有 1210 km² 的湖泊被围垦。1998 年洪水之后，已经有 181.1km² 退耕还湖，使得湖区的库容增加了 7.27 亿 m³，如果加上"单退"的 706.5km²，湖泊容积增加了 35.8 亿 m³。此外，由于多年来鄱阳湖最低水位的不断下降、枯水期延长及人为干扰，鄱阳湖湿地结构发生变化。张学玲等（2008）采用鄱阳湖 1985 年、1995 年和 2005 年的 LANDSAT-5 TM 卫星影像进行研究，结果表明，1985～2005 年 20 年间，滩地、草地等类型的湿地面积减少，而居民用地和旱地的面积增加，天然湿地先减少后增加，人工湿地则与天然湿地的变化趋势相反。莫明浩（2007）根据 1976 年的 MSS 影像和 1999 年的 TM 影响研究表明，1976～1999 年，浅水、泥沼、芦苇、草甸、沙地的面积减少，深水、薹草、农田、居民区的面积增加。

（四）湿地退化严重

由于鄱阳湖湿地水文过程发生变化，低水位持续时间长，洲滩出露时间延长，洲滩植被无序开发，导致鄱阳湖湿地植被与土壤的退化。受长期掠夺式利用和围垦，鄱阳湖湿地的洲滩植被分布面积逐年缩小，其产量与质量也逐年下降。1927～1988 年的 61 年间洲滩植被面积共减少了 318.7km²。近年来，洲滩植被面积缩小的境况有所好转。此外，湖滩植被各植被带有向湖心推进的趋势，在湖区 17m 以上的高滩地，湿生植被逐步被中生性草甸替代，且外来入侵种增多，薹草群落缓慢向湖心扩张。随着湿地的退化，鄱阳湖湿地土壤也在退化，其主要表现在水土流失、土壤肥力衰退、土壤沙化等。据统计，鄱阳湖区现有水土流失面积达 47.45 万 hm²，占鄱阳湖土地总面积的 30.6%，从而造成"五河一湖"河流与湖泊湿地严重淤积。水土流失也造成土壤肥力下降和土壤沙化，鄱阳湖区的土地沙化日趋严重，1988 年沙化面积为 18.6 万 hm²，1995 年增加到 23.4 万 hm²，目前已经在 33.3 万 hm² 以上。

（五）洪涝灾害日益频繁

长江流域是我国水灾最频繁和严重的地区，长江流域重要组成的鄱阳湖也不例外。11～19 世纪，江西共发生 69 次大洪灾，大多发生在鄱阳湖区，尤其近 50

年来，湖区大小洪涝灾害几乎连年不断。其主要原因是：①鄱阳湖区地处鄱阳湖流域北部的鄱阳湖平原，流域东、西、南三面环山，北面临水，形成一个朝北部开口的簸箕状地形，构成流域辐聚状的水集。流域内降水季节分配不均，加上长江主汛期的洪水对鄱阳湖水位的顶托影响，使得鄱阳湖每年7～9月常发洪害。而且，长江洪水的顶托是主要因素。②鄱阳湖流域严重的水土流失和土地沙化，使得大量的泥沙进入河湖淤积，使河床湖底不断被抬高，湖泊的调蓄能力衰退，在汛期出现"小流量、高水位、小洪水、大灾情"，从而加剧洪涝灾害。

（六）血吸虫危害

鄱阳湖湖区辽阔的湖滩草洲土壤潮湿、水流缓慢而成为钉螺良好的孳生场所，钉螺是血吸虫幼虫的中间宿主，沿湖各县是我国血吸虫病最严重的流行区之一。血吸虫病严重危害当地人民群众的身体健康，历经40年的防治，疫情已大幅下降。目前，鄱阳湖区仍有6.31万 hm^2 的有钉螺草洲，其94.6%的有钉螺洲滩面积分布在14～17m的洲滩上。每年的4～10月是血吸虫病感染集中的季节，感染人数在全年的90%以上，捕鱼虾是人群主要接触疫水感染血吸虫病的原因，占各种感染方式的43%～49%。

（七）生物多样性面临威胁、外来物种入侵

湿地是生物圈中生物多样性最丰富的生态系统，由于人为活动的加剧，鄱阳湖湿地生物多样性破坏比较严重。鄱阳湖湿地较常见的水生、湿生、沼生植物正在消失和严重退化，20世纪60～80年代的20多年间减少了18个种，如原盛产于鄱阳湖的红花子莲、白花子莲、芡实等濒临灭绝，野生菱角、荸荠、慈姑等资源开始枯竭。不仅植物如此，动物面临的问题更为严峻。原生活在鄱阳湖区的哺乳动物共有52种，现今，云豹、穿山甲、大灵猫、小灵猫等国家珍稀濒危保护动物已经基本消失，河麂、白鳍豚濒临灭绝。渔业资源衰退最严重，现在鄱阳湖渔业捕捞趋于品种单一化，渔获物个体趋于小型化、低龄化，鲟鱼、鳡鱼、银鱼等珍贵鱼类濒临灭绝。湖区的人为活动在造成生物多样性减少的同时，带来了另一个不受欢迎的生物多样性——外来入侵种。据调查，鄱阳湖国家级自然保护区已有外来入侵植物19种，分布较广、有种群暴发趋势的物种有：野胡萝卜、野老鹳草、空心莲子草、裸柱菊、豚草、一年蓬等，主要是分布于人为活动比较频繁的区域，沿道路、圩堤分布。

二、"五河"流域湿地面临的生态问题

(一) 天然湿地面积减少

由于人为对"五河"湿地开发利用,"五河"天然湿地面积不断减少,造成减少的原因主要有两个:①对河岸带湿地及沼泽湿地的盲目开垦和改造,对河漫滩的开垦、旧河道湿地用途改变、城市基建对河滩的侵占、河滩修建防洪设施及沼泽湿地排水开垦等,使得水生生物栖息地丧失、天然湿地面积大量减少。例如,"五河"沿岸城市建设一江两岸城市公园、滨江楼盘开发、城市硬质防洪护堤修建、各地泥炭沼泽排水垦荒等。河滩修建的防洪设施,阻断了湿地的内外交流。②湿地水资源过度利用,因灌溉、工业、人类生活,从"五河"湿地取水或开采地下水,使湿地水文状况改变,天然湿地受威胁。例如,赣江河源区建设的大量小水电,使永久性的河流变为时令河,而且由于坝下水流小,河流湿地大大缩小。水利枢纽的修建、拦截蓄水,使得河流湿地、河岸带湿地变成了水库,天然湿地变成了人工湿地,同时大坝阻断了河流的上下交流。

(二) 水土流失、水源涵养功能减退

由于过去对"五河"流域森林大量砍伐,植被大量被破坏,使得植被覆盖率急剧下降,导致"五河"流域的水土流失比较严重,尤其是赣江上游(贡水流域最突出)、信江和抚河中上游流域、吉泰盆地及周边山地丘陵区,其水土流失最为严重,水土流失面积比例大,侵蚀强度高,流失面积占总土地面积的25.3%。"五河"流域水土的大量流失,使得大量的泥沙冲入河流并淤积。新中国成立以来,赣江上游河流各支流河床淤高0.5~2.1m,八一大桥下淤高2.5~3m,下游尾闾淤高1m;抚河下游最大淤高4.57m,信江下游淤高2.5m。河床淤浅,使得各河流调蓄洪水的能力减弱,加重了"五河"的洪涝灾害,加大了鄱阳湖的调洪压力。

(三) 水质下降

营养物与重金属富集是湿地受污染的主要表现形式之一,由于接受来自矿山、城市污水、农业径流的大量氮、磷及重金属废水,使得"五河"水质不断下降(表12.1)。造成水体水质变化的原因主要是水体的物理和化学物质浓度超过了正常的允许范围,改变了水体的物理化学性状,影响水体正常的功能和用途。

表 12.1 五大水系多年水质特征 (单位:%)

年份	赣江水系	抚河水系	信江水系	饶河水系	修河水系	备注
1997	63.60	63.60	63.60	63.60	63.60	Ⅱ类以上
1998	69.70	69.70	69.70	69.70	69.70	Ⅱ类以上
1999	74.50	74.50	74.50	74.50	74.50	Ⅱ类以上
2000	74.50	76.90	76.92	66.66	85.71	修河Ⅱ类以上、信江Ⅲ类以上、其他Ⅳ类以上
2001	41.03	23.08	84.62	22.22	87.50	Ⅲ类以上
2002	39.50	61.50	100	74.90	100	Ⅲ类以上
2003	69.30	61.50	100	83.30	100	Ⅲ类以上
2004	66.70	53.80	100	100	100	Ⅲ类以上
2005	71.80	69.30	100	92.30	100	Ⅲ类以上
2006	63.20	84.60	100	75.00	100	Ⅲ类以上
2007	77.20	77.20	77.20	77.20	77.20	Ⅲ类以上

由于城市化进程加快、城镇人口急剧增加,沿岸大量的城市生活污水、厂矿企业工业废水、农田、畜禽养殖废水等未经处理,直接排入江河。

矿山开采排放大量的废水废渣,在长期氧化、风蚀、淋溶的过程中,使各种有毒有害物质随水转入地下、地表水体和农田、土壤,造成水体长期不断的污染。矿山在选矿时大量使用浮选药剂,若未能有效治理,也会对水体造成一定程度的污染。根据监测结果显示,乐安河和泐水河两河水体中铜、铬等重金属含量均严重超标,致使水环境受到污染。矿山废水约占江西省主要工业废水排放的13.6%。在矿山废水排放量中,直接注入江河水库的废水占42.1%。例如,乐安河的支流大坞河发源于德兴泗洲镇官帽山,流贯矿区,多年来,汇集采矿作业酸性水、选矿作业碱性水以及矿区生活污水,然后流入乐安河;大坞河水域污染源的主要污染特征是重金属污染和酸性水污染,共占总污染负荷的97.5%,其中以铜污染最严重。

近年来江西畜禽养殖业持续稳定发展,成为农业和农村经济的支柱产业,产值占农业总产值的1/3以上。但是,由于畜禽废弃物产生量很大,且90%以上的畜禽养殖场没有综合利用和污水治理设施,畜禽废弃物及污水任意排放现象极为普遍,污水未经处理直接进入水体,加剧了河流、湖泊的富营养化,造成了严重的环境污染。畜禽养殖场的污水中含有大量的污染物质,其污水的污染物指标极高,如 COD 含量高达 8000~10 000mg/L,$NH_3\text{-}N$ 浓度为 2500~4000mg/L,是企业污水排放标准的 100 倍以上。高浓度畜禽养殖有机污水排入水体中,造成环境水质不断恶化,同时,其中高浓度的氮和磷是造成水体富营养化的因素。大量畜禽废弃物污水排入鱼塘及河流中，会使对有机物污染敏感的水生生物逐渐死亡，严重的还会导致鱼塘及河流丧失使用功能。而且，畜禽废弃物污水中有毒、有害成分一旦进入地下水，可使地下水溶解氧含量减少，水体中有毒成分增多，严重时使水体发黑、变臭，造成持久性的有机污染，使原有水体丧失使用功能，极难治理和恢复。

农业面源污染是指在农业生产活动中，氮素和磷素等营养物质、农药以及其他有机或无机污染物质，通过地表径流和农田渗漏，形成的水环境污染，主要包括化肥污染、农药污染、集约化养殖场污染。在农业生产活动中，大量施用的化肥、农药以及集约化养殖导致的农业污染，已成为农村水环境污染的主要原因，而化肥利用率低，农药施用过量，则加剧了农业面源污染的程度。据调查，农业生产中依然使用了许多被禁止的农药，不仅对环境造成损害，而且导致食品残留超标，威胁食品安全。施用的化肥除了被植物吸收的部分外，有相当部分通过农田的地表径流和农田渗漏进入水体，特别是化肥中含有的大量氮和磷等营养物质，污染了地下水、湖泊、池塘、河流，使得水域生态系统富营养化，水体变绿、发黑、发臭，导致水藻生长过盛、水体缺氧、水生生物死亡、河流淤塞等。

（四）采砂严重

由于经济的发展和建设的需要，对砂石的需求与日俱增，"五河"江河的采砂也与日俱增。大量的河道采砂可使河床下切，增强河道输水能力，降低洪水位，增强河道航运规模。但对于河流湿地环境，则害多益少。采砂必定造成局部范围的水体浮游物浓度增加，影响水体的感官性能，且使泥沙吸附的大量有害物质释放。河床表层的淤泥是水底微生物的生活场所、鱼类的饵料场及繁殖场、水生植物的着生场所，采砂对河床表层淤泥的清除，使得这些场所完全消失。采砂噪声污染对水生生物生活环境的破坏也是不可忽略的，如运沙船巨大的噪声使江豚的声纳系统失灵，影响江豚觅食、游弋。河心洲常常是鸟类远离人为干扰的安全栖息场所，采砂使河心洲坍塌、变小，对河心洲上植被的破坏，使得鸟类栖息地丧失。同时，使河心洲这一湿地斑块也沉入水底，而改变河流湿地的结构。废弃沙石在河道中堆积，不仅为航运带来隐患，洪水季节，这类废弃沙堆被洪水冲击、携带至下游，加大河水的含沙量，还会增加洪水对下游防汛安全的隐患。例如，赣江大规模采砂后，外洲站河底高程多年忽高忽低，总体逐年下降 0.26m，使河床严重变形。在 2003~2004 年枯水期的采砂使得赣江尾闾北支下游十几千米河床几乎干涸，给两岸取水、抗旱造成极大困难。2002 年下半年，由于河床采砂下切，与地下水位落差 3~4m，造成蒋巷乡伍房矶圩堤出现 60m 的塌方。每年枯水期，由于上游来水大量减少，赣江南支污水得不到稀释并滞留在河道中，加重了河道水体污染。

（五）湿地生态功能退化

由于人为的干扰及对水体的污染，"五河"湿地的许多湿地物种、景观、生态功能正在逐渐消失，生物多样性降低，生态系统完整性受到破坏，湿地生态功能明显退化。第一，湿地调洪蓄水的功能下降，在流域年降水没有减少的情况下，在少雨季节流域常出现旱灾。健康的湿地生态系统是一个巨大的生物蓄水库，围垦、修堤等活动割裂了湿地生态系统的连通性，降低了湿地的蓄水功能，阻隔河道内外的交流，破坏了河流内外的生态平衡。第二，水质恶化，使得湿地降解污染物的能力下降，加剧水质型缺水，使得"地球之肾"逐步衰竭。第三，湿地生态系统结构的变化，使得湿地的生产力大幅下降。例如，梯级电站对河道的逐段拦截，使得河流湿地、河岸带湿地、沼泽湿地等天然湿地景观变成了念珠状的水库湿地景观，而且大坝上下游鱼类得不到有效交流，造成各段鱼类大量近亲繁殖，使渔业资源下降，同时许多洄游型鱼类不能回到上游产卵场繁殖，各电站间河道洄游型渔业资源丧失。第四，湿地生物多样性衰退，湿地的破坏使"五河"湿地生态系统内，部分物种濒危或灭绝，如鲥鱼、鳗鲡、中华鲟等。

第十三章 "五河一湖"湿地保护与资源开发对策

第一节 "五河一湖"湿地保护对策

一、源头水源涵养林的保护工程

流域源头是整个流域中的一个重要生态功能区。近年来，随着自然环境的不断变化和人类活动的不断影响，森林退化，水土流失，从而使土壤和植被涵养水源的能力降低，再加之工业污染和农业非点源污染的加剧，对流域源头区域的可持续发展构成严重威胁，更危及下游乃至整个流域的生态健康和可持续发展。因此，要保护鄱阳湖流域的生态环境健康，保护鄱阳湖湿地，就必须做好流域源头的保护和管理工作。

植被是连接土壤、大气和水分等要素的自然"纽带"，植被的动态变化在某种程度上代表着土地覆盖的动态变化，而且植被的动态显著影响着该区域的生态环境状况。在各种植被类型中，森林植被的变化对流域生态系统的影响显得极为突出，森林植被的变化，对土壤含水量、水质以及泥沙径流都会产生重大影响。对于流域的保护和管理来说，流域源头的森林覆盖状况以及管理情况，很大程度上决定着整个流域的环境状况，因此，要保护好和利用好"五河一湖"湿地，就应该做好流域源头水源涵养林的建立和保护工作。水源涵养林是具有特殊意义的防护林种，它不但有森林普遍具有的生态效益、经济效益和社会效益，而且最主要的是它具有涵养保护水源、调洪削峰、防止土壤侵蚀和净化水质的功能。"五河一湖"湿地包括赣江、抚河、信江、饶河、修河五河在内的大小河流共 2400余条，其中赣江源头为石寮崠，修水源头为黄龙山，饶河源头为五龙山，信江源头为大岗，抚河源头为古血木岭，分别在五河的各干支流源头建立水源涵养林，以此来提高流域拦水能力，充分发挥水源涵养林削减洪峰、延缓洪水的作用。除此而外，不仅要在"五河"源头建立水源涵养林，而且在"五河"各支流的源头，都要相应地开展水源涵养林的建设工作，加大源头水源涵养林的建设力度，把水资源的永续利用与森林的生态效益结合起来，着眼综合效益；从整个水系着眼，以小流域为单元，把整个水路网基地都置于林木的庇护之下；根据水路网形状特征和性质，划分不同地域单元，配置不同类型结构，以发挥其主要的防护效益。加强对已有的水源涵养林进行科学的和可持续的管理，在封禁基础上采取更新、间伐、改造等措施，促使水源涵养林形成混交、异龄、复层林分结构，从而最大限度地发挥水源涵养功能。对于源头植被覆盖率低的地区，要利用相应资源，加快水源涵养林建设工程，根据水体形状特征和其所在的位置，因地适宜地建设水源涵养林，这对于整个流域的生态安全以及"五河一湖"湿地的保护及资源开发利用，将起到至关重要的作用。

近年来，随着全省范围内大规模的植树造林、国土整治等工作，其森林覆盖率和森林的质量均有提高，只要我们能够更进一步加强源头水源涵养林的建设，必定在改善流域水文状态上具有良好的效果，流域内的生态造林和森林植被的恢复，也将更进一步地促进鄱阳湖流域的生态健康。

二、沿河生态河岸带恢复与重建工程

河岸带是一个陆地生态系统与水生生态系统相互作用的三维交错区，其范围下至地下水，上至植被冠层，外延过洪泛区至陆地生态系统，且沿着河道具有变化的宽度。河岸带是一个完整的生态系统，它不仅包括植物还包括动物及微生物，其具有极其丰富的生物种群。所以，从生物种群结构上说，生态河岸带是由植物、动物和微生物共同组成的生态系统，同时生态河岸带又为这些丰富的种群提供了良好的栖息地，为生物的新陈代谢、种群繁衍提供了良好的生境。同时，生态河岸带也是一个过渡区，具有生态边缘效应，其与相邻的陆地生态系统及水生生态系统之间有强烈的相互作用，通过这些复杂的相互作用，生态河岸带与相邻生态系统进行复杂的信息、能量和物质交换。河岸生态系统也是河流生态系统的组成部分，一个完整的河岸带生态系统具有一定的河岸带宽度，包括完整的植被结构。

20 世纪 70 年代以前，人类往往忽略河岸带及其植被存在的必要性和重要性，更没有把河岸作为一个生态系统来对待。随着人口的剧烈增长、工农业生产的发展、区域的城市化、湿地生态系统，特别是河岸生态系统由于人类活动的干扰而严重退化。在许多城市地区，其河岸生态系统几乎不复存在。由于土地的需要，随意地填埋河道、水塘，或将河道渠道化、水塘水池化，使原有湿地生态系统的功能急剧退化。据研究，世界上 20％的河岸带植被已经不复存在，剩余的部分也正在非常迅速地消失或退化。退化的河岸带往往植被破坏严重、生物多样性降低、小气候恶化、土壤遭受侵蚀、生态系统功能几乎丧失。"五河一湖"地区的农村，大部分河岸带已经被农田及农地占领，城区的河岸带则被硬质护岸所覆盖。恢复湿地生态系统的一个重要前提就是，同时恢复河岸带生态系统，建设生态河岸带。

近年来，人工建设或修复的生态型河道正备受推崇，所采用的河岸带植被重建，就是采用有生命力的植物根、茎（枝）或整个植株作为结构的主体元素，按一定方式或方向排列扦插、种植或掩埋在边坡的不同位置，在植物群落生长和建群过程中加固和稳定边坡，控制水土流失和实现河岸带的生态修复。从国外发展趋势来看，尽可能地保持河道的自然风貌已成为国际上先进城市的治理准则。

河流生态河岸带恢复与重建策略是，首先，确定生态恢复目标，收集地形地貌、水利条件等基础数据和历史资料，选择最佳位置进行河岸带生态景观恢复。其次，解决导致该河岸带退化的主要干扰因子，优先考虑让河岸带进行自然恢复。自然恢复未达到恢复目标，再采取改变河岸带结构、植物重建等主动性恢复方法。最后，注重长远的生态恢复规划、实施和监测。

确定好生态河岸带恢复与重建的策略，即进行生态河岸带恢复的实施，主要分为两步。

（一）退化河岸带的修复设计

在修复退化河岸带的过程中，首先要注意到对原有自然景观的保护，这是河岸带景观设计的一个重要部分，它能够保护和维持河流生态系统的自然特性，如自然景观、植被及动物群落等。其次在设计中需要考虑视觉效果，注意水、绿化与景观的相辅相成。综合考虑河流的类型和宽度、河岸带树木的高度、河岸带生境的侧向影响范围以及地质、土壤、水位和相邻土地的使用情况等多方因素，合理确定生态景观带恢复的方案。例如，在水位变动大、水流急促、冲蚀严重的地区可采用沿河岸堆砌石块打桩围合法以稳固河岸；水流平缓、河岸较宽、坡度较缓的河段可以采取自然原型护岸方式，即主要采用种植植被来修复河岸带，以恢复自然型河岸带的特性，种植本土适应性强的喜水特性植物，以它们发达的根系来稳固堤岸；较陡的坡岸或冲蚀较严重的河段，可以考虑先将原有的坡岸降缓，坡脚放置石块，确保土壤的稳固，再用钢筋混凝土等材料，确保具有较大的抗洪能力，如将钢筋混凝土柱或耐水圆木制成梯形箱状框架，并向其中投入较大的石块，或插入不同直径的混凝土管，形成很深的鱼巢，再在箱状框架内埋入大柳枝、水杨枝等；邻水侧种植芦苇、菖蒲等水生植物，使其在缝中生长出繁茂葱绿的草木。

（二）退化河岸带生态恢复的植被重建

自然改造的植物重建主要包括河岸带生物重建、河岸缓冲带生境重建和河岸带生态系统结构与功能恢复3个部分。张建春和彭补拙（2003）在探讨河岸带生态重建理论和技术方法的基础上，对河坡度缓或腹地大的河段可以采取自然原型护岸方式。张建春等（2002）对安徽潜水退化河岸带进行了为期6年的人工重建河岸带植被试验研究，采用先锋物种引入技术和生物工程措施，设计了元竹-枫杨-薹草模式和意杨-紫穗槐-河柳-薹草模式 2 种河岸带植物群落结构优化配置模式，恢复后的河岸带生态系统生物多样性和稳定性增加，土壤结构和养分条件得到改善。

三、水利枢纽工程系统生态调度

兴建大型水利枢纽工程，能够使我们更好地利用水资源和管理水资源，从而更好地为人类服务。但是，大坝的建设必然会改变江河的自然状况以及江河周边的生态环境，尤其是上游地区，由于大坝的建设，将流水区转化为静水区，随之而来的是流域水文和生态过程的改变。大坝的修建不仅改变了河道的流态，导致坝址上游河道泥沙淤积；而且对水量和电力需求的日变化和季节性变化，也会造成泄洪量的短期或者长期变化，造成水流的非连续性和径流量的突然变化，进而"导致河流年水位图的变化曲线变得平整，峰值降低"，河流形态多样性降低，水生生物多样性下降，河流生态系统受损。

大型水利工程的生态调度是可持续发展的要求。因此，针对目前"五河一湖"湿地的实际情况，有必要从一个新的高度来认识水库对流域生态的影响，建立基于"五河一湖"湿地生态健康的水库调度模式，并尽快付诸实施。

（一）进一步提高对生态调度的科学认识

目前，国内外对于大型水利工程生态调度的认识尚存在一定的差异，在实践方面缺乏相应的经验，主要有以下几个方面的原因：①国内目前能源短缺。中国的水能资源总量居世界首位，但是，与发达国家相比，水电开发程度还很低。因此，发电便成为水库调度重点考虑的因素。②价值取向问题。对比西方发达国家，中国目前经济水平相对低下。因此，国家或企业投巨资兴建大型水利工程，肯定希望在尽可能短的时间内收回投资，产生经济效益。在经济利益的驱动下，生态效益便容易被忽视。但如果一定要等到整体经济发展水平提高到一个新的层面，再回过头来面对已经受到严重损害的河流生态系统，思考对策，恐怕为时已晚。河流生态系统朝着受干扰的方向发生退化，生物多样性和社会为此付出的代价将是昂贵的。而在一个生态系统内随着生态系统的第二级和第三级链式反应，一个受损生态系统向一个新的生态系统的转变过程可能要消耗几十到数百年的时间。所以与其临渴掘井，不如未雨绸缪。③管理体制问题。国内的大型水利工程均由国家投资建设、行业部门主管，和水利工程的建设、运行相关联的部门与水库调度规程的制定之间缺少联系；而西方国家的水利工程建设允许企业和私人参股，在对重大问题决策时，除了相关政府部门、流域管理机构等之外，还有公众利益相关者或个人参与，他们之间既能相互协商又相互制约，因此水利工程调度能够兼顾多方利益，并在经济效益、社会效益以及生态效益之间取得协调一致。除此之外，国外与水利工程建设和运行相关的法律、法规比较健全，能够对其起监督作用；而目前国内则存在着法制不健全以及执法不严等诸多需要改进的问题。

（二）加强对水利工程生态调度及相关理论的系统科学研究

生态调度目前在国内是一个新概念，而且它的确切内涵还有待进一步探讨。要对大型水利工程实施生态调度，首先必须加强相关的理论研究，以科学的、系统的理论来指导实践。关于生态调度，目前的研究至少应该从以下几方面着手。

1. 基于生态水文学的河流生态环境需水量研究

河流生态与环境需水可以被视为维护生态与环境不再恶化并有所改善所需的水资源总量，包括为保护和恢复内陆河流下游天然植被及生态与环境的用水、水土保持及水保范围之外的林草植被建设用水、维持河流水沙平衡及湿地和水域等生态环境的基流、回补区域地下水的水量等方面。国外关于这方面的研究成果非常丰富。针对具体水利工程的运行情况，结合河流系统各个方面的用水需求，运用电脑模型和人工智能技术，掌握河流的基本生态环境需水量的变化，将会给水利工程实施生态调度提供理论依据和操作指南。

2. 水库调度与水库营养物控制研究

水库水质污染所导致的富营养化，可以通过适当的水库调度来减轻。水库水质分布具有时间分布特征和竖向分层特征，因此，根据污染物入库的时间分布规律制订相应的泄水方案，通过水坝竖向分层泄水，能将底层氮、磷浓度较高的水排泄出去，利用坝下流量进行稀释，可以有效控制库区水污染。另外，还可以通过设计前置水库，拦截入库污染物，控制水库的富营养化。至于坝下区域，则需要将具体时段和地点的水质监测情况，及时进行反馈，以制订相应的释放水策略。

3．水库调度的工程措施研究

进一步研究水库大坝的功能设计，如溯河洄游鱼类通道设计、对水轮机设备进行技术改造等。工程技术措施的改进有望更好地解决大型水库泥沙的冲淤平衡问题，延长水库寿命直至能永久使用；减小水库水温分层对水生生物生境带来的不利影响；缓解水坝下泄水流中溶解氧不足或者是溶解气体过饱和对下游鱼类生长与繁殖的影响等。

四、鄱阳湖退化湿地恢复与生态保护工程

近年来，由于人们对湿地的盲目开发，对湿地资源的过度利用，对生态环境的破坏以及缺乏规范的保护，湿地面积减少，生物多样性衰退，湿地退化严重。因此鄱阳湖退化湿地的恢复与生态保护工程已经迫在眉睫。综合各方因素，可以从以下几个方面开展湿地恢复与生态保护工程。

（一）出台和完善与鄱阳湖湿地保护相关的法律法规

与鄱阳湖湿地保护相关的有关法律法规的制定以及法律体系的完善是有效保护湿地和实现湿地资源可持续利用的关键。当前，应结合鄱阳湖湿地现状，抓紧完善已制定的《江西省鄱阳湖湿地野生动物资源保护条例》，组织有关力量，制定《江西省鄱阳湖湿地保护条例》、《鄱阳湖自然保护区保护条例》等法律法规，制定促进循环经济发展的政策和法律法规，以规范鄱阳湖湿地的保护和合理利用。

（二）加强管理以实现总体开发和保护鄱阳湖

鄱阳湖面积较大，且管理体制当中，局部利益、整体利益、长远利益、眼前利益之间存在着必然的矛盾冲突，这就需要进一步完善管理体制，为可持续发展服务，同时需要强化监督管理，运用多种手段和方法，加强对资源开发活动的生态保护监督管理，减少开发活动造成鄱阳湖的生态破坏。

（三）加强湿地保护的科学研究

湿地生态系统以及演替过程十分复杂，湿地研究跨越了地貌学、水文学、地质学、生态学、环境科学、化学等多个学科。目前，湿地生态系统的生态、社会、经济效益已引起人们的高度重视，谋求经济、社会、生态协调发展是我国政府及科技人员面临的重要课题，加强湿地科学研究也成为当务之急。针对鄱阳湖湖区实际，鄱阳湖湿地研究面临着以下主要研究领域：鄱阳湖湿地生态功能、效益与优化管理；湿地生态恢复研究；鄱阳湖湿地水资源优化配置研究；鄱阳湖湿地开发与保护示范区的研究与建设；高新技术在鄱阳湖湿地中的应用研究。

（四）提高森林植被覆盖率，保护鄱阳湖森林资源

首先，全面保护，将鄱阳湖流域之"五河"及其支流现有的森林资源划定为重点生态公益林保护区，并以法律法规的形式确定其生态保护的法律地位，禁止商业性采伐和林地的非林用流转；其次，加快坡耕地的退耕还林，迅速恢复"五河"及其主要支流区域的森林植被，尽快构建恢复其水土保持功能；最后，加快鄱阳湖周边区域的森林植被恢复进度。鄱阳湖湖区周边地区如鄱阳、余干、星子、彭泽等县内湿地森林资源贫乏。为了巩固鄱阳湖流域完整的森林生态防护体系，有必要在鄱阳湖区宜林土地上最大限度地发展人工用材林、防护林和经济林，提高湖区森林覆盖率到45％以上。另外，加强森林生态系统的水土保持基础科研工作。例如，不同地类水土流失侵蚀模数的观测，建立水土保持与森林生态系统特征值重要指标统计制度，对重点水土流失区应尽快建立起监测站网，定期监测，发布以流域和区域为单元的水土流失预测公报。

（五）开展植被生态工程，搞好流域水土保持

鄱阳湖泥沙主要来源于五大河流，如果将"五河"的来沙控制住，就能减少鄱阳湖的淤积。河流泥沙主要来源于流域的水土流失，与森林植被破坏及生态环境恶化密切相关。要在鄱阳湖流域内大力开展林业建设四大工程，即天然林保护工程、封山育林工程、退耕还林工程、植树造林工程。应避免某些大型基建工程（如开矿、修建铁路和公路等）给水土保持带来副作用。

（六）采取有效措施，加大渔业资源保护力度

加强保护力度，全方位做好保护工作。第一，根据鱼类产卵、索饵和越冬的需要，加强保护区植被和生物多样性的恢复重建工作，尽快在鄱阳湖建成良好的鱼类产卵、索饵、越冬场所；第二，坚决取缔有害渔具、渔法，实行捕捞许可证制度，以保证鄱阳湖渔业资源可持续利用；第三，坚持季节性休渔制度；第四，要在鄱阳湖区大力发展养殖业，解决休渔期、休渔区和渔业资源保护区内群众的生计问题，促使由天然捕捞向养殖捕捞的转变，使湖区群众尽快脱贫致富，只有这样才能真正保护好鄱阳湖的渔业资源。

（七）进一步加强自然保护区建设和濒危动物的保护

第一，加强基础建设，健全保护机构，整合现有各级候鸟保护机构，在鄱阳湖生态功能保护区管理局框架内，建立起统一的鄱阳湖越冬候鸟及栖息地保护区管理机构，增强管理能力，加大保护力度；第二，适当开展生态旅游，缓解保护与开发的矛盾，这样既可以增加经济收入，缓解开发与保护之间的矛盾，又可以进行保护鸟类的宣传教育；第三，加强宣传教育，提高全民爱鸟、护鸟意识；第四，切实加强对白鳍豚、江豚的保护，为白鳍豚、江豚创造良好的活动空间，加大执法力度，杜绝一切针对白鳍豚、江豚的人为恶意伤害。

（八）实施保护措施和政策，切实保护鄱阳湖水质

鄱阳湖的水质，总体上是比较好的，但也存在一定问题，且污染程度有逐年加剧的趋势。第一，应严格控制"五河"特别是赣江南支、乐安河上游沿岸厂矿的废水排放，以减轻有机物及重金属的污染。"十一五"期间要基本控制污染发展趋势，切实保护鄱阳湖水质和湖区生态环境，还鄱阳湖水产资源一个良好的生存和发展环境。第二，应控制捕捞强度，保护水域环境；大力发展养殖业，主攻大水面养殖，加速发展特种水产品，综合开发水产资源，把湖区建成江西省乃至全国重要的以商品鱼为主的水产养殖基地。第三，加强沿湖及湖内污染防治。加强湖岸周围经济开发的环境管理，沿湖 5km 以内的企业排放的污水，必须达到国家地表水 II 类标准。对沿湖拟建项目严格执行"三同时"制度和环境影响评价制度。第四，保护生态环境，建立以生物措施为主体的防治湖区水土流失体系；依据湖区土地利用状况及污染源分布，进行沿湖土地利用限期管理。

五、生态补偿

生态补偿是以保护和可持续利用生态系统服务为目的，以经济手段为主，调节相关者利益关系的制度安排，是一种具有经济激励特征的机制，是解决流域上中下游之间水资源开发利用不公和发展机会不均的重要方式。

鉴于鄱阳湖生态湿地独特的环境和位置，以及湖区百姓的生态保护意识淡薄、保护区分散细碎、湖区缺乏统一的协作机制、没有稳定的替代经济来源等现实，应在国家层面上尽快建立实施生态效益补偿机制，实施生态补偿政策，对鄱阳湖生态湿地的保护者从利益上进行补偿。

鄱阳湖流域生态补偿是一个系统而又复杂的工程，涉及不同的行政单位、不

同的主体,其中包括政府、集体和企业之间的协调。值得庆幸的是,鄱阳湖流域范围与江西省行政区划范围的高度吻合,为鄱阳湖流域生态补偿提供了得天独厚的条件。鄱阳湖流域面积达 16.22 万 km²,虽然跨江西、安徽、浙江、福建、广东和湖南 6 个省,但江西境内为 15.71 万 km²,占鄱阳湖流域面积的 96.85%,占江西省国土面积的 97.2%。这种自然流域界线与行政区划界线的高度吻合,有利于充分发挥行政管理的职能,来推行鄱阳湖流域生态补偿机制的执行。

流域生态补偿机制的建立有助于提高中上游地区公民生态保护行为的积极性,因此,流域生态补偿机制的构建必须认真结合鄱阳湖流域经济社会发展的实际情况,制定有针对性的生态补偿政策。具体来讲应该主要包括以下几个方面。

(一)加快立法步伐,进一步完善相关法律制度

产权是流域生态补偿的基本保证,因为清晰的流域土地、生态服务产权,可以为确定鄱阳湖流域的补偿主体、补偿对象、补偿标准和补偿模式提供依据。通过流域生态补偿立法,可以体现消耗资源和保护环境的真实成本,摒弃过去计划经济时代的"环境无价,资源低价"的传统思想,突出流域生态服务的有偿性,提高公民的环境意识。同时为五大河流域上、中、下游地区补偿的构建和组织体系的制定提供依据,使流域生态服务价值得到真正体现,特别是水资源的使用能够遵循市场经济的原则,也可以保证用水权利的长期稳定和依法转让交易,真正做到流域生态补偿有法可依。

(二)加大中央政策支持力度,引入市场化机制

一方面,现阶段政府财政是流域生态补偿最主要的资金来源。而保证流域补偿的资金来源,对鄱阳湖流域重要的国家湿地和生物多样性生态服务保护区进行政策引导,是当前构建鄱阳湖流域生态补偿落实的重要组成部分。另一方面,将鄱阳湖流域生态补偿引入市场化机制。市场化的基本要求是通过建立补偿活动的市场体系和市场机制,让补偿成为市场性的经济活动,利用市场来实现鄱阳湖流域生态补偿问题上的公正,消除了流域水质保护与受益分离的现象,从而将可持续发展和环境保护变为一种具有内在商业价值的制度安排。流域生态补偿的市场化主要是通过流域资源使用权交易的形式来实现,排污权交易制度是目前运用市场机制进行流域生态补偿的有效手段,在生态补偿方面具有不可比拟的优越性。而市场化机制也保证了鄱阳湖流域资金来源的长期稳定性,从而为促进流域的共同发展奠定了基础。

（三）构建生态补偿平台，完善生态补偿机制

生态补偿必须通过江西省人民政府进行协调，同时需要有负责生态补偿事宜日常运行的管理组织机构，这也是生态补偿顺利进行的重要保证。鄱阳湖流域的协调平台建设可以借助目前较为成熟的山江湖工程组织平台。但由于生态补偿涉及利益方多、范围较广的特殊复杂性，因此需要在山江湖开发治理委员会办公室的基础上进一步落实流域生态协商平台的运行建设。

除此而外，还可以从矿产、森林、水资源、土地等资源开发和电力建设、排污权拍卖等方面征收和获得生态补偿费，建立省级环保生态补偿基金。在完善纵向转移支付制度的同时，应建立政府间的横向转移支付制度，构建长江下游流域对鄱阳湖生态湿地补偿常态机制，从形式上直接体现对生态建设、环境保护地区的补偿和激励。为此，应构建鄱阳湖生态经济区生态保护职责与生态补偿对称的评估体系，健全生态保护法律体系，完善"项目支持"形式，提高补偿资金使用效率。

第二节　"五河一湖"湿地资源的开发利用对策

一、利用河岸带与湖岸带湿地削减面源污染的生态水利工程

河岸带与湖岸带具有减缓地表径流、沉积泥沙、过滤营养物质、降解有毒物质、去除病原体等各种功能。有研究表明，宽 20m 的草本型河岸缓冲带可有效去除 40%～60% 的沉积物，宽 7～19m 的林地-草本混合型河岸缓冲带可去除70%～90% 的沉积物，而宽 30m 的林地型河岸缓冲带可去除 75%～80% 的沉积物。然而，"五河一湖"的河岸带、湖岸带湿地建设有大量的防洪堤坝，如康山大堤、筿安堤、唱凯堤、沿岸各城市的防洪堤等。这些防洪堤坝都建设在河岸带、湖岸带上，通过地表拦截，改变了携带有污染物的地表面源径流进入河流的方式。堤坝不仅阻断了河流内外的物质、信息、能量交流，也使面源形式的地表径流以点源形式进入河流，地表径流携带的污染物也随着由面源污染，变成了点源污染。这不仅缩减了河岸带、湖岸带的宽度，还减少了河岸带对面源污染的降解，使得河岸带的诸多功能丧失，从而间接对"五河一湖"湿地产生胁迫。

河岸带、湖岸带的堤防工程给流域湿地生态系统带来弊端的同时，也为人类带来了诸多利益与方便。在流域这样一个完整的"自然-社会-经济"复合生态系统，分析堤防工程在满足人类社会经济需求的同时，通过有效措施减少其对湿地生态系统健康的影响，实现"五河一湖"湿地可持续发展才是我们首要考虑的问

题。根据生态学与水利工程学的基本原理，在维护堤防工程发挥其现有功能的同时，恢复河岸带的结构与功能，是平衡防洪工程利弊的途径。第一，工程安全性和经济性原则，河岸带结构与功能的恢复建设过程中，需遵循水文学与工程力学的规律及生态学原理，以确保恢复功能与原有防洪工程设施的安全、稳定和耐久，及不对湿地产生二次危害，同时应遵循风险最小和效益最大原则，充分利用湿地生态系统自我恢复规律，力争得到以最小投入获得最大产出的合理技术路线。第二，提高河流形态的空间异质性原则，河流的水-陆两相、水-气两相紧密联系，形成了开放的生境条件；上、中、下游的生境异质性，丰富了流域多样的生境；河流横断面的深潭、浅滩较多，河床材料的透水性等都为河岸带的各种生物提供多样的栖息地，从而提高河岸带生物多样性水平。第三，生态系统自设计、自我恢复原则，生态工程的本质是对生态系统自组织功能实施管理，要区分未超过本身生态承载力的河流生态系统与遭受严重干扰的河流生态系统，分别采取不同措施对其河岸带进行恢复。第四，景观尺度及整体性原则，河岸带的恢复与管理应是在大尺度的、长期的和保持可持续性的基础上进行。第五，反馈调整式设计原则，模仿成熟的河流生态系统的结构对河岸带进行恢复，力求形成一个健康、可持续的河流生态系统。

根据"五河一湖"湿地及防洪工程的特点，在"五河一湖"河岸带、湖岸带可采用人工湿地处理技术，在河流内侧的狭窄河岸带使点源污染重新形成"淌流"，经过一定宽度的人工湿地或天然湿地植被带，重新发挥河岸带湿地消纳污染物的功能。

二、利用湿地开展水产品生态养殖工程

"五河一湖"湿地有大面积的水体，其中"五河"上有大量的水库，鄱阳湖有大量的湖汊，流域内还有大量的水塘分布，这些区域水流缓慢，水生植物丰富，适于渔业养殖。多年来，江西省各级水利部门充分发挥水资源优势，大力发展湿地渔业生产，尤其是1986年以来江西全省范围内开展的池塘养鱼大面积丰产示范和1989年扩展进行的小型湖库河沟养鱼大面积丰产技术取得了大面积、大幅度增产增收，有力地推动了全省渔业的迅速发展，充分发挥了可养水域的生产潜力。然而，传统渔业是建立在资源过度利用和粗放经营基础之上，虽然发展速度长期保持高速增长，但已对资源造成了严重破坏。而且，多年来过量施用化肥的"肥养"模式，及盲目开发网箱养鱼等集约化养殖方式，导致水域环境日益恶化，并由此造成网箱养殖鱼类大批死亡，导致鱼产品质量下降，经济效益低，严重影响了江西省渔业可持续发展的后劲。

在对湿地生态环境保护的基础上维持渔业的高额生产力，发挥"五河一湖"

湿地的渔业生产能力，坚持渔业开发与水环境保护并重，维持渔业的可持续发展，则必须走生态养殖之路。所谓生态养殖，即运用生态学原理，保护水域生物多样性和稳定性，合理利用多种资源，促进渔业经济综合发展，实现生态、经济的良性循环。生态水产养殖的生态学理论体系主要包括：生态平衡理论、物种共生理论、食物链原理、生态位理论、多层次分级利用原理、耗散结构原理、等级系统原理、稳态机制原理、边缘效应原理、生态经济学原理十条原则。根据生态养殖的理论体系，在"五河一湖"湿地发展生态渔业养殖，改变之前的肥养、精养模式，如发展以四大家鱼、特种经济鱼类为主的生态养殖工程。

三、利用湿地开展水生经济作物的种植工程

"五河一湖"湿地的一些不合理的开发方式已经受到了部分控制，如鄱阳湖的退田还湖、河岸带的退耕还林等，但人为活动对"五河一湖"湿地的影响已经造成，大部分湿地资源也早已不是自然状态下的湿地。"五河"湿地的水田、池塘、沟渠成为湿地的重要部分，鄱阳湖湖泊的自然湿地，也有围栏、捕捞、斩秋湖等人为活动对其影响。如何在保护湿地的前提下，进一步发挥农业湿地的综合功能，是我们需要思考的问题。建立集保护生物多样性、调蓄洪水、农业生产等多项功能于一体的湿地经济作物种植工程，应该成为一种有益的探索。

"五河一湖"湿地基本可以分为两类：第一，以稻田、鱼塘、水库为主体的人工湿地，以水稻、淡水鱼产品生产为主，少部分用于水生蔬菜（如藕、菱角等）的生产；第二，以河流、湖泊等为主体的自然湿地或半自然湿地，除用于蓄水、排洪、灌溉外，主要用于水产养殖，部分用于水生蔬菜的生产。但以复合模式种养的湿地生态农业模式发展缺乏，大都为平面式开发种养，仅见有少量"水生蔬菜-鱼"的立体生态农业，生态效益与经济效益较低。为保护湿地资源，同时提高人工湿地的生产力，根据"五河一湖"湿地所处地理位置及气候条件，可推广蔬、渔、禽、林的立体种养，推行"水生蔬菜-鱼"模式，"猪-沼-水生蔬菜-鱼"模式、"水生蔬菜-禽-鱼"模式、"稻-鱼"模式等立体湿地生态农业模式。

四、构建湿地美学景观开展生态旅游

生态旅游是回归大自然的旅游方式，由于其尊重自然与文化的异质性，强调保护生态环境，倡导人们认识自然、享受自然、保护自然，被认为是旅游业可持续发展的最佳模式之一。湿地丰富的综合功能及其独特的美学景观，能够满足人们更高层次的精神需求，开辟了生态旅游的新领域。湿地景观的审美价值首先是

通过外观引发观众的认知与感知，由其组成形态的点、线、面、质地、颜色、气味、运动状况等审美形式来体现；其次，通过其文化内涵如象征意义、景观组合的韵律，是否引发同感、共鸣等形式来体现。另外，景观的自然度也是审美价值的重要指标。故"五河一湖"不同湿地其审美价值大小不一。

"五河一湖"湿地资源有受人为活动严重胁迫的湿地，也有保存较好的天然湿地。保存完好的湿地具有完好的湿地美学景观，如鄱阳湖自然保护区，其"鸟文化"内涵越来越丰富，南矶湿地国家自然保护区随着水位丰枯交替的湿地景观变化是其他旅游形式所没有的。另外，鄱阳湖丰富的古迹、历史事迹及其在世界上的知名度，都是鄱阳湖湿地的旅游资源。在维持生态平衡、人与自然和谐发展的原则下，"五河一湖"内保存完好的湿地可直接用于生态旅游开发。

受人为活动胁迫的湿地及水库的人工湿地，则可通过构建湿地美学景观进行湿地旅游开发。例如，江口水库、柘林水库、陡水水库等大中型水库，其水域面积大，在水质保持良好的情况下，其青山绿水很容易愉悦人们的心情，其山水如画的美学景观也是人们所追求的精神享受。这类以水质良好的水库为主的人工湿地，在保持湿地生态环境良好的情况下，可直接进行生态旅游开发。而污染较严重的水体，如城市周边的湿地，通过重建美学水域，建设湿地公园的方式进行湿地旅游开发，通过构建人工湿地处理污水，最后达到排放标准，向人们展示湿地消污纳垢的功能。例如，成都活水公园，取自府河水依次流经厌氧池、流水雕塑、兼氧池、植物塘、植物床、养鱼塘等水净化系统，向人们展示水的由浊变清、由死变活的过程，向人们展示湿地的功能，为集旅游、观赏、教育于一体的生态旅游景观。

第五篇 江西"五河一湖"
资源综合开发利用研究

第十四章 江西"五河一湖"资源概况

第一节 鄱阳湖区资源状况

鄱阳湖是国际重要湿地，是长江干流重要的调蓄性湖泊，在中国长江流域中发挥着巨大的调蓄洪水和保护生物多样性等特殊生态功能，是中国最大的"大陆之肾"，是我国十大生态功能保护区之一，是中国唯一的世界生命湖泊网成员，也是世界自然基金会划定的全球重要生态区之一，对维系区域和国家生态安全具有重要作用。

鄱阳湖生物多样性非常丰富，不仅有丰富的水生生物资源，而且湖滩洲地的生物资源也比较丰富。鄱阳湖有浮游植物 800 多种，有高等植物 600 多种，浮游动物有 607 种，湖中鱼类 136 种，占长江水系中鱼类的 45.4%，此外还有豚类 2 种，已鉴定的贝类 88 种。鱼类经济价值较大的有鲤、鲫、鲢、鳙、青、草、鳜、鲌等 10 余种以及畅销国内外市场的银鱼。江豚在鄱阳湖中的数量 200～300 头。此外，还出产众多的贝类、虾、蟹、水禽、莲藕和湖草等水生动植物。鄱阳湖保护区内有鸟类 310 种，占全国鸟类的 1/4，其中属于国际《湿地公约》指定的水鸟就有 152 种。鄱阳湖区有珍禽 50 多种，水鸟 115 种，约占全国 225 种水鸟的 51%。鄱阳湖有世界上最大的白鹤群，2002 年越冬种群总数 4000 只以上，占全世界白鹤总数的 95% 以上。因此，鄱阳湖被称为"白鹤世界"、"珍禽王国"。

鄱阳湖是重要的候鸟栖息地。据统计，每年大概有 30 万只鸟类在鄱阳湖越冬，其中鹳类候鸟总数在几千只，占全球越冬白鹳总数的 95% 以上，东方白鹳有 2500 只左右，这个数目已经超过了近年来国际鸟类组织 2002 年发布的该种鸟类的总数。所以，鄱阳湖是全球候鸟迁徙途径中的重要越冬地之一。

第二节 "五河"区域资源状况

鄱阳湖流域降水充沛，河流相当发育，共有大小河流 2400 余条，总长约 1.84 余万 km，其中河长大于 30km 的共有 276 条，以赣江、抚河、信江、饶河和修河这 5 条河流规模最大。在湖泊方面，赣北地区地势低平，分布有较多大小湖泊，其中鄱阳湖面积最大，为我国第一大淡水湖泊。受宏观地貌地势格局控制，该流域河流均呈向心状排列在南部、东部和西部地区，并均直接汇入北部的鄱阳湖，构成完整的鄱阳湖水系。

　　鄱阳湖流域土壤类型多样。根据全国第二次土壤普查结果，该流域土壤一共分为13个土类23个亚类92个土属251个土种。在13个土类中，红壤是该流域内面积最大、分布最广的地带性土壤，广泛分布于海拔800m以下的低山、丘陵和岗地，面积占土壤总面积的70.7%，占土地总面积的63.1%。水稻土是第二大土类，广泛分布于平原谷地，面积占土壤总面积的20.4%，占土地总面积的18.2%。

　　鄱阳湖流域地处中亚热带，水热条件优越，地带性植被为常绿阔叶林。由于长期的人类活动对自然植被影响很大，目前常绿阔叶林主要为次生林，且大面积次生林主要分布在一些偏僻山区，现状森林植被主要为马尾松林和杉木林，其面积占林分总面积的78.4%。另外，一些地区毛竹林和湿地松林面积也较大。

　　鄱阳湖流域野生动植物资源丰富。全省脊椎动物有845种（亚种），其中哺乳类102种、鸟类420种、爬行类77种、两栖类41种、鱼类203种和5亚种，有贝类103种，虾蟹类24种，已查明的浮游动物有207种，属于国家重点保护的野生动物有87种；该流域内植物区系成分非常丰富，有苔藓植物563种（含种下等级），蕨类植物49科114属403种，裸子植物8科22属29种，被子植物210科1340余属4088种。该流域内高等植物占全国17.0%，陆生脊椎动物占全国25.5%，鸟类占全国34%，淡水鱼种类占全国25%。

　　鄱阳湖流域矿产资源非常丰富，且种类齐全。矿产资源分布非常广泛，从种类的空间分布格局来看，大中型矿床的分布明显具有区域性特征：北部主要有铜、硫、金、石灰石、白云石；南部主要有钨、稀土；东部主要有银、铜、金、铅、锌、磷、蛇纹岩、瓷石；西部主要有铁、粉石英、硅灰石、煤；中部则主要有稀有金属、煤、黏土等，总体呈"南钨、北铜、东磷、西铁、中部产煤"基本格局。

第十五章　江西"五河一湖"土地资源利用研究

土地是人类赖以生存的最基本的资源之一，人类在开发利用土地的同时，也在不同程度影响着区域生态环境。土地作为生态环境的组成要素，其利用开发实质上是对内环境平衡机制的干扰，从而使生态环境发展的不确定性增大。城市用地、农业用地和工矿用地对生态环境的影响各不相同，不同土地生态系统类型为区域发展所提供的生态系统服务也不一样。此外，流域内的土地利用方式在影响流域生态环境的同时，也深刻影响着流域的水系及其水环境。

第一节　江西省土地利用现状及变化分析

根据江西省土地资源遥感调查数据，2008 年江西省土地总面积中，林地面积所占比例最大，为 61.83%，处于全省土地利用的主导地位。1996～2008 年，林地面积也基本稳定在全省国土面积的 61% 以上，这也为顺利实现江西省十一五经济社会发展"2010 年全省森林覆盖率达 63%"的目标奠定了良好的基础。但全省林业结构不太合理，用材林比例较大，薪炭林次之，经济林和防护林占林地比例小（表 15.1）。

表 15.1　1996～2008 年江西省土地利用变化情况

类型	1996 年		2000 年		2004 年		2008 年	
	面积 /万 hm²	比例 /%	面积 /万 hm²	比例 /%	面积 /万 hm²	比例 /%	面积 /万 hm²	比例 /%
林地	1 027.31	61.6	1 023.05	61.3	1 031.39	61.8	1 031.97	61.8
耕地	299.34	17.9	296.08	17.7	285.95	17.1	282.67	16.9
园地	21.68	1.3	25.87	1.6	27.28	1.6	27.71	1.7
牧草地及其他农用地	74.19	4.5	74.77	4.5	74.77	4.5	74.72	4.5
建设用地	83.37	5.0	85.66	5.1	89.64	5.4	94.00	5.6
未利用土地	88.13	5.3	86.75	5.2	83.48	5.0	81.57	4.9
水域（含湿地）	74.91	4.5	76.7	4.6	76.42	4.6	76.28	4.6
合计	1 668.94	100	1 668.94	100	1 668.94	100	1 668.94	100

耕地面积次之，为 2 826 747.7hm²，占全省国土面积比例为 16.94%。1996～2008 年，耕地面积存在持续下降的趋势，由 1996 年的 2 993 434.9hm² 降

至 2008 年的 2 826 747.7hm²。主要是由于在经济利益的驱动之下，经济增长和城市化发展较快的地区耕地被占用的现象比较普遍。但近年来由于国家和省政府对于基本农田保护的重视，加大土地整理和基本农田保护力度，实施"造地增粮富民"工程，正在扭转耕地面积下降的趋势，并且江西省目前在土地资源整理方面走在了国内各省前列。

建设用地占全省国土面积的 5.63%，居土地利用的第三位；且随着社会经济的发展以及城市化进程的加快，1996～2008 年建设用地面积持续增长，1996～2000 年增长了 2.74%，2000～2004 年增长了 4.66%。但建设用地内部结构欠佳，不利于土地的有效利用。因此，必须合理规划利用建设用地，在社会经济发展的同时注重建设节约型社会对土地资源合理利用的要求。

全省未利用土地占土地总面积的 4.89%，1996～2008 年未利用地面积减少了 65 604.3hm²。除占总量较少的荒草地中部分可以利用外，未利用地大部分为难以利用的沙地、裸岩地等。随着未利用地的不断开发，开发难度越来越大，土地后备资源将越来越少。

第二节　五河流域及鄱阳湖区土地利用现状

2008 年五河流域及鄱阳湖区分区域的土地利用情况见表 15.2。

表 15.2　2008 年五河流域及鄱阳湖区土地利用现状分类修订面积表

（单位：万 hm²）

名称	赣江流域	抚河流域	信江流域	饶河流域	修河流域	鄱阳湖区	外河流域
林地	584.87	106.64	107.75	81.74	101.44	31.11	18.42
耕地	139.96	32.14	31.16	16.42	13.99	35.74	13.26
园地	11.47	6.20	3.55	2.40	1.98	1.61	0.51
牧草地及其他农用地	4.18	6.75	1.88	2.86	0.07	40.09	18.90
建设用地	47.79	8.44	8.88	3.99	6.59	10.98	7.33
未利用土地	35.12	9.87	6.96	1.64	10.30	8.58	9.10
水域（含湿地）	4.50	2.43	1.70	0.71	0.20	44.44	22.30
总计	827.90	172.47	161.88	109.76	134.57	172.54	89.84

（1）赣江流域。赣江流域面积为 8 276 240hm²，占江西省总面积的 49.6%，是五河流域及鄱阳湖区面积最大的。2008 年赣江流域内土地利用以林地和耕地为主，其中林地面积 5 848 710.0hm²，占流域面积的 70.6%；耕地面积为 1 399 582.3hm²，占流域面积的比例为 17.1%，接近 17.1% 的全省平均水平（图 15.1）。流域内建设用地比例为 5.5%，仅次于鄱阳湖区，表明赣江流域受人

类活动影响及开发强度较大。

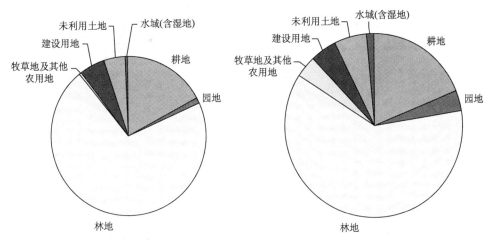

图 15.1 赣江流域土地利用结构   图 15.2 抚河流域土地利用结构

（2）抚河流域。抚河流域面积 1 725 325hm²，占江西省国土面积的 10.3%。2008 年抚河流域土地利用以林地和耕地为主，流域内林地面积比例最大，占该流域面积的 61.8%，基本相当于江西省林地比例的平均水平；其次为耕地，占 18.8%，略高于全省平均水平。流域内建设用地占 4.7%，低于全省 5.4%的水平。流域内水域及湿地面积占区域总面积的 1.4%，在各区域中除鄱阳湖外为最大（图 15.2）。

（3）信江流域。信江流域面积 1 6187 60hm²，占江西省国土面积的 8.7%。2008 年信江流域内土地利用以林地和耕地为主，该流域林地面积 1 0774 79.5hm²，占流域面积的比例为 66.5%；其次为耕地，占 19.5%，耕地面积比例也高于全省平均水平（图 15.3）。流域内建设用地面积为 84 700.9hm²，占流域面积比例为 5.23%，与全省 5.37%的水平较接近。流域内水域及湿地面积占区域总面积的 1.05%，在五大流域中仅次于抚河流域。

（4）饶河流域。饶河流域面积为 1 097 234hm²，占江西省国土面积的 6.7%。2008 年饶河流域林地面积 817 416.3hm²，占该流域国土面积的 74.5%；耕地面积为 166 098.2hm²，占区内国土面积的 15.1%（图 15.4）。饶河流域建设用地所占比例在各区域中最低，为 3.5%；而未利用土地所占比例也同样最低，为 1.5%。这意味着该流域发展应优先考虑生态建设，在社会经济发展及城市化进程中应注意土地资源的集约利用。

（5）修河流域。修河流域面积为 1 345 751.0hm²，占江西省国土面积的 7.5%。流域内土地利用以林地和耕地为主。2004 年林地面积 1 013 868.4hm²，

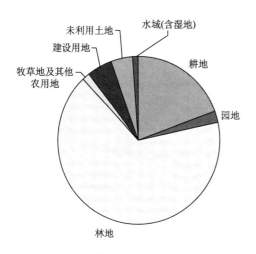

图 15.3　信江流域土地利用结构

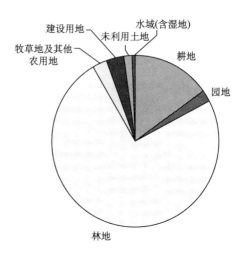

图 15.4　饶河流域土地利用结构

占流域面积的 75.3%，居五河流域及鄱阳湖区之首；流域内耕地面积为 141 484.7hm²，占流域面积的比例为 10.5%，居五河流域及鄱阳湖区之末（图 15.5）。

图 15.5 表明修河流域森林覆被良好，农业开发强度较低，这也为建设流域生态环境奠定了良好的基础。流域内建设用地比例为 4.7%，属于各区域中较低的水平，表明流域受人类活动影响及开发强度较小，这也与流域内其他自然状况一致。流域内水域及湿地面积所占比例在各区域中最低，为 0.15%；但未利用土地面积占流域面积比例为 7.8%，是各区域中最大的，表明该流域土地开发利用潜力较大，但土地开发利用中应注意不能以破坏流域内良好的生态环境现状为代价。

（6）鄱阳湖区。鄱阳湖湖区面积 1 727 124hm²，占江西省国土面积的 14.8%。区内以水域（含湿地）面积比例最大，为鄱阳湖区总面积的 25.8%，明显高于江西省的平均水平（15.6%）；其次为其他农用地和耕地，分别为 23.2% 和 20.9%，也都远高于全省平均水平（图 15.6），表明该区域除主要以鄱阳湖及其湿地构成外，区内农业开发程度也较高，农业生产而造成的面源污染可能成为该区域鄱阳湖水质的主要影响因素。

区内林地面积 311 059.7hm²，比例为 18.0%，远低于全省平均 61.8%。区内建设用地占 6.1%，高于全省平均水平，表明鄱阳湖区是江西省内人类活动较强烈的区域，区内不适当的开发活动有可能对鄱阳湖环境造成不利影响。

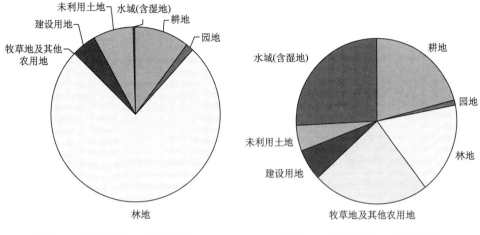

图 15.5　修河流域土地利用结构　　　　　图 15.6　鄱阳湖区土地利用结构

第三节　五河流域及鄱阳湖区土地利用对水环境影响

土地利用方式对区域水源涵养、水土保持及水质保护等均有较大影响。根据《江西省生态功能区划研究报告》，具体论述如下。

（1）水源涵养功能。除了兼具水源涵养功能的水土保持功能区外，以水源涵养功能为主的生态功能区有 15 个（附录一），这 15 个功能区分布在主要河流上游，所依托地区均为省内周边山区或丘陵山区，山地面积占总土地面积的46.4%，较全省山地面积平均水平高 54.5%，森林覆盖率 71.0%，单位林地面积蓄积量 34.34m³/hm²，分别较全省平均水平高 19.6% 和 25.6%，水土流失较轻，水源涵养重要性和生态服务功能综合重要性评价结果均为极重要。共涉及省内 34 个县（市、区）中的 478 个乡（镇、街道办事处），土地面积52 706.95km²,占全省总土地面积的 31.6%，2003 年区内人口 1012.76 万人，占全省总人口的 23.5%。

（2）水土保持功能。除了兼具水土保持功能的水源涵养功能区外，以水土保持功能为主的生态功能区有 21 个（附录一），这 21 个功能区主要分布在三大地区：一是赣江上游，其中以贡水流域最突出；二是信江、抚河中上游流域，其中信江中上游流域最集中；三是吉泰盆地及周边山地丘陵区，其中吉泰盆地中部最普遍。其共同特征一是水土流失面积比例较大，侵蚀强度高，流失面积占总土地面积的 25.3%，其中强度以上侵蚀面积占侵蚀总面积的 39.1%，分别较全省平均水平高 19.9% 和 10.1%；二是依托地区山丘面积大，这 21 个功能区中山丘面积占总土地面积 81.4%，较全省平均水平高 9.4%；三是水土流失地区森林质量差，21 个功能区森林覆盖率平均为 63.6%，虽较全省平均覆盖率高 7.1%，但其单位林地面积活立木蓄积量只有 23.80m³/hm²，较全省平均水平低 13.0%。21 个功能区土壤侵蚀敏感性评价结果为中度敏感，其中高度敏感功能区较多，水土保持重要性和生态服务功能综合重要性评价结果均为中等重要，其中极重要功能区也较多。共涉及省内 47 个县（市、区）中的 765 个乡（镇、街道办事处），土地面积 84 277.14km²，占全省总土地面积 50.5%，2003 年区内人口 2047.70 万人，占全省总人口的 47.6%。

（3）水质保护功能。除了兼具水质保护功能的农业环境保护功能区外，以水质保护功能为主的生态功能区有 26 个（附录一），主要分布在以下三类地区：一是主要河流上游区，如贡水上游、修河上游生态功能区等，为主要分布区；二是工业企业较多的设区市市区所在区，如章水下游生态功能区（含赣州市市区）、抚河中游生态功能区（含抚州市市区）等；三是大型湖泊与水库所在区，前者突出鄱阳湖湖泊湿地生态功能区，后者突出柘林水库主体所在的修水中游生态功能区。水污染敏感性评价结果中度敏感居多，且省内极敏感区都分布在这类地区，水质保护重要性评价结果为中等重要（全省除一个区外均为中等重要），生态服务功能综合重要性评价结果为极重要。共涉及省内 65 个县（市、区）中的 953 个乡（镇、街道办事处），土地面积 97 765.21km²，占全省总土地面积 58.6%，2003 年区内人口 2405.81 万人，占全省总人口的 55.9%。

此外，五河流域及鄱阳湖区土地利用还存在一些具体问题，对区域或流域乃至鄱阳湖的水环境构成了负面影响或直接危害，这些问题包括矿区开采导致的酸性废水及重金属污染、畜禽养殖和农业面源带来的水体富营养化等污染。

矿山开采不仅破坏原有的地形地貌，而且排放大量的废水废渣，在长期氧化、风蚀、淋溶的过程中，使各种有毒有害物质随水转入地下、地表水体和农田、土壤，造成水体长期不断的污染。矿山在选矿时大量使用浮选药剂，若未能有效治理，也会对水体造成一定程度的污染。根据监测结果显示，乐安河和泊水河两河水体中铜、铬等重金属含量均严重超标，致使水环境受到污染。矿山废水是江西省主要工业废水排放源之一，约占 13.6%。在矿山废水排放量中，直接注入江河水库的废水占 42.1%。例如，乐安河的支流大坞河发源于德兴泗洲镇官帽山，流贯矿区，多年来，汇集采矿作业酸性水、选矿作业碱性水以及矿区生活污水，然后流入乐安河。大坞河水域污染源的主要污染特征是重金属污染和酸性水污染，共占总污染负荷的 97.5%，其中以铜污染最严重。大坞河酸性废水汇入乐安河以后，除导致乐安河下游部分河段水质酸化外，以溶解和悬浮颗粒物形式排入的大量金属污染物已严重影响到当地人民的生产和生活。

第四节　江西"五河一湖"土地资源
利用与生态环境保护的协调

按照建设环境友好型社会的要求，严格实施占用林地定额管理，协调土地利用与生态建设和环境保护，构建生态文明的土地利用格局，保护和提高现有良好的生态环境质量，创建优良的人居环境，促进经济社会可持续发展。

一、构建良好的土地生态环境基础

（一）严格保护基础性生态用地

高度重视天然林、生态公益林、天然湿地等基础性生态用地的保护，重点加强对鄱阳湖生态经济区、"五河"源头、东江源头重要水源区、自然保护区和生态功能区等的生态建设和环境保护。严格控制对基础性生态用地的开发利用，对沼泽、滩涂等土地的开发，必须在保护和改善生态功能的前提下，依据规划统筹安排。保障合理的生态用地规模，规划期内，具有改善生态环境作用的耕地、园地、林地、牧草地、水域和部分未利用地等应保持在全省土地总面积的85%以上。

（二）构建生态优良的土地利用格局

加快建设以大面积、集中连片的森林、基本农田、防护林和天然湿地等为主体的生态安全屏障，支持天然林保护、生态公益林保护、天然湿地保护、自然保护区建设、生态功能区建设和基本农田建设等重大工程，在适当的地区发展以速丰林为主的人工用材林培育工程。因地制宜地调整各类用地布局，协调配置居民点、农田、林地、园地、草地、河湖水系等用地，在城乡用地布局中将大面积、连片的基本农田、优质耕地和林地、草地等作为绿心、绿带的重要组成部分，逐渐形成结构合理、功能互补、景观优美的土地生态空间格局。

（三）全力推进生态文明建设

全省生态环境和人居环境进一步改善。每个县至少建设一个污水处理厂和一个垃圾集中处理场，工业和生活污水、各种垃圾基本得到无害化处理。节能降耗减排取得重大进展，单位生产总值能耗力争下降20%，化学需氧量排放量下降

5%，二氧化硫排放量下降 7%；工业用水重复利用率提高到 80%，非矿工业固体废物综合利用率超过 80%。地表水国控、省控监测断面Ⅰ～Ⅲ类水质达到80%以上。严格按照省人民政府批准的水功能区水质要求控制污水排放。11 个设区市中心城区空气质量全部达到国家二级标准。城市人均公共绿地达到 10m² 以上。

二、大力加强生态建设和环境保护

强化重要生态功能区的水源涵养、水土保持、环境净化、生物多样性保护、旅游休闲和产品提供等功能保护。重点保护鄱阳湖、东江源生态功能区，以及赣江章江源、赣江贡江源、修河源、仙女湖等具有重要生态功能的区域。充分利用自然条件，大力发展林业产业。

加强农田生态建设环境保护。加强耕地尤其是基本农田林网建设，提高农田林网绿化标准；加大农田综合整治力度，大力加强基本农田建设；推广秸秆还田技术、测土培肥技术及水肥偶合一体化施肥技术；加大病虫害的生物防治力度，大力推广高效低毒农药和生物源农药；积极治理白色污染，提高耕地的粮食综合生产能力和可持续发展能力。

搞好铁路和干线公路等沿线绿化建设，建成贯通城乡、覆盖全省的干线林网防护体系。

加强矿区治理。建立健全全省矿区生态环境治理和恢复机制，做好矿产资源开采区的生态建设和环境保护工作。

加快城乡生态建设和环境保护。优先保证城市和县城污水处理厂、垃圾处理场建设用地，加强城镇建设用地绿化。围绕社会主义新农村建设，推进村庄整治。加大生态清洁型小流域建设力度，妥善处置农村生活垃圾、污水，控制面源污染，有效保护水源水质，改善城乡人居环境。

严格建设项目环评审查和水土保持方案审批制度。所有拟建单独选址项目或拟批准工业聚集区项目，必须依法依规开展环境影响评价，严禁上马不符合国家产业政策和环境政策、可能造成重大环境污染和生态破坏的项目。新上项目必须严格执行水土保持方案审批制度和水土保持"三同时"制度，加强水土流失预防和治理措施，有效控制工程建设中的地貌植被破坏和人为水土流失，保护生态环境，有关措施不达标不予供地。

三、创建环境友好型土地利用模式

按照建设环境友好型资源节约型社会要求，提高生态环境质量，促进经济社会和谐发展,积极创建环境友好型土地利用模式。

(1) 快速城镇化地区,推进生态园林城镇建设。加强城镇生态建设和环境保护,城镇规划区留足必要的生态绿地,包括农田、水面、园地和林地等生态基础屏障网络。鼓励城镇组团式发展,城镇或组团之间可保留一定数量的农田、林地或果园,防止城镇发展无序增长。建设设区市、县(市)、城镇生活污水处理和工业污水处理设施,实施城镇生活垃圾无害化处理,大力推进生态城镇、生态园区、森林城市、园林城市建设。

合理保护城镇生态用地。按照扩大城镇生态用地的要求,在城镇建设用地预留区中,对"历史遗留、自然形成、界址清晰、上级认可"的河流、湖泊、山林等作为生态用地加以保留和保护,不得擅自改变原有土地性质。

(2) 平原农业地区,创建农林复合和新型生态农业模式。加强基本农田建设,发展新型农业和生态农业。推广农林复合型生态经济模式,利用田埂和田间空地营造农田防护林、风景林,改善农田小气候和生态环境。在生态环境和农田水利设施完善的区域,开展新型生态农业试点建设,创建生态环境友好的生态农业模式。

(3) 山地丘陵地区,创建红壤综合利用、生态林业与小流域综合治理等模式。根据红壤比例大的特点,适度推进土地立体开发和综合整治,建立良性生态系统,积极防治地质灾害。加强丘陵缓坡地改造,改进耕作制度和推广农作物良种,发展适合红壤的果园和林木,治理水土流失,促进特色农业的发展。大力实施"猪、沼、果"生态模式,带动畜牧果业的发展,优化农业结构,增加农民收入。在山区小流域地区,积极开展小流域综合治理,利用宜林荒山荒坡植树造林,改善林分结构,针阔结合,多种林种结合,提高土地的生态效益、经济效益。

(4) 湖泊湿地地区,发展水面综合开发。合理利用鄱阳湖等水面资源,根据不同的水体生态环境,实施水面综合开发,发展水生作物种植,采取科学的养殖模式,达到循环利用和改善生态环境的效果。保护鄱阳湖水面养殖和提供生物多样性的多重功能。同时,在湿地地区开发利用中,应加强对湿地野生动植物资源的保护。

四、土地利用中的生态建设和环境保护重大工程

在土地利用过程中,加强生态保护,大力实施以下八大生态建设和环境保护工程建设。

(1) "五河一湖"生态环境综合治理工程。搞好赣江、抚河、信江、修河、饶河和鄱阳湖流域环境的生态环境综合治理。在兴国、吉水、铜鼓、玉山、修水

等 94 个县（市、区）加强鄱阳湖流域防护林体系建设工程和鄱阳湖森林资源保护工程，实施天然阔叶林保护工程和林业受灾后生态恢复重建工程。

以保障饮用水安全为重点，加强水环境保护。坚决取缔饮用水水源保护区内的直接排污口，严防养殖业污染水源，禁止有毒有害物质进入饮用水水源保护区，强化水污染事故的预防和应急处理，确保群众饮水安全。做好赣江、抚河、信江、修河、饶河、鄱阳湖、柘林湖、仙女湖和东江源等重要水体的环境保护工作。继续开展流域环境综合治理，重点对赣江南昌段、赣江赣州段、袁河新余段、昌江、抚河、萍水城市段及乐安河进行综合整治。在安远、寻乌、定南实施封山育林、小流域治理、矿山生态恢复、人工湿地综合治理，加强东江源区域生态建设和环境保护建设工程，进行生态环境预防监测能力建设。在安远、寻乌、龙南、全南、定南等地实施珠江流域江西防护林体系建设工程，通过人工造林、封山育林和低效林改造，提高森林资源质量和水源涵养功能；在上犹、崇义、石城、会昌、宁都、瑞金等县（市、区）实施赣江源生态功能区建设工程，推进生态环境预防监测与信息管理体系建设工程、生态林业工程、水土保持工程、矿山生态恢复工程、生态农业工程、农业面源污染综合防治工程、生态旅游工程。

（2）城乡生活污水处理设施建设工程。围绕"鄱阳湖生态经济区"建设目标，各县（市、区）生活污水处理设施建设实行"政府主导、市场运作"的方式，由县（市、区）分别组织建设。全省各县（市、区）建设污水处理设施，全部建成后全省城镇污水处理率可达到 80% 以上，这将大大改善鄱阳湖流域和全省城乡生态环境。

（3）城乡垃圾无公害处理设施建设工程。在全省范围推进城乡垃圾无公害处理设施建设工程。把垃圾处理问题作为新农村建设的重要内容，与农村改水、改厕、沼气建设结合起来；要坚持分类处理，根据自然村、乡镇所在地和县城的不同情况，根据垃圾的自然分类和自然村所处的地理位置、距县城的距离，综合考虑垃圾的集中处理和分散处理问题。

（4）造林绿化"一大四小"① 工程。加强城镇工矿所在地绿化、农村居民点所在地绿化、基础设施配套绿化等建设，积极推进实施"一大四小"造林绿化工程，确保规划期内全省林木覆盖率达到 63% 以上。

（5）野生动植物湿地保护及自然保护区工程。在靖安、九江、井冈山、资溪等县（市、区）对 23 个国家、省重点物种实施就地保护或迁地繁育保护，进行监测科研体系和自然保护区（保护小区）建设，进一步加强对全省 8 处国家级、

---

① "一大四小"工程是江西省造林绿化的重要建设项目。其中"一大"是指确保到 2010 年全省森林覆盖率达到 63%，"四小"：一是县城和市府所在地的绿化；二是乡镇政府所在地的绿化；三是农村自然村的绿化；四是基础设施、工业园区和矿山裸露地的绿化。

22 处省级和 141 处市县级自然保护区的建设与保护。积极推进省内湿地保护与恢复工程的顺利实施，开展湿地生态效益补偿试点工作研究，加强省内现有 1 个国际重要湿地、4 个国家湿地公园以及省级湿地公园的建设和保护，逐步建立以湿地保护小区、湿地公园为主的保护管理体系。

（6）山江湖可持续发展试验区建设工程。继续建设赣州章贡区、井冈山市两个国家级可持续发展试验区，选择婺源、靖安、贵溪、德安等县（市、区）建立 10 个山江湖可持续发展实验区。

（7）面源污染治理工程。加强农业面源污染的防治，实施大中型以上畜禽养殖场（区）废弃物全部无公害化处理工程，提高小型畜禽养殖场（户）废弃物综合利用率。加强普及测土配方施肥和秸秆资源化利用，全面普及生物防治和物理防治病虫害技术，积极推广农药增效剂和农药替代品。

（8）长江流域植物种质资源数据库建设工程。在靖安建立长江流域植物种质资源数据库建设工程，模拟自然生态系统，使珍稀濒危保护物种能得到迁地保存并恢复数量和面积。具体布局为 7 个专类保育园区、珍稀濒危植物保护繁育中心区、花卉展览区、科普展览区、自然生态景观区与中心服务区等。

第十六章　江西"五河一湖"水资源利用研究

第一节　江西水资源自然状况

江西省 2008 年全省平均降水量 1536.0mm，年降水总量达 2.56×10^{12} m^3，比多年平均值少 6.2%，属平水年份。全省河川径流量达 1335.7 亿 m^3，地下水资源量 370.26 亿 m^3，全省水资源量为 1356.16 亿 m^3（表 16.1）。江西省水资源量比较丰富，以 2008 年人口和实际耕地面积，全省人均水资源量约为 3032.5m^3，高于全国人均水资源量。按国际上一般承认的标准（Falkenmark 的水紧缺指标，见表 16.2），人均水资源量少于 1700m^3 为用水紧张的地区。江西省未来水资源比较充足。水资源单位占有量既是提高农业持续发展能力的制约因素，又将严重影响经济和社会的持续稳定协调发展。2008 年全省地表水资源量 1335.71 亿 m^3，比多年平均少 13.6%；地下水资源量 370.26 亿 m^3（与地表水资源量重复 349.81 亿 m^3）；水资源总量 1356.16 亿 m^3。

表 16.1　江西省分区平均年降水量及水资源量

河　流	计算面积 /万 km^2	降水情况		径流总量 /亿 m^3	地下水量 /亿 m^3	水资源量 /亿 m^3
		降水深 /mm	降水量 /亿 m^3			
赣江流域	7.9666	1499.6	1194.7	629.79	189.67	629.79
抚河流域	1.5788	1599.9	252.6	143.83	47.49	143.83
信江流域	1.4516	1712.6	248.60	144.31	24.42	144.31
饶河流域	1.2044	1861.1	224.15	111.15	25.58	111.15
修河流域	1.4539	1369.2	199.07	90.29	28.07	90.29
鄱阳湖区	2.019	1444.3	291.6	138.12	35.81	158.57
外河流域	1.0205	1504.9	153.58	78.22	19.22	78.22
江西省	16.6948	1536.0	2564.30	1335.71	370.26	1356.16

资料来源：胡茂林，2005。

表 16.2　Falkenmark 的水紧缺指标

紧缺性	人均水资源占有量/[m³/(a·人)]	主要问题
富水	>1700	局部地区、个别时段出现水问题
水紧张	1000~1700	将出现周期性和规律性用水问题
缺水	500~1000	将经受持续性缺水，经济发展受到损失，人的健康受影响
严重缺水	<500	将经受极其严重的缺水

　　资料来源：胡淑琴，1987。

　　江西多雨，年均降水量 1341~1940mm，一般表现为南多北少、东多西少、山区多盆地少。武夷山、怀玉山和九连山一带年均降水量多达 1800~2000mm，长江沿岸到鄱阳湖以北以及吉泰盆地年均降水量则为 1350~1400mm，其他地区多为 1500~1700mm。全年降水季节差别很大。秋冬季一般晴朗少雨，1977 年大部分地区整个秋冬季以阴雨天气为主的现象较为少见。春季时暖时寒，阴雨连绵，一般在 4 月后全省先后进入梅雨期。5 月、6 月为全年降水最多时期，平均月降水量在 200mm 以上，最高可达 700mm。这一时期多大雨或暴雨，暴雨强度为日降水量 50~100mm，最大甚至可达 300~500mm。7 月雨带北移，雨季结束，气温急剧上升，全省进入晴热时期，伏旱秋旱相连，而从东南海域登陆的台风给江西带来阵雨，缓解旱情，消减炎热。降水量除季节分配很不均匀外，年际变化也相当悬殊，最多年份的降水量高出最少年份降水量的 1 倍以上。

　　江西省多年平均水资源总量为 1422 亿 m³，仅次于西藏、四川、广东、云南、广西和湖南，居全国第七位，人均拥有水资源量高于全国平均水平。其中，修河流域、外河流域占有水资源量相对较少，分别为 90.29 亿 m³ 和 78.22 亿 m³。赣江流域水资源最为丰富，为 629.79 亿 m³，占全省水资源量的 44.3%，其人均水资源量为 2908.5m³；抚河流域和信江流域的水资源量基本持平，分别为 143.83 亿 m³ 和 144.31 亿 m³，占全省水资源量的 21.2%；饶河流域水资源量为 111.15 亿 m³，占全省水资源量的 8.2%，人均水资源量为 4304.0m³；鄱阳湖区水资源量为 158.57 亿 m³，占全省水资源量的 11.7%，其人均水资源为 2654.8m³。充分反映江西水量有余的特点，可以进一步发展江西省水资源开发利用。除了开源节流、合理开发利用和保护水资源外，应该积极慎重地研究对水资源进行地区上的调节问题。

第二节　江西水资源供用水现状分析

一、用水状况

　　2008 年江西省总用水量为 234.2 亿 m³（表 16.3），其中农田灌溉用水量

144.71 亿 m³，占 61.8%；工业用水量 59.92 亿 m³，占 25.6%；居民生活用水量 17.38 亿 m³，占 7.4%；林牧渔畜用水量 7.04 亿 m³，占 3.0%；城镇公共用水量 3.14 亿 m³，占 1.3%；生态环境用水 2.01 亿 m³，占 0.9%。赣江流域总用水量为 104.98 亿 m³，占全省总用水量的 44.8%，其中农田灌溉用水量 67.08 亿 m³，占 63.9%；工业用水量 25.9 亿 m³，占 24.67%；居民生活用水量 7.99 亿 m³，占 6.76%；林牧渔畜用水量 3.24 亿 m³，占 3.09%；城镇公共用水量 1.07 亿 m³，占 1.02%；生态环境用水 0.58 亿 m³，占 0.56%。抚河流域总用水量为 18.92 亿 m³，占全省总用水量的 8.1%。信江流域总用水量为 23.80 亿 m³，占全省总用水量的 10.2%。饶河流域总用水量为 12.50 亿 m³，占全省总用水量的 5.3%。修河流域总用水量为 8.93 亿 m³，占全省总用水量的 3.8%。鄱阳湖区总用水量为 44.79 亿 m³，占全省总用水量 19.1%。外河流域总用水量为 20.28 亿 m³，占全省总用水量的 8.7%。

表 16.3　2008 年全省总用水量组成

流域	总用水量 /亿 m³	生活用水				生产用水						其他			
		城镇		农村		工业		农田灌溉		林牧渔业		生态		城镇公共	
		/%	/亿 m³	/%	/亿 m³	/%	/亿 m³	/%	/亿 m³	/%	/亿 m³	/%	/亿 m³	/%	/亿 m³
赣江	104.98	4.24	4.45	2.52	3.54	24.67	25.9	63.9	67.08	3.09	3.24	0.56	0.58	1.02	1.07
抚河	18.92	5.32	1.02	1.73	0.93	7.2	1.37	79.95	15.13	4.40	0.84	0.50	0.1	0.90	0.18
信江	23.80	3.99	0.85	3.67	0.77	38.29	9.11	48.96	11.65	3.41	0.81	0.51	0.12	1.17	0.28
饶河	12.50	4.67	0.78	2.99	0.57	27.37	3.42	60.4	7.55	2.00	0.25	0.89	0.11	1.68	0.21
修河	8.93	6.15	0.61	2.91	0.36	9.29	0.83	77.49	6.92	3.58	0.33	0.33	0.03	1.00	0.09
鄱阳湖区	44.79	2.78	1.18	5.57	0.79	19.18	8.59	65.76	29.45	2.62	1.17	1.99	0.89	2.00	0.9
外河流域	20.28	5.34	0.97	2.77	0.56	52.77	10.7	34.18	6.93	2.02	0.41	0.88	0.18	2.02	0.41
江西省	234.2	4.21	9.86	3.21	7.52	25.58	59.92	61.79	144.71	3.01	7.04	0.86	2.01	1.34	3.14

　　在江西省用水的有关指标中（表 16.4 和表 16.5），2008 年江西省工农业用水效率不高。江西省单位 GDP 用水量为 347.14m³/万元，高于水资源可持续利用评价指标体系中小于 80m³/万元的标准；单位工业增加值用水量为 654.85m³/万元，高于水资源可持续利用评价指标体系的小于 50m³/万元的标准。在农业方面，全省亩①均农田用水为 524.0m³，只有赣江流域低于指标体系＜400m³ 的标

────────

① 　1 亩≈667m²。

准，为 394.1m³。这些数据表明，江西省经济发展是在经济结构、用水结构调整和用水效率不高的情况中实现的，经济结构调整和用水效率提高对抑制工农业用水的增长具有决定性的作用。

表 16.4　2008 年全省用水相关指标

| 流域 | 总用水量/亿 m³ | 总人口/万人 | 其中 | | GDP/亿元 | 有效灌溉面积/hm² |
			城镇人口/万人	农村人口/万人		
赣江	104.98	2 165.36	967	1198	3637.84	898 298
抚河	18.92	406.84	192	245	485.62	229 589
信江	23.80	484.16	169	315	675.78	174 829
饶河	12.50	258.25	107	151	466.05	100 728
修河	8.93	186.90	53	134	196.85	95 676
鄱阳湖区	44.79	597.30	194	404	818.59	254 658
外河流域	20.28	301.30	138	163	465.76	87 392
江西省	234.2	4 400.11	1 820	2 610	6 746.49	1841 170

表 16.5　2008 年全省用水指标

| 流域 | 总用水量/亿 m³ | 人均用水量/m³ | 单位 GDP 用水量/(m³/万元) | 单位工业增加值用水量/(m³/万元) | 农田用水量/(m³/亩) | 人均生活用水量/(L/d) | |
						城镇	农村
赣江	104.98	484.82	288.58	553.9	394.1	126.1	81.0
抚河	18.92	465.05	389.60	796.4	405.1	145.8	104.0
信江	23.80	491.57	352.19	630.5	440.4	137.5	67.0
饶河	12.50	484.03	268.21	475.3	565.9	199.7	103.4
修河	8.93	477.81	453.65	892.3	376.3	316.5	73.6
鄱阳湖区	44.79	749.87	547.16	1047.0	310.2	166.2	53.6
外河流域	20.28	673.08	435.42	736.9	640.8	192.3	94.1
江西省	234.2	532.26	347.14	654.85	524.0	261.4	79.9

　　2008 年江西省人均用水为 532.26m³，城镇居民人均生活用水定额 261.4L/d，农村居民生活用水 79.9L/d。由于江西水资源丰富和分布的地域比较均匀，江西各流域人均用水基本持平，以鄱阳湖区人均用水最大，为 749.87m³；随着江西省人民生活水平的提高，各流域内生活用水定额存在一定差异。其中修水城

镇居民生活用水定额高达 316.5L/d,大于评价指标体系相应指数的 1.5 倍,农村居民生活用水基本低于评价指标体系相应指数 90L/d,只有抚河流域及饶河流域农村居民生活用水(分别为 104.0L/d 和 103.4L/d)高于评价指标体系相应指数 90L/d。随着人口增长、城市化的发展、生活水平的提高,全国城乡居民生活用水定额今后将继续呈增长趋势,并且在用水结构中所占比例也会有所提高。

二、供水状况

供水能力是指水利工程在特定条件下,具有一定供水保证率的供水量,它与来水量、工程条件、蓄水特性和运行调度方式有关。如表 16.6 所示,2008 年总供水量与总用水量持平,为 234.20 亿 m³,其中,地表水源供水量 223.71 亿 m³,占 95.5%,地下水源供水量 10.49 亿 m³,占 4.5%。地表水源供水中:蓄水供水 104.52 亿 m³,占 46.7%;引水供水 48.66 亿 m³,占 21.8%;提水供水 70.53 亿 m³,占 31.5%。

表 16.6　2008 年江西省水资源分区供用水量情况

年份	总供水量 /亿 m³	地表水源		地下水源	
		供水量/亿 m³	占总供水量/%	供水量/亿 m³	占总供水量/%
赣江	104.98	100.28	95.52	4.70	4.48
抚河	18.92	18.34	96.93	0.58	3.07
信江	23.80	22.82	95.88	0.98	4.12
饶河	12.50	11.87	94.96	0.63	5.04
修河	8.93	8.60	96.30	0.33	3.70
鄱阳湖	44.79	42.50	94.89	2.29	5.11
外河	20.28	19.3	95.17	0.98	4.83
江西省	234.20	223.71	95.52	10.49	4.48

第三节　江西"五河一湖"水资源可持续利用评价

一、指标体系及权重

根据水资源可持续利用所关注的因素,参照相关文献资料,构建江西省"五河一湖"水资源可持续利用指标体系,如表 16.7 所示。

表 16.7 江西省"五河一湖"水资源可持续利用评价指标体系

| 准则层 | 指标层 | 参照值 | 2008 年实际 | | | | | | | 江西省 |
			赣江流域	抚河流域	信江流域	饶河流域	修河流域	鄱阳湖区	外河流域	
社会经济状况	人口密度/(人/km²)	<250	261	231	323	221	147	385	265	264
	人均GDP/(元/人)	>10 000	16 800	11 937	13 958	18 047	10 532	13 705	15 458	14 728
	单位国土面积 GDP /(万元/km²)	>500	437.9	276.3	450.9	398.3	154.6	528.2	409.7	388.3
	城镇化率/%	>45	44.66	47.10	34.99	41.43	28.25	32.44	45.87	41.36
	工业化率/%	>50	41.17	38.77	49.91	48.74	45.14	41.93	53.75	42.70
水环境状况	污水集中处理率/%	>85	48.6	46.5	53.2	52.8	51.4	48.7	56.2	49.67
	单位工业增加值废水排放量/(m³/万元)	<10	29.3	16.4	280.5	38.3	37.0	13.3	20.2	19.2
	单位地区生产总值 COD 排放量/(kg/万元)	<3.5	2.9	4.1	1.4	4.3	3.2	0.7	2.1	2.6
	水土流失率/%	<15	19.9	23.8	24.7	6.7	24.3	18.4	15.6	20.03
	化肥使用强度 /(kg/hm²,折纯)	<280	473.8	561.4	369.4	341.8	359.1	474.5	660.7	470.4
	饮用水源地水质达标率/%	100	100	100	100	100	100	100	100	100
水环境条件	人均水资源量/m³	>2 200	2 908	3 535	2 980	4 304	4 831	2 654	1 871	3 082
	产水模数 /(万 m³/km²)	>80	75.77	81.73	96.39	94.91	70.95	82.22	78.06	80
	主要河流水功能达标率/%	>98	88.1	72.91	81.25	53.33	100	52.33	48.33	71.69
	供水量占水资源量比率/%	<10	16.67	13.15	16.49	11.25	9.89	28.25	35.96	17.3
水资源利用效率	工业用水重复利用率/%	>98	74.12	67.51	84.88	65.4	81.62	74.15	85.66	74.75
	生态用水比率/%	>20	0.56	0.50	0.51	0.89	0.33	1.99	0.88	0.85
	单位农田灌溉用水量 /(m³/亩)	<400	394.1	405.1	440.4	565.9	376.3	310.2	640.8	524.0
	万元工业增加值用水量 /m³	<50	553.9	796.4	630.5	475.3	892.3	1047.0	736.9	654.85
	万元 GDP 用水量/m³	<80	288.6	389.6	352.2	268.2	453.6	547.2	435.4	347.1
	城镇居民人均用水量/(L/d)	<220	210.1	202.8	207.5	210.4	192.7	206.8	212.3	207.0

采用如下指标归一化方法对上述指标值进行归一化处理,归一化后的结果见表16.8。

表 16.8 水资源可持续利用评价指标归一化结果

准则层	指标层	参照值	2008 年实际							江西省
			赣江流域	抚河流域	信江流域	饶河流域	修河流域	鄱阳湖区	外河流域	
社会经济状况	人口密度/(人/km²)	<250	0.96	1.00	0.77	1.00	1.00	0.65	0.94	0.95
	人均 GDP/(元/人)	>10 000	1.00	1.00	1.00	1.00	1.00	1.00	1.00	1.00
	单位国土面积 GDP/(万元/km²)	>500	0.88	0.55	0.90	0.80	0.31	1.00	0.82	0.78
	城镇化率/%	>45	0.99	1.00	0.78	0.92	0.63	0.72	1.00	0.92
	工业化率/%	>50	0.82	0.78	1.00	0.97	0.90	0.84	1.00	0.85
水环境状况	污水集中处理率/%	>85	0.57	0.55	0.63	0.62	0.60	0.57	0.66	0.58
	单位工业增加值废水排放量/(m³/万元)	<10	0.34	0.61	0.04	0.26	0.27	0.75	0.50	0.52
	单位地区生产总值 COD 排放量/(kg/万元)	<3.5	1.00	0.85	2.50	0.81	1.00	1.00	1.00	1.00
	水土流失率/%	<15	0.75	0.63	0.61	2.24	0.62	0.82	0.96	0.75
	化肥使用强度/(kg/hm², 折纯)	<280	0.59	0.50	0.76	0.82	0.78	0.59	0.42	0.60
	饮用水源地水质达标率/%	100	1.00	1.00	1.00	1.00	1.00	1.00	1.00	1.00
水资源条件	人均水资源量/m³	>2200	1.00	1.00	1.00	1.00	1.00	1.00	0.85	1.00
	产水模数/(万 m³/km²)	>80	0.95	1.00	1.00	1.00	0.89	1.03	0.98	1.00
	主要河流水功能达标率/%	>98	0.90	0.74	0.83	0.54	1.00	0.53	0.49	0.73
	供水量占水资源量比率/%	<10	0.60	0.76	0.61	0.89	1.00	0.35	0.28	0.58
水资源利用效率	工业用水重复利用率/%	>98	0.76	0.69	0.87	0.67	0.83	0.76	0.87	0.76
	生态用水比率/%	>20	0.03	0.50	0.51	0.89	0.33	1.00	0.88	0.85
	单位农田灌溉用水量/(m³/亩)	<400	1.00	0.99	0.91	0.71	1.00	1.00	0.62	0.76
	万元工业增加值用水量/m³	<50	0.09	0.06	0.08	0.11	0.06	0.05	0.07	0.08
	万元 GDP 用水量/m³	<80	0.28	0.21	0.23	0.30	0.18	0.15	0.18	0.23
	城镇居民人均用水量/(L/d)	<220	1.00	1.00	1.00	1.00	1.00	1.00	1.00	1.00

对于越大越好的指标的赋值，如人均水资源量、生态用水比率等，采用式
(16.1)：

$$\begin{cases} 当 F < R 时， & I = F/R \\ 当 F > R 时， & I = 1 \end{cases} \tag{16.1}$$

式中，I 为指标的值；F 为实际值；R 为参照值。

对于越小越好的指标的赋值，如水土流失率、万元 GDP 用水量等，采用式
(16.2)：

$$\begin{cases} 当 F > R 时， & I = R/F \\ 当 F < R 时， & I = 1 \end{cases} \tag{16.2}$$

式中，I 为指标的值；F 为实际值；R 为参照值。

根据可持续利用的内涵，一般将归一化后的可持续利用指标分为 3 个类别，
即，0.8～1.0 为良好，0.6～0.8 为一般，0.6 以下为差。

采用层次分析法计算各指标的权重系数（具体构建判断矩阵和计算过程等省
略），计算结果见表 16.9。

表 16.9 水资源可持续利用评价指标权重计算结果

准则层	指标层	权重
社会经济状况 (0.122)	人口密度/(人/km²)	0.026
	人均 GDP/(元/人)	0.014
	单位国土面积 GDP/(万元/km²)	0.008
	城镇化率/%	0.027
	工业化率/%	0.047
水环境状况 (0.228)	污水集中处理率/%	0.052
	单位工业增加值废水排放量/(m³/万元)	0.030
	单位地区生产总值 COD 排放量/(kg/万元)	0.030
	水土流失率/%	0.017
	化肥使用强度/(kg/hm²,折纯)	0.017
	饮用水源地水质达标率/%	0.082
水资源条件 (0.422)	人均水资源量/m³	0.199
	产水模数/(万 m³/km²)	0.048
	主要河流水功能达标率/%	0.118
	供水量占水资源量比率/%	0.057
水资源利用效率 (0.228)	工业用水重复利用率/%	0.040
	生态用水比率/%	0.015
	单位农田灌溉用水量/(m³/亩)	0.024
	万元工业增加值用水量/m³	0.067
	万元 GDP 用水量/m³	0.067
	城镇居民人均用水量/(L/d)	0.015

二、计算结果分析

将水资源可持续利用指标体系的归一化指标值与对应的权重系数进行乘积和累加，得到江西"五河一湖"水资源可持续利用的评价结果，见表 16.10。

表 16.10　江西"五河一湖"水资源可持续利用评价结果

流域/区域	赣江流域	抚河流域	信江流域	饶河流域	修河流域	鄱阳湖区	外河流域	江西省
可持续利用系数	0.766	0.752	0.803	0.776	0.787	0.715	0.689	0.754
评价结果	一般	一般	良好	一般	一般	一般	一般	一般

根据表 16.10 可知，江西"五河一湖"水资源可持续利用系数最高的为信江流域，为 0.803，属于"良好"水平，但接近"一般"水平；其他区域及江西省均为"一般"水平。

虽然江西"五河一湖"各区域水资源可持续利用评价结果均在"一般"及以上，但是各区域均存在影响水资源可持续利用的一些因素，如污水集中处理率普遍偏低、单位工业增加值废水排放量普遍偏高、化肥使用强度普遍偏高、工业用水重复利用率普遍偏低、生态用水比率均很低、万元工业增加值用水量及万元GDP 用水量均偏高等。在今后水资源利用过程中，一方面要提高水资源利用效率，另一方面要加强生活污水和工业废水的治理力度，减少污水排放量，从而改善水环境，促进水资源的可持续利用。

第四节　江西"五河一湖"水资源利用存在的问题

一、降水时空分布不均

在空间分布上，北部大于南部，东部大于西部，省境周边山区多于中部盆地，各地多年平均降水量为 1400～1900mm。在时间分布上，4～6 月是全省降水量最集中的季节，占全年降水量的 45%～50%，而 7～9 月降水量偏少，约占全年的 20%。由于降水时空分布不均，增加了开发利用的难度，尤其是大量的洪水资源无法利用。

二、水资源供需矛盾较突出

江西虽然水资源较丰富，但水资源供需矛盾仍较突出，旱灾仍是主要自然灾害之一。

（1）工程型缺水。江西水资源开发利用程度较低，地表水控制利用率约为12%。7～9月是江西的高温少雨季节，也正是农业用水的高峰季节，无水利设施地区缺水严重，遇枯水年份，小河流、小水库、小山塘干涸，水利设施供水不足，不仅农业因旱受灾严重，工业和城镇生活也受到严重影响，如1963年、1978年、1991年和2003年不仅农业受灾均在100万hm^2左右，并有大批工矿企业生产用水和城乡居民生活饮用水出现困难。

（2）少数地区资源型缺水。萍乡市地处湘江与赣江的分水岭，境内无大的过境河流，水资源严重不足，人均水资源量仅为1900m^3。此外，东乡等少数县也存在资源型缺水问题。

（3）水质型缺水。随着工业的发展和城市化进程的加快，部分城市河段污染加剧，水质型缺水日趋严重。近年来，萍乡市、新余市和分宜、德兴、东乡、万年、南城等20个城镇因城区河段污染达不到饮用水水源地水质标准，不得不另找水源，从水库或其他河流引水。

（4）随着经济社会的发展，水资源供需矛盾将更加突出。据《江西省主要城市水资源规划报告》分析，到2010年和2030年，全省11个设区市城市总缺水量分别为10.8亿m^3和31.9亿m^3。必须兴建新的供水工程，个别城市需跨流域调水方可满足城市用水需要。

三、水污染加剧

由于经济欠发达，排污少，加之水量丰富，自净能力强，江西目前水质状况总体上较好，长江干流、五河干流和鄱阳湖水质相对较好，但水污染呈加剧趋势，部分支流，尤其是城区河段污染较严重。特别是目前全省各地正在大力发展工业，以及城市生活污水的增加，水污染仍呈加剧趋势。

四、节水水平低

由于水资源较丰富，水价偏低，公众的节水意识淡薄，水池、厕所水龙头常流水的现象习以为常，公共供水管网跑、冒、滴、漏的现象普遍。企业为了降低成本，不采取节水措施，水资源重复利用率低。许多新的建设项目为节省投资，仍不考虑水资源重复利用，有的用水量大的企业落户江西正是因为江西具有充足、廉价水资源的优势。

五、水资源管理粗放

虽然国务院《取水许可证制度实施办法》和《建设项目水资源论证管理办法》分别已自 1993 年及 2002 年实施，但仍有大量小型建设项目不按规定进行水资源论证，不主动申请办理取水许可证、无证取水的现象仍时有发生，不安装取水计量设施的现象也较为普遍。水资源管理粗放，计划用水、退水水质管理还远不到位，节水的法律体系不完善，定额管理尚未实行。水质监测站点少，水资源综合规划及各专项规划滞后，基础工作不能满足水资源管理的要求，制约了水行政主管部门对水资源配置、节约、保护职能的履行。

六、水管理体制分散

通过政府机构改革，水资源统一管理职能基本理顺，但涉水事务管理职能分散，城乡分割，部门分割，水源、供水、排水、节水、污水处理与回收利用由不同的部门管理，多头管水，政出多门，既职能交叉，又管理脱节，违背了水资源的循环规律，使诸多的用水问题得不到有效解决，人为地加剧了水资源紧缺的矛盾。在这种分割的管理体制下，无法实现水资源的统一规划、合理开发、高效利用、综合治理、优化配置、全面节约和有效保护，无法满足经济社会可持续发展对水资源可持续利用的要求。

第五节　江西"五河一湖"水资源可持续利用对策

一、树立科学发展观，使经济社会发展与水资源条件相适应

水资源可持续利用是经济社会可持续发展的支撑和保障，要树立全面、协调、可持续的科学发展观，遵循水的自然规律，在编制"十一五"经济社会发展规划时，要充分考虑水资源条件，城市建设和工农业生产布局要充分考虑水资源的承载能力和水环境的承载能力，"量水"而行。

要根据水资源状况、水环境容量，合理确定采用规模，优化经济结构和布局，协调好生活、生产和生态用水。同时，要严格执行水资源论证制度和取水许可制度，通过加强建设项目水资源论证报告书审批力度，在保障建设项目合理用水要求的同时，防止或减轻因建设项目取水对区域水资源状况和水环境以及其他取水户造成的不利影响，促进水资源的优化配置、合理开发、高效利用，使经济社会发展与水资源条件相协调，实现可持续发展。

二、建设节水型社会，提高水资源利用效率

水资源可持续利用是我国经济社会发展的战略问题，核心是提高用水效率。节水不仅可以缓解水资源供需矛盾，从一定意义上说，节水就是防污，节水就是保护水资源。要坚持开源与节流并重、节流优先、治污为本、科学开源、综合利用的原则，把节约用水摆在首位。要以建设节水型社会为目标，加强用水定额管理，加大节水措施。建设项目要严格执行"三同时、四到位"制度。高耗水行业要加大科技含量，不断提高水的重复利用率，降低耗水率。要积极推广节水型生活用水器具，减少水资源浪费。要加大农业产业结构调整，改进灌溉方式，使农业灌溉用水量降低到合理的水平。通过建设节水型工业、农业和服务业，实现节水型社会的建设目标，努力提高水资源利用效率和使用效益。

三、严格实行建设项目水资源论证制度

建设项目水资源论证制度是加强水资源开发利用事前监督的重要措施，是审查批准取水许可申请的重要技术依据，是优化配置水资源、保障经济社会发展布局与水资源条件相协调的重要手段，是实现水资源可持续利用的重要基础工作。目前，江西正加快工业化进程，投资规模超常规增长，工业园区建设发展迅猛，对水资源的需求也迅速增加。因此，各级水行政主管部门要严格实施《建设项目水资源论证管理办法》，在取水许可审批中，除取水量较小且对周边影响较小的建设项目外，要严格按规定进行水资源论证，委托有相应资质的编制单位编制建设项目水资源论证报告书，并按规定的权限组织审查，在保障建设项目合理用水要求的同时，防止或减轻因建设项目取水对其他取水户造成的不利影响，使建设项目取水对区域水资源的影响和水环境的影响降到最低程度，使经济社会发展与水资源承载能力和水环境承载能力相适应，实现水资源可持续利用。

四、进一步加大水资源保护力度

水资源保护是水资源开发利用的基础和前提，是保障水资源可持续利用、实现经济社会可持续发展的关键。虽然江西目前水环境质量状况较好，但如果不加强保护，水污染进一步加剧，将造成有水不能用，发生水质型缺水，不仅不能保障工农业生产和生态环境用水需要，生活用水都可能难以满足。因此，要坚持在保护中开发，在开发中保护的原则，加强水资源保护，做到边发展、边治理，重点做好预防监督工作，力争跨越"先污染、后治理"的发展阶段。各级水行政主管部门要加强取水许可管理，严格实行建设项目水资源论证和取水许可审批制

度，变事后监督为事前监督，在加强水量、水质监测的同时，严格实行排污总量控制制度，加强排污口设置管理、城市供水水源地保护和水环境治理。特别是各地在招商引资、引进项目的选择上要科学决策，多听取有关部门的意见，依法履行审批程序，坚决杜绝引进国家规定应淘汰的高能耗，特别是污染严重的技术或设备，防止发生以牺牲环境为代价换取一时经济发展的短期行为。水资源保护工作需要各部门的共同配合，需要全社会的共同关心和参与。各城市要按照国务院《关于加强城市供水节水和水污染防治工作的通知》规定的精神，加快排水管网改造和污水处理设施建设，努力提高污水处理率。工业企业要积极推进清洁生产，由主要污染物达标排放转向全面达标排放。要积极开展农业面源污染防治，大力推广生物技术，减少农药、化肥、除草剂等的用量，减轻农业污染。让青山常在，绿水长流，继续保持水资源优势，保障可持续发展。

五、实行涉水事务统一管理

水资源短缺、水污染加剧，已成为制约我国经济社会可持续发展和全面建设小康社会的重要因素。究其原因，除自然因素外，水管理体制分散是重要因素之一，多头管理，政出多门，造成管理脱节、管理无序，影响了各类水问题的有效解决。如何进一步加强水资源的统一管理，有效解决水资源短缺、水污染加剧等各类水问题，实现水资源可持续利用，改革现行水管理体制是关键。近年来，北京、上海、海南、深圳、呼和浩特、武汉等多个省（自治区、直辖市）、市、县、区成立水务局，或由水行政主管部门实施水务一体化管理，并取得了显著成效。实践证明，成立水务局，实施城乡水务一体化管理是解决各类水问题的有效途径和体制保证。只有加强水资源统一管理和涉水事务统一管理，才能合理配置和有效保护水资源，实现水资源可持续利用，为经济社会可持续发展和全面建设小康社会目标的实现提供支撑和保障。

六、加强水资源监测、规划等基础工作

抓紧编制水资源综合规划及其他专项规划，摸清水资源现状及开发利用情况，科学分析环境用水量、水资源承载能力和水环境承载能力，为水行政主管部门履行水资源配置、节约、保护职责奠定基础。同时，要适应经济社会发展要求，加强水资源监测能力建设，进一步调整水资源监测站网，加强水量、水质监测，及时发布水资源公报、水资源质量月报、供水水源地水质旬报等信息，加强水功能区管理，严格实行排污总量控制制度，使江河水质达到规定的标准，满足各部门的用水要求。

第十七章 江西"五河一湖"能源利用研究

第一节 江西"五河一湖"能源状况

江西省一次能源资源匮乏，一次能源资源主要是指煤炭和水力，石油、天然气等其他能源资源尚在勘探中。风力资源主要集中在环鄱阳湖地区及少数高山地区，全省年平均日照时数为 1473～2078h，太阳能相对欠充足，受技术和开发利用成本的影响，目前还难以作为动力来大规模开发利用。

一、水力资源量

2003 年全国水力资源复查成果表明，江西省水能理论蕴藏量 6845.6MW，其中长江流域 6698.3MW。全省装机容量 0.5MW 及以上的技术可开发量的水电站有 972 座，总装机容量 5779.7MW，年发电量 192.59 亿 kW·h。根据 2004 年农村水电资源补充复查成果，全省农村水电资源装机规模为 0.1～50MW 的技术可开发水电站共 3088 座，装机容量 3587.7MW，年发电量 126.81 亿 kW·h。其中，装机规模 0.1～0.5MW（小于 0.5MW）的技术可开发水电站 2135 座，装机容量 549.9MW，年发电量 19.20 亿 kW·h；装机规模 0.5～50MW 的技术可开发水电站 953 座，装机容量 3037.8MW，年发电量 107.61 亿 kW·h。两次复查成果合计，全省 0.1MW 及以上的技术可开发电站共 3107 座，总装机容量 6330MW，年发电量 210.12 亿 kW·h。目前已开发和正在开发的 0.1～50MW 水电站共 1771 座（彩图 11），装机容量 1588.6MW，年发电量 53.90 亿 kW·h。江西省各河流水电资源可开发量详见表 17.1。

江西省水力资源的分布具有点多面广的特点，装机容量 0.1MW 及以上技术可开发的水电站几乎遍布全省各地，按水系划分以赣江流域年电量最多，占全省的 56.5%，其次是修河、信江、抚河和饶河，分别占 12.4%，12.1%，7.3% 和 4.8%，其他河流占 6.8%。二是水电站以中小型居多，大型电站只有 4 座，总装机容量为 1580MW，占全省的 25.0%，总年电量 41.13 亿 kW·h，占全省的 19.6%。

在技术可开发的电源点中，由于受到河道地形条件的限制，多为中、低水头电站，这些电站调节性能差，保证出力低。因此在河流中上游布置梯级时，应安排具有一定调节能力的"龙头水库"，以便水力资源得到充分利用。

表 17.1　江西省水电资源可开发量统计表

水系名称		合计			单河理论蕴藏量 50MW 及以上河流			单河理论蕴藏量 10MW 及以上河流						单河理论蕴藏量 10MW 及以下河流					
								0.5MW≤装机容量≤50MW			装机容量<0.5MW			0.5MW≤装机容量≤50MW			装机容量<0.5MW		
		座数/座	装机容量/MW	年发电量/(kW·h)	座数/座	装机容量/MW	年发电量/(kW·h)	座数/座	装机容量/MW	年发电量/(kW·h)	座数/座	装机容量/MW	年发电量/(kW·h)	座数/座	装机容量/MW	年发电量/(kW·h)	座数/座	装机容量/MW	年发电量/(kW·h)
赣江水系	干流	33	1 323.2	487 585	7	1295.0	473 400	3	23.2	11 500	23	4.97	2 685						
	支流	1 400	2 021.7	700 121	8	547.0	186 130	196	913.2	315 700	445	108.4	38 015	218	324.4	114 600	533	128.8	45 676
	小计	1 433	3 344.9	1 187 705	15	1 842.0	659 530	199	936.4	327 200	468	113.3	40 700	218	324.4	114 600	533	128.8	45 676
抚河水系	干流	15	193.6	72 452				10	191.6	71 700	5	1.97	752						
	支流	228	216.2	80 299				36	118.1	44 000	51	14.6	5 508	43	61.9	22 300	98	21.6	8 491
	小计	243	409.8	152 751				46	309.7	115 700	56	16.5	6 260	43	61.9	22 300	98	21.6	8 491
信江水系	干流	23	169.6	61 149	1	60.0	18 200	9	106.0	41 600	13	3.65	1 349						
	支流	385	558.9	194 132				107	409.5	140 800	50	15.7	5 936	60	96.0	33 700	168	37.71	3 696
	小计	408	728.6	255 281	1	60.0	18 200	116	515.5	182 400	63	19.3	7 285	60	96.0	33 700	168	37.7	13 696
饶河水系	干流	19	108.3	38 603				13	106.5	38 200	6	1.75	403						
	支流	201	182.6	61 353				42	111.4	37 100	65	19.8	7 248	30	36.5	10 800	64	14.8	6 205
	小计	220	290.8	99 956				55	217.9	75 300	71	21.6	7 651	30	36.5	10 800	64	14.8	6 205
修河水系	干流	54	594.7	120 888	2	480.0	80 640	9	103.1	36 500	43	11.6	3 748						
	支流	402	379.5	140 070				66	248.5	92 200	117	29.3	11 065	52	63.4	23 600	167	38.3	13 205
	小计	456	974.3	260 958	2	480.0	80 640	75	351.6	128 700	160	40.9	14 813	52	63.4	23 600	167	38.3	13 205
鄱阳湖区及以外河流域		347	581.3	144 566	1	360	74 700	23	89.8	30 400	129	48.3	13 343	36	34.7	11 400	158	48.5	14 723
江西省		3 107	6 329.6	2 101 217	19	2742.0	833 070	514	2420.9	859 700	947	260.0	90 051	439	616.9	216 400	1 188	289.8	101 996

资料来源：江西省发展和改革委员会．2006．江西省"十一五"电力发展规划．

由于江西境内各河流水利枢纽工程近一半存在水库区淹没面积损失大、移民过多和其他综合经济指标较差等问题，使全省水电资源后期开发利用相对较困难。

二、煤炭资源

江西含煤地层出露面积 8325km²，占全省总面积的 5%。按成煤地质时代可划分为六个煤系，其中分布最广的是龙潭煤系和安源煤系；按照分布规律，全省煤炭资源可划分为 5 个煤田，即萍乡—乐平煤田、上饶煤田、吉安—洛市煤田、赣南煤田和九江煤田。其中，萍乡—乐平煤田含煤面积最大。这 5 个煤田划分为 20 多个矿区，储量大于 2 亿 t 的中型矿区有丰城、萍乡和乐安，其余均为小型矿区。截止到 2000 年年底，全省累计探明储量为 175 037.4 万 t，其中，基础储量 114 966.3 万 t，资源量 60 071.1 万 t；保有储量资源量为 132 577.4 万 t，其中，基础储量 80 977.5 万 t，资源量 51 599.9 万 t。在资源量中，烟煤占 69.1%，无烟煤占 30.9%。

全省煤炭资源具有以下特点：

（1）煤炭储量资源量偏少，但有一定的地区优势。江西省煤炭累计探明储量资源量 17.5 亿 t，在全国位居第 23 位，约占全国总量的 0.13%。邻近的湖北、湖南、广东、广西、浙江、福建六省（自治区）和苏南、皖南地区都属缺煤地区。在这个区域内，江西省的煤炭储量资源量仅次于湖南省而居第二位，具有一定的近邻地域优势。

（2）相对集中，且分布面广。全省 99 个县（市、区）中 73 个有煤资源，48 个县（市、区）有煤矿开采业。但探明储量中，80% 分布在占全省面积 20% 的浙赣、皖赣铁路附近的赣西、赣中及赣东北区域，即"萍乐拗陷带"内。该带内累计探明储量 15 亿 t，保有储量 12.4 亿 t，分别占全省总量的 85.7% 和 93.5%。各设区市煤炭储量见表 17.2。

表 17.2　江西省分地区煤炭储藏量表

地区	累计探明储量/亿 t	所占比例/%	保有储量/亿 t	所占比例/%
宜春	6.5	37	5.4	40.91
萍乡	5.0	28.6	3.3	24.9
景德镇	2.0	11.4	1.34	10.1
新余	1.4	8.0	1.2	9.0
吉安	0.95	5.4	0.7	5.2
上饶	0.8	4.6	0.6	4.5

续表

地　区	累计探明储量/亿 t	所占比例/%	保有储量/亿 t	所占比例/%
赣　州	0.71	4.1	0.6	4.5
抚　州	0.07	0.4	0.05	0.37
九　江	0.065	0.3	0.04	0.3
南　昌	0.04	0.2	0.03	0.22
合　计	17.5	100	13.26	100

（3）煤质偏差，但煤种齐全。在全省煤炭探明储量中，除褐煤外，气煤、肥煤、焦煤、瘦煤、贫煤和无烟煤均有，且多数为中灰至富灰煤。灰分大于 40% 的有 16 252 万 t，占 12.1%；灰分为 30%～40% 的有 12 779.2 万 t，占 9.5%；灰分为 20%～30% 的有 78 003.1 万 t，占 57.9%；灰分为 10%～20% 的有 25 136.3 万 t，占 18.6%；灰分小于 10% 的有 2524 万 t，占 1.9%。煤炭硫分含量变化较大，大于 3% 的高硫煤占 15.04%。全省共有高灰高硫煤产地 70 处，保有储量资源量 36 376.3 万 t，占 27%，其中，既是高灰又是高硫的为 146.8 万 t。全省分煤种储量见表 17.3。

表 17.3　江西省分煤种煤炭储量表

地　区	累计探明储量/亿 t	所占比例/%	保有储量/亿 t	所占比例/%
气　煤	1.58	9	0.81	6.1
肥　煤	2.0	11.4	1.19	9
焦　煤	3.65	20.9	2.91	22
瘦　煤	2.57	14.7	2.07	15.6
贫　煤	2.26	12.9	1.84	13.9
无烟煤	5.44	31.1	4.43	33.4
合　计	17.5	100	13.25	100

（4）开采技术条件困难。除丰城等少数矿区外，煤田地质构造一般较复杂，褶皱、断裂均较发育，大部分煤层瓦斯含量偏高。从开发的煤矿看，江西省多数煤矿水、火、瓦斯、煤尘、顶板五大灾害齐全。据省属以上煤矿统计，在现有省重点煤矿中，煤与瓦斯突出和高瓦斯矿井占 58%；煤层具有自然发火趋向的占 85%，其中，自然发火期多在 3 个月以内的矿井占 27%，3 个月以上的占 58%；煤尘具有爆炸危险的矿井占 73%。煤层厚度变化大，多数为不稳定和极不稳定煤层。煤层的顶板、底板以粉砂岩、泥岩为主，多数矿井矿压较大，顶板管理较困难。

三、其他能源

（一）核能

江西是全国铀矿资源大省，也是全国的产铀大省。全省共拥有 6 条成矿带和 6 个铀矿田，已探明铀矿床 95 个，铀矿储量占全国 1/3。其特点如下：资源量丰富，分布相对集中。江西已探明的各类铀矿床主要集中分布在赣中、赣南地区的少数县内，其中乐安县、宁都县两地铀资源量占全省资源量的 60％以上。铀矿类型齐全，主要有火山岩、花岗岩、碳硅泥岩和砂岩型四大类矿床。其中火山岩型铀矿具有矿床数量多、规模大、品位高、分布集中的特点。花岗岩型铀矿具有规模大、品位较低、分布集中易于浸取的特点。已探明的铀矿大部分属于易采、易水冶类型。用常规法水冶，矿石浸出率达 90％以上。用地表堆浸和地下爆破淋浸法，矿石浸出率可达 80％以上。

（二）风能

江西省整个地势南高北低，由四周向中心缓缓倾斜。形成一个以鄱阳湖平原为底部的不对称的巨大盆地。东、南、西三面群山环抱，峰峦重叠，山势峻拔；中部丘陵、盆地相间；北部地面开阔，平原坦荡，河湖交织。因江西在南岭以北，长江以南，纬度偏低，距海也不远，故形成了江西的特色气候，冬季常受西伯利亚（或蒙古）冷高压影响，盛行偏北风，夏季多为副热带高压的控制，盛行偏南风，若有台风影响，则刮强烈的北风。受地形和气候的共同影响，江西省风能资源主要富集于鄱阳湖区，其他地方除局部地形及高山山地风能较好外，都属于风能贫乏区。

2004 年江西省发展与改革委员会组织有关单位开展了江西省风能资源研究。利用江西省各气象站气象资料与各地区短期测风资料，对江西省风能资源作了较全面的分析和评价，2006 年编制了《江西省风能资源评价》，其主要成果如下：江西省风能资源总储量约为 6000 万 kW，技术可开发量约 230 万 kW；受地形和气候共同影响，江西省风能资源主要富集于鄱阳湖区域，尤其是鄱阳湖北部区域，从湖口到永修的松门山、吉山约 70km 长的湖道两侧以及湖中部分岛屿，其次是庐山山地和鄱阳湖湖道浅滩。鄱阳湖区域广阔，开发规模巨大，可以集群安装风机，因此成为江西省最具开发前景的风电场；尚有部分高山区域有一定的风能资源。

（三）太阳能

江西省年太阳总辐射量为 3976.5～4827.3MJ/m²，在全国太阳能资源利用区划中属太阳能可利用区。境内赣北、赣南各有一强辐射中心，辐射量大于 4654MJ/（m²·a）。但总体而言，太阳能资源仍比较贫乏：一是太阳能资源年总量属于资源较贫带；二是江西省日照时数≥6h 的最多与最少天数比值为 24，属于太阳能不易利用地区；三是江西省月平均气温≥10°C 期间，日照时数≥6h 的天数，每年有 150～200 天，属于日间太阳能利用时数较少的地区。

但是，江西省太阳能资源有一个特点，即存在一个相对集中的高值期和高值区。在鄱阳湖东北部是太阳能高值区，有些县的每年太阳总辐射量为 4600～4900MJ/m²，是全国太阳能利用区划中较丰富区；而下半年是一年中的高值期。这时期太阳能资源与太阳能丰富区相当，部分地区太阳辐射排位在全国名列前茅，具有开发利用的潜力。

（四）地热能

江西省地处环太平洋地热带东南地区的西北缘，是我国温泉分布较多的省份之一。据统计，省内有地热温泉 100 多处。全省地下热水流量合计为 57 999m³/d。地热温泉的天然放热量约为 199 748×10⁷J/a，折合标准煤为 68 156t。但由于江西省温泉水温不高，发电效益不大。

（五）生物质能

江西处于北回归线附近，为亚热带湿润气候，全年气候温暖，日照充足，雨量充沛，无霜期长，十分有利于农林作物生长，是我国粮食、油料主产区，也是生物质能蕴藏较丰富的省份。

第二节 江西"五河一湖"能源消费状况

一、能源贫乏

江西是我国能源资源十分贫乏的地区之一，常规能源只有煤炭和水力，缺油、少气，其中已探明的煤炭储量约18.7亿t，保有储量13.9亿t，占全国总储量的0.13%。但煤炭生产量占全国的0.93%左右，煤炭已开发利用的占70%以上，储采比率偏高，后备储量严重不足。

从石油工业看，江西原油加工企业的原材料完全依赖进口，由于国际原油价格的不断攀升，使下游加工生产企业举步维艰。2007 年和 2008 年中国石化股份有限公司九江分公司分别亏损 3.2 亿元和 24.4 亿元。

从电力工业看，近年来，国内发电燃料价格不断上涨，使江西电力生产企业发电成本大幅上升，产出的电力竞价能力弱，价格疏导空间不断萎缩，新增机组电力价格倒挂，原有机组也无法按照已批价格和测算上网电量来兑现执行，致使省内电力公司大多亏损，少数盈利的发电企业的盈利水平也很低。此外，水、火电送配电结构也不够平衡。江西供电系统主电网负荷较低，50 万 V 的变电站不多；可开发的水力资源仅占全国的 1%，且低水头、大流量的占多数，开发难度相应加大，近期水电的开发和水力发电量难有大的增长。

二、能源生产结构以煤炭为主，过度依赖煤炭日趋严重

从能源生产结构看，长期过度依赖煤炭，而且比例还在不断扩大。2008 年，全省原煤生产量在一次能源结构中所占比例为 87.2%，比 2007 年提高 0.1 个百分点，比 2005 年提高 4.9 个百分点，水电这种清洁型能源比例不断缩小（表17.4）。江西不产原油、天然气、地热、核电、风电等清洁能源，能源供应过度依赖煤炭，将会不断加重环境和运输的压力。

表 17.4　1995～2008 年江西省能源生产和消费状况

年份	能源生产总量/ 万 t 标准煤	占能源生产总量的比例/%				能源消费总量 /万 t 标准煤	占能源消费总量的比例%			
		原煤	原油	天然气	水电		原煤	原油	天然气	水电
1995	1868.8	88.0	—	—	12.0	2391.7	79.8	10.0	—	10.2
1996	1573.2	88.5	—	—	11.5	2154.7	78.4	12.0	—	9.6
1997	1410.0	83.7	—	—	16.3	2132.4	75.2	12.9	—	11.9
1998	1394.7	78.6	—	—	21.4	2028.4	73.3	16.3	—	10.4
1999	1154.5	85.7	—	—	14.3	2123.3	73.6	17.8	—	8.7
2000	1293.2	76.1	—	—	23.9	2505.0	70.5	17.3	—	12.2
2001	1242.7	71.0	—	—	29.0	2628.0	71.5	17.0	—	11.5
2002	1252.2	77.0	—	—	23.0	2933.0	68.7	21.8	—	9.5
2003	1450.4	71.7	—	—	17.5	3426.0	74.5	22.2	—	3.2
2004	1730.4	79.7	—	—	20.3	3814.0	72.6	16.9	—	10.5
2005	2101.5	82.3	—	—	17.7	4286.0	72.4	17.2	0.0	10.5
2006	2268.5	83.5	—	0.1	16.4	4660.1	73.2	16.9	0.2	8.0
2007	2271.0	87.1	—	0.3	12.6	5053.8	75.9	15.5	0.3	5.7
2008	2390.6	87.2	—	0.2	12.7	5375.8	73.8	14.8	0.6	5.6

三、能源对外依存度高，50%靠外省调入

由于江西仍属于能源资源欠缺省份，一次能源生产量远不能满足自身能源消费要求，外购数量越来越大。自 2000 年江西能源调入量首次突破千万吨标准煤以来，随着国民经济快速发展，对能源的消费也在不断增加，能源供需缺口呈逐年扩大之势。2008 年，全省从省外调入的能源总量（含进口量）为 3424.51 万 t标准煤，比上年增长 0.3%，比 2005 年增长 35.8%；扣除调出能源总量 701.14万 t 标准煤，全省净调入能源量为 2723.37 万 t 标准煤，占全省能源消费总量50.7%。江西原油和天然气完全依赖外购，煤炭的自给率也只有 60%左右。由于资源自给率低，高度依赖外部市场，能源风险将随着需求量的增加而增加。一旦国内、国际任何一个环节供给趋紧，能源的市场风险立刻显现。

四、高耗能行业为主的产业结构决定经济结构

从江西省经济发展情况看，工业化进程加快，并且全面进入了重化工业加速发展期。从产业结构上看，有两个突出特点：一是工业占国民经济比例大。2008年，工业增加值占 GDP 的比例为 43.5%，其中，规模以上工业增加值占 GDP的比例为 40.1%，分别比 2005 年提高 7.6 个和 18.4 个百分点。二是工业内部主导行业以高耗能行业为主且集中度高。2008 年江西省 37 个工业大类行业中处前七位的高耗能行业，煤炭采选，石油加工、炼焦，化学原料及化学制品，非金属矿物制品，黑色金属冶炼及压延，有色金属冶炼及压延，电力、热力的生产和供应业。这七大行业的能源消耗量占全部工业能源消费的 87%，其能耗的增减变化影响了全省能源消费总量的规模和速度（表 17.5）。

表 17.5　2008 年江西省工业企业（分行业）能源消费情况

行业类别	能源消费量/万 t标准煤	煤炭消费量/万 t	电力消费量/（亿 kW·h）	能源消费量所占比例/%	煤炭消费量所占比例/%	电力消费量所占比例/%	单位工业产值能源消费量/（kg 标准煤/万元）
煤炭开采和洗选业	264.39	402.74	10.64	6.59	8.01	2.82	1453.5
黑色金属矿采选业	26.80	6.77	4.43	0.67	0.13	1.17	265.5
有色金属矿采选业	39.40	16.10	7.36	0.98	0.32	1.95	239.7
非金属矿采选业	46.12	20.53	4.61	1.15	0.41	1.22	586.2
农副食品加工业	31.71	21.25	3.27	0.79	0.42	0.87	76.2
食品制造业	67.96	86.62	2.80	1.69	1.72	0.74	429.8

续表

行业类别	能源消费量/万 t 标准煤	煤炭消费量/万 t	电力消费量/(亿 kW·h)	能源消费量所占比例/%	煤炭消费量所占比例/%	电力消费量所占比例/%	单位工业产值能源消费量/(kg 标准煤/万元)
饮料制造业	22.25	23.13	1.50	0.55	0.46	0.40	191.3
烟草制品业	3.33	1.42	0.52	0.08	0.03	0.14	36.3
纺织业	59.56	30.01	9.24	1.49	0.60	2.45	170.5
纺织服装、鞋、帽制造业	9.57	4.73	1.22	0.24	0.09	0.32	51.8
皮革、毛皮、羽毛（绒）及其制品业	6.95	1.86	1.33	0.17	0.04	0.35	61.4
木材加工及木、竹、藤、棕、草制品业	38.30	10.11	6.92	0.95	0.20	1.83	268.9
家具制造业	2.92	1.04	0.52	0.07	0.02	0.14	85.8
造纸及纸制品业	79.40	78.19	10.97	1.98	1.56	2.90	679.3
印刷业和记录媒介的复制	5.43	0.97	1.28	0.14	0.02	0.34	79.1
文教体育用品制造业	3.68	0.71	0.88	0.09	0.01	0.23	108.3
石油加工、炼焦及核燃料加工业	202.82	333.64	5.26	5.06	6.64	1.39	622.0
化学原料及化学制品制造业	279.72	224.85	28.89	6.97	4.47	7.65	495.6
医药制造业	42.29	33.24	3.71	1.05	0.66	0.98	125.2
化学纤维制造业	44.85	47.24	3.88	1.12	0.94	1.03	946.2
橡胶制品业	11.92	7.78	1.38	0.30	0.15	0.37	254.5
塑料制品业	12.06	1.86	2.80	0.30	0.04	0.74	111.6
非金属矿物制品业	880.94	870.97	56.27	21.96	17.32	14.90	1341.7
黑色金属冶炼及压延加工业	1161.87	573.32	63.27	28.97	11.40	16.75	1343.7
有色金属冶炼及压延加工业	228.36	62.46	42.11	5.69	1.24	11.15	111.4
金属制品业	20.64	4.50	4.25	0.51	0.09	1.13	125.3
通用设备制造业	13.50	5.35	2.25	0.34	0.11	0.60	85.1
专用设备制造业	6.34	1.98	1.21	0.16	0.04	0.32	56.5
交通运输设备制造业	31.87	7.54	3.52	0.79	0.15	0.93	64.4
电气机械及器材制造业	24.07	7.81	4.57	0.60	0.16	1.21	40.3
通信设备、计算机及其他电子设备制造业	5.44	1.70	1.14	0.14	0.03	0.30	29.0
仪器仪表及文化、办公用机械制造业	1.51	0.40	0.29	0.04	0.01	0.08	39.2
工艺品及其他制造业	6.27	1.71	1.28	0.16	0.03	0.34	96.3
电力、热力的生产和供应业	309.02	2134.33	79.17	7.70	42.45	20.96	546.9
燃气生产和供应业	6.51	0.95	1.41	0.16	0.02	0.37	566.8
水的生产和供应业	12.94	0.03	3.56	0.32	0.00	0.94	818.1
总计	4013.91	5028.29	378.33	100	100	100	410.6

第十八章 江西"五河一湖"矿产资源开发利用研究

第一节 江西"五河一湖"矿产资源现状

一、矿产资源现状[①]

江西省有色金属、贵金属和稀有稀土金属矿产资源丰富,在全国占有重要地位。截至 2007 年年底,已发现各种有用矿产 183 种(以亚种计),矿产地 5000 余处,其中探明资源储量的 124 种,已列入矿产资源储量表的 119 种,矿产地 1476 处。对国民经济建设具有较大影响的 45 种主要矿产中,江西省有 36 种,其中保有资源储量居全国首位的有:铜、钽、重稀土、铀、钍、铷、伴生硫、化工用白云岩、麦饭石、黑滑石 10 种,第二位的有钨、铋、银、铌、铯、钼、碲、硒 8 种,第三位的有金、铍、锂、化肥用及制灰用灰岩、玻璃用砂及玻璃用砂岩、海泡石黏土等 12 种。矿产资源具有以下基本特点:

(1)矿产种类丰富,有色金属、贵金属和稀有稀土金属矿产资源优势明显。主要矿产资源保有资源储量:铜占全国总量的 17.91%;黑钨矿(WO_3)占全国总量的 39.62%;重稀土(RE_2O_3)占全国总量的 72.07%;金占全国总量的 8.23%;银占全国总量的 12.25%;钽(Ta_2O_5)占全国总量的 42.73%;铀(金属量)占全国总量的 30%。

(2)主要矿产资源相对分区集中产出,有利于规划布局和规模开发。赣东有铜、金、银、铅锌、铀、钽铌、磷、滑石、膨润土、石膏、化肥用蛇纹石、煤、高岭土、水泥用灰岩等;赣南有钨(黑钨矿)、锡、铋、稀土、萤石等;赣西有煤、铁、钽铌、岩盐、粉石英、硅灰石、含锂瓷石、高岭土等;赣北有铜、钨(白钨矿)、铅锌、金、硫、锑、钼、石煤、水泥用灰岩、饰面板材等。为江西省铜、钨、稀土产业等基地建设提供了重要的资源保障。

(3)有色金属矿床中共伴生有用矿产多,综合利用价值高。铜矿中共伴生的矿种有金、银、硫、镓、铟、硒、碲、砷、钴、铁、铅、锌 12 种,钨矿中共伴生的矿种有锡、铋、钼、铍、钽、铌、稀土 7 种,钽铌矿中共伴生的矿种有锂、铷、铯、高岭土、云母、长石 6 种。

(4)地热、矿泉水分布广,开发利用潜力大。

---

① 江西省国土资源厅.2008.江西省矿产资源总体规划(2008-2015).

（5）大宗用量的矿产资源不足或短缺。石油、天然气、铬铁矿、锰矿、钾盐、铝土矿短缺；煤、富铁矿、富磷矿不足，主要依靠外购或进口解决。

（6）贫矿多，富矿少。铁矿资源储量的 95.20% 为需选矿石，全铁平均品位低于 30% 的矿石占资源储量总量的 71.72%；铜平均品位低于 1% 的占资源储量的 87.14%。

二、江西"五河一湖"矿产资源开发利用现状

（一）矿业成为江西省国民经济的支柱产业之一

截至 2007 年年底，全省共有各类矿山企业 6364 家，年采选矿石 2.2 亿 t，从业人员 28.10 万人。规模以上矿产冶炼加工企业 1808 家，全省规模以上矿业企业及其延伸产业总产值 3547.38 亿元，占全省工业总产值的 57.27%；工业增加值 921.71 亿元，占全省工业增加值的 50.58%；利税总额 351.69 亿元，占全省工业企业利税总额的 57.85%。矿业为江西省国民经济发展作出了重要贡献。

（二）主要矿产品产量不断增长

截至 2007 年年底，全省煤炭、黑色金属、有色金属、化工、建材、盐业六大矿业体系拥有各类规模以上矿产冶炼加工企业 1349 家，2007 年年底全省主要矿产品冶炼加工产能产量较 2000 年有大幅度增长（表 18.1）。

表 18.1　2000~2007 年江西省主要矿产品产量

矿产品名称	单 位	2000 年	2007 年	2007 年比 2000 年增长率/%	年平均增长率/%
原煤	矿石/万 t	1 813.76	2 997.24	65.25	6.32
铁矿石	（成品矿）/万 t	66.44	515.07	675.24	33.99
铜精矿	金属量/万 t	13.76	18.08	31.4	3.98
铅精矿	金属量/万 t	0.98	2.28	132.65	12.82
锌精矿	金属量/万 t	2.09	3.77	80.38	8.79
钨精矿	（WO_3 65%）/万 t	2.82	3.73	32.27	4.08
混合稀土	（RE_2O_3）/t	6 000	15 644	160.73	14.67
萤石	矿石/万 t	31.13	100.15	221.72	18.17
水泥	/万 t	1382	4 956.97	258.68	20.02
黄金	/kg	7 580	15 267	101.41	10.52

(三) 矿产品消费量大幅度上升

近几年江西省经济高速发展, 带来矿产品需求急剧增长 (表 18.2)。

表 18.2　2000~2007 年江西省主要矿产品消费量

矿产品名称	单 位	2000 年	2007 年	2007 年比 2000 年增长率/%	年平均增长率/%
煤	原煤/万 t	2 468.63	5 169.99	109.43	11.14
铁矿石	矿石/万 t	1 110	3 863.26	248.04	19.5
铜精矿	金属量/万 t	19.42	58.28	200.1	17
铅精矿	金属量/万 t	2.02	1.25	−38.12	−6.63
锌精矿	金属量/万 t	0.4	0.36	−10	−1.49
钨精矿	(WO$_3$65%)/万 t	1.93	8.23	326.42	23.02
混合稀土	RE$_2$O$_3$/t	6 000	19 057	217.62	17.95
金	金属量/t	0.95	15.27	1 507.37	48.7
银	金属量/t	30.24	235	677.12	34.03
萤石精矿	(CaF$_2$) 万/t	31.13	92.89	198.39	16.9
水泥用灰岩	矿石/万 t	1175	5 218	344.09	23.74

(四) 矿产品产业链延伸明显

主要矿种矿产品加工转化率显著提高, 精深加工产品、高附加值产品比例增大, 产业链不断延伸。初步形成了以鹰潭为中心的铜采、选、冶炼加工基地; 赣州钨采、选、冶炼加工基地以及稀土矿产品与分离冶炼产品基地; 新余、昌北为中心的硅产业基地。江西省已成为全国重要的铜、钨、稀土、硅材料矿业基地, 产业集聚效应进一步显现。

(五) 资源利用效率进一步提高

全省已开发利用的矿种 93 种, 已开发利用规模以上矿区 1033 处。矿山采矿回采率和选矿回收率平均比 2000 年提高 2%~3%, 其中主要矿产平均采矿回采率煤矿达 80% (薄煤层)、铁 90% (露采)、铜 95% (露采)、钨 85%、锡 80%、钽铌 95%、铅锌 82%、金 81%, 主要矿产平均选矿回收率磁铁矿 71%、其他铁矿 80%、铜 82.5、钨 83%、锡 60%、钽铌 43%、铅锌 50%、金 79%、稀土综合回收率达到80%。大量低品位矿石得到利用，共伴生矿产回收率提高，铜矿达80%、铅锌矿55%、钽铌矿50%、锡矿35%。矿山企业的综合经济效益提高。

三、矿产资源开发利用存在的问题

（一）重要矿产资源保障程度下降

找矿难度加大，地质勘查投入不足，矿产资源勘查相对滞后，重要矿产资源储量新增速度低于消耗速度，矿产保有资源储量逐年下降，保障程度降低，部分矿山，特别是国有大中型矿山面临资源危机。紧缺矿种对外依存度加大。

（二）矿业结构不尽合理，资源综合利用水平有待提高

大中型矿山仅占矿山总数的2.93%，集中度不高。部分矿山企业生产技术和工艺水平落后、生产规模偏小、科技含量偏低，矿产资源利用效率有待提高。重开发、轻保护，采主弃副、采富弃贫、采易弃难、重采轻探、乱采滥挖、破坏资源与浪费资源等现象仍然存在。

（三）矿山地质环境问题仍较突出

矿山环境治理恢复和土地复垦速率低于采矿造成的新增土地破坏速率，因采矿造成的土地破坏仍以每年约40km²的速率增加；矿区地质灾害和矿山环境纠纷案件时有发生；"三废"排放达标率偏低，矿山环境保护管理控制指标难以操作；采矿破坏景观、资源开发污染环境、威胁重要基础设施安全的现象依然存在。

截至2007年年底，全省矿山地质环境综合治理率为33.2%，其中，矿山土地复垦率为14.2%、尾砂库治理率85.3%、排土场治理率51.6%、地质灾害治理率35.4%、采空区隐患消除率50.9%、水土流失治理率为13.5%；全省矿山"三废"排放综合达标率57.7%，其中矿业废渣累计存放量18.37亿t、2007年新增废渣1.47亿t、矿业废渣排放达标率30%、矿业废水年排放量3.6亿t、处理率为74%、循环利用率为78.4%、矿山开采废气排放约占全省工业废气的2.7%、矿山废气排放达标率50%；全省矿山废渣综合利用率11.2%，其中，废石利用率16.5%、矸石利用率41.7%、尾砂利用率2.9%、粉煤灰利用率55%。

第二节 矿产资源开发利用与保护

落实国家区域发展战略，推动矿产资源开发利用与区域经济协调发展。大力推进矿业结构优化升级，挖掘资源潜力，强化综合利用。统筹矿产资源开采，规划不同功能的矿产资源开采区，科学划分开采规划区块，严格控制大中型矿产地的分割开采，促进矿产资源开发利用合理布局。

一、矿产资源开采分区

（一）重点开采区

重点开采区包括大中型矿产地、重点矿区、重要矿产集中分布的区域，包括瑞昌市武山铜硫矿区、九江县城门山铜硫矿区、德兴市铜钼矿区、德兴市银山铜硫矿区、德兴市金山金矿区、东乡县枫林铜矿区、铅山县永平铜硫矿区、贵溪冷水坑银铅锌矿区、赣中新余市铁矿区、崇义淘锡坑钨矿区、崇义八仙脑牛岭茅坪钨锡矿区、宜春市414钽铌矿区、鄱阳县金家坞金矿区、德安县张十八铅锌矿区、万年县虎家尖银金矿区、横峰县葛源黄山—松树岗钽铌矿区等。

主要措施：按照集约化、规模化和整装开发原则要求，实行资源整合和产业整合。引导和支持各类生产要素集聚，加快基础设施建设，保障区内矿产开发必要用地需求。加大开发投入，提高开发强度，扩大开采能力，提升开发利用水平。限制低水平开发企业进入，对区内已有的低水平开发企业和矿业权，采用政府引导、企业运作等市场方式进行整合，实现资源与产业发展的优化配置。

（二）禁止开采区

禁止开采区包括：①省级以上（含省级）自然保护区、风景名胜区、地质公园、森林公园；省级以上（含省级）重点文物保护单位、国家重点保护历史文物和古迹所在地；②铁路、高速公路、旅游专用公路、国道沿线两侧可视一定范围；桥梁、隧道、水利工程设施等重要基础设施周边安全距离内；③城镇、港口、码头、机场周边安全防护距离或者一定直观距离范围，集中式饮用水水源地的一级保护区（或上游1000m、下游100m）范围；④禁止在实行矿产资源储备和保护的矿产地开展矿产资源开发活动。国家及省人民政府规定的其他禁止勘查开采矿产资源的区域。以上禁止开采规划区中的地下水、矿泉水、地热资源除外，但应进行环境影响评估。

主要措施：实行生态环境保护优先、不得新设采矿权，已有固体矿产开采活动有序退出。已建矿山限期予以关闭，采矿权未到期的，给予采矿权人适当的补偿。关闭矿山必须实施矿山环境治理与生态恢复。

（三）限制开采区

限制开采区包括：①国家产业政策限制开采和保护性开采矿种的矿产地，优势矿产资源的矿产地，矿产资源储备保护区；②因采选等技术水平条件所限，当前不能合理利用或不能综合利用的矿产地，或当前技术条件下开采，将造成矿产资源浪费和破坏的暂难合理利用与综合利用的矿产地；③集中式饮用水水源地的二级保护区和准保护区；④鄱阳湖保护区（含近湖湖滨区域），赣江、抚河、信河、修河、饶河五河源头保护区及东江源保护区；⑤地质灾害危险区以及开采活动会造成严重环境破坏或危害的区域；⑥国家和省政府规定限制开采矿产的其他区域。

主要措施：坚持资源环境保护优先、适度开发的原则。实行采矿权限量和开采总量控制管理，在规划期内逐步减少矿山数量，保护资源、保护环境。国家和省实行保护性开采的特定矿种，严格限制超量开采；对纳入省资源整合规划的矿区，依法依规实行资源与产业的有序整合。新设采矿权须满足相应的限制条件，提高采选技术准入条件；采矿权到期需办理延续的，须符合采矿权限量控制和资源整合要求。不符合规划要求的已有矿山，限期整改，到期仍达不到要求的，依法注销采矿许可证。

（四）鼓励开采区

鼓励开采区包括：①市场前景好，有较好的流通渠道和后续加工产业的紧缺矿种分布区域；②有较好的开采技术经济条件，易形成规模化经营，开发利用过程中能够有效地控制对生态环境影响的区域；③老少边穷等经济欠发达且具有矿产资源开发潜力的地区。

主要措施：依据法律法规及政策，实行规范、有序、优化管理。鼓励开采市场急需的矿产。采矿权出让方式执行分类分级管理办法，支持为老少边穷等经济欠发达地区的矿产资源开发项目优先配置资源，并享受地方各级政府规定的相关优惠政策。

（五）重要矿产资源储备保护区

矿产资源储备保护区包括分宜县下桐岭钨铋矿、龙南县足洞重稀土矿、龙南县关西稀土矿、寻乌县南桥轻稀土矿区、寻乌县河岭稀土矿、定南县沙头稀土矿、东乡县何坊重晶石矿、临川区青莲山重晶石矿、新余市铁山硫铁矿。矿产资源储备保护区,参照限制开采规划区进行管理。

上述规划分区之外的地区为允许进行矿产资源开采区域。

二、开发利用结构调整与优化

以矿产资源为基础,以市场为导向,以企业为主体,调控开发总量,优化矿产资源产业结构、矿山规模结构、矿产品结构和技术结构,坚持科技创新、规模效益、集约化经营的原则,实现矿产资源合理利用和优化利用。

(一)规模结构调整

大力推进煤、铁、铜、铅锌、钨、稀土、萤石资源的开发整合,调整矿产资源开发利用结构,促进大中型矿山建设,推进矿产资源规模化开采,形成数量适中、规模适度、结构合理的矿山生产布局。培育产业集群,建设重点矿山骨干企业。引导矿山企业通过资源整合,实现规模开采、集约化经营,发挥优良大中型矿山企业的核心作用,实现大、中、小型矿山协调发展。

严格执行新建矿山准入条件,把好审批发证关。矿山开采规模、服务年限必须与矿产资源储量相适应;严禁大矿小开、一矿多开、乱采滥挖;一个矿区原则上只审批一个采矿主体。

(二)矿产品结构调整

适应市场需求,实现低档产品向中高档产品、单一产品向配套产品、低附加值产品向高附加值产品、高耗能(耗材)产品向低耗能(耗材)产品的转化。出口产品由初级产品为主向加工制品为主转换。

(三)技术结构调整

依靠科技进步,推广应用新技术、新工艺、新设备,积极推行清洁生产和先进、适用的采选冶及精深加工技术,淘汰落后设备、技术和工艺,提高资源开发利用技术水平。

（四）产业结构调整与整合

以铜、铅锌、钨、稀土、金、铁、岩盐、萤石等矿产资源产业整合为重点，支持规模大、深加工能力强的优势矿业企业，按照市场机制，采取收购、控股、参股、兼并等多种形式，整合中小矿业企业，提高龙头企业的资源保障程度、深加工能力和综合竞争力。

铜铅锌产业：以优势矿业企业为龙头，整合省内资源开采和冶炼企业，使资源开采和冶炼向优势企业集中。同时支持和鼓励其他投资主体投资铜资源再生利用项目。

钨产业：支持优势矿业企业对省内钨矿和冶炼企业进行整合，发展精深加工。

稀土产业：进一步规范赣南稀土矿山管理体制，控制开采和冶炼分离规模，淘汰落后的冶炼分离能力，促进稀土产业重心向加工应用领域延伸。

黄金产业：对德兴金山金矿区进行整合，以股份制形式联合组建矿业集团。支持有实力、有技术的公司扩大黄金冶炼能力，发展精深加工，逐步推进全省金精矿统一集中冶炼。

铁矿产业：对赣中新余市铁矿进行整合，开展危机矿山深部接替资源勘查，新增铁矿资源储量，提高矿产资源保障能力。

氟化工产业：进一步规范现有萤石矿山的开采秩序，严格控制新增开采能力，引进、培育氟化工龙头企业，扩展后续加工，以将来形成的龙头企业实现萤石矿山整合重组。

盐业及盐化工产业：重点建设樟树、新干、会昌三大盐及盐化工产业基地，集中开采，统一供卤，优化盐资源配置，控制制盐生产规模，延长盐化工产业链，促进基地内盐化工产业体系形成。

三、矿产资源节约与综合利用

（一）提高矿产资源开发利用水平

提高矿产资源开采回采率、选矿回收率，减少储量消耗和矿山废弃物排放。预计至 2015 年江西省主要矿产开采回采率和选矿回收率较 2007 年平均提高 2%～5%。煤矿开采回采率平均保持在 83% 以上；铁矿露天开采回采率平均保持在 95% 以上，坑采平均保持在 85% 以上，选矿回收率磁铁矿平均保持在 75% 以上，其他铁矿平均保持在 85% 以上；铜矿露天开采回采率保持在 95% 以上、坑采回采率保持在 83％以上，选矿回收率平均保持在 85％以上；钨矿开采回采率平均保持在 90％以上，选矿回收率平均保持在 85％以上。

开展低品位铜、金矿开发利用研究，推广应用选矿新技术和新工艺。

鼓励矿山企业研究开发铜、钨、稀土、岩盐、萤石等矿产品深加工技术，延长产业链。

（二）加强矿产资源综合利用

加强低品位、共伴生矿产资源的综合勘查、综合评价与综合利用，查明主矿产、共生和伴生矿产的综合经济价值，合理制订综合开发利用的工业指标。开展矿产资源综合开采、综合利用研究，加强煤层气和煤炭的综合勘查开发，鼓励煤矿瓦斯的综合治理和综合利用，提高矿产资源的综合开发利用水平。新建矿山必须有矿产资源综合利用方案和措施。

开展永平铜矿伴生钨、七宝山铅锌矿伴生钴矿的综合利用研究。

开展丰城、萍乡、乐平等煤层气富集区勘查开发活动，统筹规划，坚持采气采煤一体化。

（三）促进矿产资源领域循环经济发展

坚持"再勘查、减量化、再利用、资源化"和"低开采、高利用、低排放"的原则，以资源节约型、清洁生产型、利废环保型为重点，加强矿山固体废弃物、废水、尾矿资源和废旧金属利用，实施矿产资源领域循环经济示范工程。促进有利于节约资源、保护环境的资源开发利用与矿山发展模式，推进绿色矿山建设。

开展宜春钽铌矿无尾砂及废渣示范工程。利用钽铌矿尾砂及废渣开发陶瓷原料，形成无尾矿矿山。

开展赣南稀土矿尾矿综合利用与开发治理示范工程。以土地复垦为主，发展生态农业及果园。

（四）促进资源型城市可持续发展

认真贯彻落实《国务院关于促进资源型城市可持续发展的若干意见》的政策及要求，支持资源型城市寻求切合实际、各具特色的发展模式，促进资源型城市可持续发展。对资源开采处于增产稳产期的城市，要依据矿产资源规划，鼓励发展循环经济，拓宽资源开发利用领域，提早安排产业结构调整和优化升级，积极培育新兴产业。对资源开采出现衰减的城市，要加强资源综合评价，开发利用好各种共（伴）生资源，充分挖掘本地资源潜力，做好危机矿山接替资源找矿工作，增强资源保障能力，加快产业结构调整步伐，抓紧培育发展接续替代产业。对萍乡、景德镇等资源枯竭型城市以及兴国、大余、定南、龙南、于都等矿业城镇，要认真落实相关政策，积极争取中央财政和省财政的支持，扎实推进资源枯竭型城市的经济转型，尽快形成新的主导产业；加强环境整治和生态保护，认真做好矿山地质环境治理、地质灾害隐患防治以及矿山废弃土地的复垦工作。

第三节　矿山环境保护与治理恢复

按照建设生态文明和环境友好型社会的要求，坚持"采前预防、采中治理、采后恢复"的原则，建立矿山环境保护与治理恢复长效机制。强化矿山环境保护和分区分类治理，区分新建矿山、生产矿山、矿业权灭失矿山和闭坑矿山的不同情况，全面推进矿山环境保护与治理恢复工作，积极推进矿区土地复垦。最大限度地减轻矿业活动对环境和土地的破坏，有计划地实施矿山环境治理恢复和矿区土地复垦工程，促进矿产资源开发与生态建设和环境保护协调发展。

一、矿山环境保护的总体要求

坚持"在保护中开发、在开发中保护"和"谁开发谁保护、谁污染谁治理、谁破坏谁恢复、谁使用谁补偿"的原则。

完善矿山环境法律、法规体系和行政管理体系，实行矿山环境治理和生态恢复保证金制度，增强全社会矿山环境保护意识。

查清矿山地质环境现状，初步建立全省矿山地质环境监测网和矿山地质环境管理信息系统。

历史遗留的矿山环境问题大多数得以解决，重点地区的矿山环境问题得到有效控制，全省矿山环境状况得到明显改善。

对于新建、改扩建矿山，其环境保护要求：严格执行矿山准入条件，实行"环保一票否决制"；矿山生产区须与生活区分离；矿山废弃物排放、选矿水重复利用率、土地复垦率等必须符合规划要求；严格执行矿山环境影响评价制度和地质灾害危险性评估制度；制定矿山环境问题监测方案，对矿山环境问题实行动态监测；制定矿山地质环境保护与治理恢复方案。

对于生产矿山，其环境保护与治理恢复要求：依法实施强制性清洁生产审核制度，废渣、废水循环利用；严格执行矿山土地复垦规定；建立矿山环境监测体系和矿山地质灾害防治预警监测系统；矿山企业提交闭坑报告，矿山环境治理必须符合矿山地质环境保护与治理恢复方案，否则不予审批；依靠科技进步，提高矿产资源开发利用效率。按照循环经济实施减量化、资源化、再循环的基本要求，实现"低开采、高利用、低排放"的开发目标。

二、大力推进矿区土地复垦

（一）严格矿产资源开发利用的土地复垦准入管理

严格落实土地复垦方案审查制度，新建（改、扩建）矿山项目没有土地复垦方案不予受理采矿权申请。严格实施土地复垦方案，采取有效措施，最大限度减少破坏土地面积、降低破坏程度，切实保护耕地特别是基本农田，努力实现边开采、边保护、边复垦。建立土地复垦监管和监测制度，将矿区土地复垦任务完成情况纳入矿山企业年检内容，没有完成土地复垦任务的或没有依法交纳土地复垦费的矿山企业不予通过年检。

（二）积极开展矿区废弃地复垦

坚持"谁破坏、谁复垦"，依法落实土地复垦责任，建立并推进矿区土地复垦费征收使用管理制度。加强土地复垦权属管理，明确复垦土地使用权。对历史遗留矿山废弃土地，逐步建立以政府资金为引导的"谁投资、谁受益"的土地复垦多元化投融资渠道，鼓励各方力量开展矿区土地复垦，确保土地复垦不欠新账，快还旧账。新建、在建矿山开采造成破坏的土地全面得到复垦利用；责任人灭失的矿山废弃地利用程度不断提高。到 2010 年，历史遗留矿山废弃土地复垦率达到 25％以上、到 2015 年达到 30％以上、到 2020 年达到 40％以上。

（三）实施矿区土地复垦重点工程

优先复垦基本农田保护区内被破坏废弃的土地，实施赣南稀土矿、赣南钨矿、赣东北铜金矿、九瑞（九江—瑞昌）铜金矿、赣中铁矿 5 个矿山集中区土地复垦工程，近期安排 69 项，建立土地复垦示范区，加强土地复垦的技术研究和推广应用。到 2015 年，新增土地复垦面积争取达到 6636hm^2。

三、严格实施矿山环境治理和生态恢复保证金制度

(一) 现有矿山地质环境现状评估及环境治理和生态恢复保证金

对现有矿山应进行矿山地质环境现状调查，查明矿山主要环境地质问题及影响程度，制订分期治理方案。矿山企业与国土资源主管部门签订矿山环境治理与生态恢复责任书，存储矿山环境治理和生态恢复保证金。

(二) 新建矿山环境影响评估及矿山环境治理和生态恢复保证金

严格执行矿山环境影响评价制度，新建矿山应向主管部门提交矿山环境影响报告书、矿山地质环境保护与治理恢复方案。依法履行矿山环境治理和生态恢复的义务，在办理采矿登记时应当向办理采矿登记的国土资源行政主管部门作出书面承诺，并按规定存储矿山环境治理和生态恢复保证金。

矿山环境治理和生态恢复保证金，按照"企业所有、政府监管、专款专用"的原则进行管理。矿山企业在完成矿山环境治理和生态恢复任务并验收合格后，返还剩余保证金本金及利息。

未存储矿山环境治理和生态恢复保证金的矿山企业，不予采矿许可登记，不颁发采矿许可证。

四、探索建立矿山土地整理与开发式矿山环境治理恢复新模式

矿山环境治理模式因地制宜，因矿制宜，形式多样。对历史遗留的、矿业权灭失的矿山和闭坑的矿山或废弃的矿山，积极探索市场经济的管理办法，分类转换矿山土地用途，探索矿山土地复垦管理，推动和加快矿山土地治理恢复进程，采用政府引导，吸纳社会资金进行开发式治理，促进矿山土地经营，与土地复垦和发展生态农业有机结合，建立区域性矿山环境治理的示范工程，实现经济效益、社会效益、环境效益相协调，形成矿山环境治理恢复的良性循环，以矿山土地开发利用促进矿山环境的治理恢复。

(一) 开展全省矿山土地资源现状调查

遵循"区域开展、重点突破、解剖典型、控制一般"的原则，依靠当地政府

和国土资源主管部门进行填表调查，对典型矿山进行实地调查与核查，查明全省矿山土地资源现状及开发利用条件，重点查清闭坑矿山土地资源现状及开发利用条件，提出矿山土地用途转换方向和治理恢复意见，为矿山环境开发式治理提供科学依据。

（二）闭坑矿山土地实行分类管理和治理恢复

探索建立矿山土地转换使用制度与模式，调动各方面积极性、引导社会投资矿山环境治理与生态恢复，加速矿山环境治理恢复进程。

对于宜"建"矿山土地，凡是适宜转换为建设用地的矿山土地资源，可由地方政府投资进行矿山土地复垦和环境综合治理，经申请和备案，可按建设用地出让管理规定要求进行"招拍挂"有偿出让土地使用权。

对于宜"农"矿山土地，凡是适宜转换为农业和果业用地的矿山土地资源，可采用多方式、多渠道投资进行矿山土地资源开发整理和环境综合治理，经申请和备案，当地政府可采用协议、承包等方式出让土地使用权和经营权。

对于宜"林"矿山土地，凡是适宜转换为林业用地的矿山土地资源，可采用多方式、多渠道投资进行矿山土地复垦和环境综合治理，经申请和备案，当地政府可采用协议、承包等方式出让土地使用权和经营权。

对于宜"园"矿山土地，对矿业遗迹、地质地貌、历史文化等自然与人文景观资源丰富的矿山，鼓励社会投资开发治理、保护各类遗迹资源、建设矿山公园或旅游园区。对符合条件的矿山，支持当地政府申报建设省级及国家级矿山公园。

对于宜"景"矿山土地，对位于旅游园区、交通干线、城镇边缘的矿山环境，适宜人造景观、景点的，治理恢复工程可与景观塑造相结合。

试行矿山环境治理恢复工程造地鼓励办法，对地方政府投资矿山环境治理恢复工程造地，根据造地数量和质量，由省国土资源主管部门在管理权限范围内给予一定的建设用地指标鼓励。

（三）实施矿山环境治理与生态恢复示范工程

优先安排对人居安全和经济社会发展影响大、危害重、投资少、效益好的老矿山的工程治理。重点安排赣东铜及多金属矿、赣南钨及稀土矿、赣西煤（岩盐、铁矿）、赣北铜金矿等矿产资源重点开发区域内国有大中型危机矿山及闭坑矿山的环境治理和生态恢复。优先安排大余西华山钨矿、信丰龙舌稀土矿、石城钽铌矿、萍乡安源煤矿、瑞昌洋鸡山金矿等不同类型的闭坑或国有老矿山，实施矿山环境与生态恢复示范工程。

第四节　矿产资源开发利用重大工程

为实现地质找矿突破和提高资源保证程度，改善矿业结构和提高矿产开发利用水平，发展高新矿业和促进矿产资源领域循环经济发展，保护地质资源环境和加速矿山环境治理恢复进程等目标，规划实施六项重大工程。

一、矿产资源潜力评价与储量利用调查工程

（1）实施完成全省矿产资源潜力评价和全省矿山储量核查、矿业权核查，科学评价重点矿产资源潜力，核准重要资源储量，查清矿业权设置情况，为矿产资源管理及动态监测提供科学依据和技术基础。

（2）重要矿产资源储备保护工程，规划近期重点开展重稀土为主的矿产地储备保护工程，包括重稀土资源调查评价、储备保护规划、储备保护矿产地边界范围标桩标示建设工程等。

二、重要矿产资源深部找矿工程

（一）主攻以煤、铁、铜、钨为主，兼顾国家和省内急需的其他矿种

煤：江西省煤炭资源形势严峻，可供勘查的矿产地不多。开展深部找矿，寻找埋深1000m以浅、储量500万t以上煤矿，实现找矿突破，是缓解江西省经济社会发展的能源瓶颈问题的有效措施。以萍乐含煤带为重点，进行"三下"找煤预测，进一步优选靶区。启动"三下"找煤，鼓励风险勘查。

铁：主产地新余铁矿田，保有矿石资源储量5亿t，折合铁金属量约1亿t，矿石贫，采掘量大，产铁率低，但大部分矿石可选性良好，现已成为宝贵资源。原勘探深度一般500m以浅，深部资源潜力大，可望实现资源储量翻番，有扩大产业产能的资源潜力条件。规划对矿田开展1∶5万矿产资源调查评价、高精度航空磁测，进一步查明矿田构造。通过矿业权整合，实施深部整体勘查、整装开发，提高铁矿资源保障程度。

铜：保有资源储量1282万t，伴有丰富的硫、金等共（伴）生资源，也是江西省金和发展硫化工业主要资源，铜矿开发是"一举多得"。江西省铜资源潜力较大，主要在已有铜矿山深部边部。贵冶已成为我国乃至世界重要铜冶炼基地，加大铜资源储备、提高铜精矿自给率，有利于赢得第二市场、第二资源。规划实

施铜矿山"探边摸底"增储工程，支持铜业进一步做大做强。

钨：资源蕴藏丰富，由于勘查工作长期停顿，多数主要矿山资源面临危机，且缺少一批规模型接替矿产地。近年钨矿勘查工程和危机矿山勘查，已取得初步成果。规划期内优选一批小而富的钨矿山（黑钨矿）深部评价和寻找隐伏钨矿床，发现一批大型钨矿接替矿山，保持和巩固江西省传统矿业优势，逐步关闭一批小矿，为环境减负。

（二）重要危机矿山接替资源找矿示范工程

目标任务：一是在矿山采掘工程附近开展"探边摸底"探矿工作，扩大矿山近期可采储量；二是在矿山附近外围找矿，扩大保有储量；三是开展矿区外围的找矿评价，为矿山的中长期发展提供新的后备基地。同时，运用成矿系统的新思维，加强矿山外围新矿种、新类型的综合预测与评价；重视金属矿山共生、伴生组分与非金属矿产资源的综合评价和可利用性研究，提高资源利用效益，多途径解决危机矿山的接替资源问题。

三、高新矿业规模开发建设工程

为实现矿产资源开发总量调控、优化结构、延伸产业链、增加大宗矿产品产能产量、出口优势矿产限量增值以及矿业综合经济总量等矿产资源开发利用总体目标。规划推荐实施一批矿产资源开发利用规模产业建设项目，改造传统矿业，提升矿业整体水平与经济效益。

（1）调控矿产资源产业方向，大力发展延伸产业。认真实施好《江西省人民政府关于加强地质工作发展矿业经济的若干意见》、《江西省产业经济"十百千亿工程"实施意见》和江西省人民政府办公厅《关于印发合理利用矿产资源促进矿业经济发展实施意见》的通知，执行好发展矿业经济重点支持产业导向目录，优先为重大产业项目优化配置矿产资源，切实调控矿产资源产业方向、大力发展延伸业，重点支持发展铜、钨、稀土、钽铌、氟盐化工、硅材料及光伏产业等矿产品精深加工业，提升陶瓷、水泥产业水平。

（2）实施一批矿产品产能新建或扩建项目。包括煤、铁、铜、铅锌、硅等矿产采选、冶炼、加工项目，氟、盐、磷化工项目，规模型系列陶瓷产业基地建设项目，新法规模水泥生产线建设项目等。

（3）实施一批矿产品精深加工产业开发建设项目。包括钢材料、铜材料、钨材料、稀土材料、锆铪材料、合金材料、陶瓷材料等新材料及钽铌、钼、银、铅锌等精深加工和产业开发建设。

（4）硅材料及光伏产业集群开发建设工程。依托现有硅材料及光伏产业为基础，充分利用优质硅、盐、萤石等配套矿产资源综合优势，引进高新技术，集中各方力量，支持硅材料及光伏产业规模建设发展，力争在规划期末实现规模产能和销售产值达千亿元的目标。

四、矿产资源领域循环经济示范工程

为切实实现矿产资源节约利用和综合利用目标，促进矿产资源领域循环经济发展，按照"再勘查、减量化、再利用、资源化"原则，引导实施一批节源、节能和综合利用示范工程项目。

（1）矿山废弃物资源化综合利用示范工程。煤矸石资源化利用示范项目，包括煤矸石发电、煤矸石制砖、煤矸石制水泥等综合利用示范项目；高瓦斯煤矿山的煤层气抽采开发利用示范工程项目；大中型金属矿山尾砂资源综合回收利用试验工程项目。

重点支持大中型有色金属矿山尾砂金属元素综合回收及废渣资源化利用项目，开展七宝山尾矿（钴）回收工艺、永平铜矿尾矿中伴生钨矿利用、含锂瓷石稀有金属选矿、磁铁矿尾矿铁回收选矿工艺试验和尾矿综合利用工程试验。

（2）矿业领域水、气、热、废渣循环利用示范工程。包括废水循环利用、尾气处置利用、余热发电、废渣资源化利用等，支持和促进矿产资源领域循环经济发展。

（3）推广应用新工艺技术，淘汰一批落后工艺技术和产能。依据国家产业政策要求，"关停并转"破坏资源、污染环境的采选冶企业及炉窑，淘汰落后工艺技术和产能，推广应用节约资源、节约能源、符合环保的采选冶及炉窑新工艺技术。全面推广应用空心黏土砖生产工艺技术和新型墙体材料。

五、矿山环境保护与治理恢复工程

为促进矿产资源开发与环境保护协调发展，加快江西省矿山环境治理恢复进程，推荐实施五大矿山环境治理恢复重点工程，创新矿山环境治理恢复模式和机制、实施矿山土地整理开发示范工程。

（1）实施矿山环境保护与治理恢复重点工程。例如，赣南稀土矿集中区土地复垦治理工程，赣南钨矿集中区土地复垦治理工程，赣东北铜金矿集中区土地复垦治理工程，九瑞铜金矿集中区土地复垦治理工程，赣中铁矿集中区尾砂治理工程等。

（2）矿山土地整理与开发式治理示范工程。重点支持赣南稀土矿集中区尾砂综合治理与土地开发示范工程。通过开发式治理工程示范，按照"谁投资谁受益、谁恢复谁利用"原则，引导社会资金投资矿山土地整理开发与矿山环境治理恢复，加快全省矿山环境治理恢复进程。

六、矿产资源领域科技创新工程

（1）探索隐伏矿床的成矿理论和成矿模式，开展深部找矿理论、技术、方法等方面的科技攻关，进一步提高江西省深部找矿水平。

（2）完成1∶50万江西省第四代地质系列图系编制，完成《江西省地质资源环境志》编纂；开展低品位、难选冶及尾矿资源综合利用研究。

（3）完善1∶50万地质、地球物理、地球化学、遥感、重砂以及矿产勘查等数据库系统；建设矿产资源规划信息系统。

（4）加强矿产资源管理基础建设，建立以计算机为核心、以网络为平台的矿产资源信息系统，完善管理服务体系，全面提升矿政管理服务水平。

（5）建立重要矿产资源储备制度，逐步对重要矿产资源实施储备。成立以省国土资源主管部门为主、相关部门参加的矿产资源战略储备中心，负责全省矿产资源战略储备管理及日常工作。

第十九章 江西"五河一湖"生态旅游资源开发利用与保护

第一节 江西"五河一湖"生态旅游资源概况

一、生态旅游资源概况

江西"五河一湖"区域，即江西境内鄱阳湖水系全流域，根据自然生态系统的不同特征和经济地域的内在联系，可以将鄱阳湖流域划分为湖体核心区、环湖重点区、"五河"流域区三部分。

江西"五河一湖"区域生态旅游资源丰富，按资源等级划分，该区域拥有世界级、国家级、省级旅游区（点）分别为 6 处、175 处、167 处（附录一）。其中，湖体核心区拥有世界级、国家级、省级旅游区（点）分别为 3 处、19 处、20 处，环湖重点区拥有世界级、国家级、省级旅游区（点）分别为 3 处、83 处、63 处，"五河"流域区拥有国家级、省级旅游区（点）分别为 73 处、84 处。

按生态旅游资源类型划分，江西"五河一湖"区域共有自然生态旅游资源144 处、人文生态旅游资源190 处，其中，地文生态旅游资源、水体生态旅游资源、气候天象生态旅游资源、生物生态旅游资源分别为 54 处、27 处、8 处、55 处，人工自然型生态旅游资源、历史遗迹生态旅游资源、主题公园、非物质文化遗产、综合类人文生态旅游资源分别为 10 处、83 处、17 处、62 处、18 处。

二、旅游资源空间布局

江西省内五条主要河流从东、西、南三个方向注入鄱阳湖，根据江西平面地图的树叶形状，鄱阳湖在流域空间上形成"一叶五脉"的格局。全省主要旅游资源在空间结构上，以"一叶五脉"为依托，形成了条块式分布。

（一）赣江流域形成"三大名城，五大产品，九大景区"的空间分布

赣江沿线的旅游资源主要在以南昌为中心的都市文化带，赣州为中心的客家文化带（含以瑞金为中心的红色故都文化）和以吉安为中心的庐陵文化带（含以井冈山为中心的红色摇篮文化）之中，其突出特色是文化色彩浓厚、山水资源独

具。该区域以三大历史文化名城——南昌、赣州、吉安为中心,形成红色旅游产品、客家文化产品、森林旅游产品、湖泊旅游产品、温泉旅游产品五大产品体系,重点开发井冈山、瑞金、通天岩、陡水湖、南武当山、梅关、青原山、阁皂山、玉笥山九大景区。

(二)抚河流域形成"两个极核,三大重点,七大景区"的空间分布

作为承接区域贸易的干道,抚河沿线孕育了灿烂的临川文化和赣东平原发达的农业文化,形成了临川的才子文化、广昌的白莲文化、南丰的蜜橘文化、南城的麻姑信仰文化和资溪的生态文化等重要旅游资源。抚河流域旅游应主抓临川、南丰两极,形成两端向中间对接的旅游发展态势,以临川才乡旅游、南丰橘乡旅游、广昌莲乡旅游为开发重点,建设广昌驿前古镇、南丰罗俚石蜜橘园、乐安流坑古村、金溪竹桥古村、南城麻姑山、资溪大觉山、宜黄曹山七大景区。

(三)信江流域形成"四种产品,五座名山,六大景区"的空间分布

信江流域沿线分布着众多国内著名旅游目的地,自然风光优美,山岳型旅游资源占主导。信江流域有四种主要旅游产品——山岳型旅游产品、洞穴遗址旅游产品、红色旅游产品、湖泊旅游产品,五座名山——三清山、龙虎山、龟峰、灵山、黄岗山,以及六大景区——上饶集中营、余干康山、铅山鹅湖书院、进贤军山湖、弋阳方志敏故居、广丰天桂岩。

(四)饶河流域形成"两大特色,四种产品,四大景区"的空间分布

饶河流域的两大特色是指景德镇的陶瓷文化特色和婺源的乡村旅游特色。从饶河流域的资源分布来看,以古村旅游产品、陶瓷文化产品、山岳旅游产品、湖泊旅游产品为主,重点开发项目包括婺源古村、瑶里风景区(含浮梁古县衙)、乐平洪源仙境、德兴大茅山四大景区。

(五)修河流域形成"一个中心,三大项目,四大景区"的空间分布

修水沿线已经形成以庐山西海为中心的旅游发展趋势,未来应进一步扩大庐山西海的品牌辐射范围,重点打造庐山西海水上休闲娱乐中心、庐山西海温泉度假中心和共青城高尔夫球场三大旅游项目,建设靖安三爪仑、永修云居山、武宁九岭山、修水黄庭坚纪念馆四大景区。

"五河"流域区集中了江西全省90％以上的旅游资源，旅游资源空间分布比较均匀。除抚河沿线旅游业发展速度较慢外，其他四大流域区旅游业均已初具规模，但目前"五河"流域各旅游区无论是在旅游设施建设，还是在旅游经营管理等方面，均很少考虑本景区如何通过与周边景区的空间联系来优化自身的"软、硬件"建设，景点彼此之间封闭、孤立、分散问题较严重，没有形成紧密的互利互惠的网络关联，使旅游资源的潜在效益未能得到充分发挥。

三、生态旅游资源特点评价

（一）流域生态旅游资源优越

鄱阳湖流域生态旅游资源数量多、类型全、品位高、丰度好、潜力大、组合度佳，按照所获得的各类国家级、省级称号来计算，初步统计有省级以上生态旅游区（点）334处，其中，自然生态旅游资源144处，人文生态旅游资源190处；世界级6处，国家级175处，省级153处；国家级生态旅游资源占资源总数的一半以上，资源的总体品位较高。另外，省级以下的生态旅游资源虽然等级不高，但其中相当一部分也具有较大开发潜力。

（二）"三区"资源分布差异性大

鄱阳湖湖体核心区、环湖重点区、"五河"流域区生态旅游资源分布与组合差异性较大。按资源等级划分，世界级旅游资源主要分布在环湖重点区和湖体核心区，国家级和省级旅游资源主要分布在环湖重点区和"五河"流域区，环湖重点区的国家级资源多于"五河"流域区，"五河"流域区省级资源则多于环湖重点区；按资源类型划分，环湖重点区和湖体核心区的人文生态旅游资源所占比例较大，"五河"流域区自然生态旅游资源所占比例较大；从全区域看，地文生态旅游资源、生物生态旅游资源所占比例较大，人文生态旅游资源中历史遗迹生态旅游资源、非物质文化遗产则占绝大多数。

（三）高品位资源相对集中，组合度好

从资源等级来看，世界遗产、世界地质公园、国际重要湿地、世界瓷都等世界级生态旅游资源全都分布在环湖重点区之内，构成环鄱阳湖国际旅游圈的重要部分；湖体核心区和环湖重点区区域面积占全省面积比例不到1/3，却分布着全省58％的国家级生态旅游资源。高品位旅游资源分布集中，资源组合度好，有

利于生态旅游集中开发。

(四)"山江湖城人"一体——多元空间组合

流域内,生态旅游资源类型齐全,山、江、湖、城、人等的组合体、联合体生态旅游资源多,部分旅游区形成平面、立体、时间等多元空间组合,自然与人文生态旅游资源集于一体,互补性强。流域内生态旅游资源不仅数量丰富,种类多样,类型齐全,而且人均资源拥有量和区域资源拥有量高,具有高丰度构成。

(五)内涵丰富——资源品位高

流域内生态旅游资源具有高品位特征。世界级旅游资源有 4 处,6 个类型,国家级旅游资源有 175 处,占资源总数的 58%,并且大多分布在环湖重点区以内区域,分布相对集中。此外,诸多森林、非物质文化遗产等省级生态旅游资源开发潜力大,是构成未来生态旅游资源的重要部分,也是吸引游客的重要因素。

(六)资源组合配置独特,差异性大

湖体核心区、环湖重点区、"五河"流域区生态旅游资源组合与配置差异性较大。湖体核心区,主要以水体、湿地、渔俗等生态旅游资源为主,旅游设施和基础设施滞后,资源配置缺乏;环湖重点区,主要以山体、乡村、宗教、瓷文化等生态旅游资源为主,拥有众多高品位、高级别资源,资源配置齐全,旅游业发展水平在全省前列;"五河"流域区,主要以森林、红色文化、客家、赣文化等生态旅游资源为主,资源配置较不完善,但是生态旅游开发潜力大。

(七)品质与开发力度不匹配

鄱阳湖流域众多生态旅游资源均分布在偏远山区或湖区,区位条件不佳,内外交通较闭塞,知名度不高,这与其资源品质严重不相匹配。这一问题在湖体核心区和"五河"流域区更加明显,主要是因为地方经济发展水平低下,旅游资源开发力度有限,对外宣传力度弱,进而导致内外交通条件差,旅游资源知名度低,十分不利于当地旅游事业及区域经济社会的可持续发展。

第二节　江西"五河一湖"生态旅游资源综合开发

一、指导思想与战略目标

指导思想：围绕"立足鄱阳湖、面向全流域、对接长珠闽、联结港澳台、融入全球化"的总体战略方针，依托江西鄱阳湖良好生态环境和特色地域文化，充分发挥生态旅游资源优势，加强生态旅游资源与生态环境保护与管理，保障生态旅游业的可持续发展，使生态旅游发展成为江西省旅游业的主导产品，为把江西建成生态旅游大省和生态经济大省创造条件，提高旅游业在生态经济战略中的贡献度。

战略目标：充分发挥鄱阳湖流域生态旅游资源优势，牢牢把握市场机遇，通过 5 年左右时间的努力，力争实现以下四大战略目标，以取得最佳的社会效益和经济效益。

(1) 加强生态旅游资源的保护与开发，开发好一批成熟的生态旅游产品。按照旅游六大要素的要求，高标准搞好重点生态旅游景区和旅游线路的开发建设，把鄱阳湖科普考察生态旅游产品、庐山养生度假生态旅游产品、三清山观光游览生态旅游产品、婺源田园乡村生态旅游产品、龙虎山山水道教生态旅游产品、井冈山探险猎奇生态旅游产品等项目打造成国内一流的生态旅游精品。

(2) 充分发挥鄱阳湖流域生态资源优势，打造有强大市场冲击力的生态旅游品牌。将鄱阳湖打造成中国生态旅游的示范中心，将鄱阳湖、庐山、三清山、龙虎山、婺源、庐山西海、井冈山、仙女湖等地建设成具有影响力和吸引力的生态旅游基地，使"绿色家园"旅游品牌深入人心。

(3) 提升江西旅游产业竞争力，建设成快速增长的生态旅游产业。目前，江西省生态旅游资源开发仍处于初级阶段，旅游开发的专业性、技术性不高，资源向产品转化的进程相对滞后。通过鄱阳湖流域生态旅游产业的发展，推动全省生态旅游接待人数和收入每年以 30％以上的幅度增长，到 2010 年，全省生态旅游接待人数和收入力争均占全省旅游接待总人数和总收入的 1/3 左右；到 2015 年，全省生态旅游接待人数和收入力争均占全省旅游接待总人数和总收入的 40％左右。

(4) 发挥生态旅游综合效益，培育推动经济社会发展的强大动力。充分发挥生态旅游对经济落后地区的社会经济发展的推动作用，延长产业链，形成巨大的人流、物流、资金流、信息流，扩大招商引资，增加就业岗位，促进劳动力转移，加快地区脱贫致富奔小康的步伐。

二、江西"五河一湖"生态旅游资源综合开发的发展战略

(一)"一心五带"掌控战略

从地形地貌上看,鄱阳湖流域形似人的手掌,鄱阳湖湖区即手掌,"五河"即五指,"一心"和"五带"分别指的是鄱阳湖湖体和"五河"流域。鄱阳湖流域生态旅游开发的"一心五带"掌控战略,即以鄱阳湖湖区作为重点开发区域,"五河"生态旅游带为次重点开发区域,掌控和引领整个鄱阳湖流域的生态旅游发展。

(二)"自然人文"并举战略

生态旅游资源包括自然生态旅游资源和人文生态旅游资源。鄱阳湖流域不仅自然生态旅游资源优越,人文生态旅游资源也独具特色,在开发自然生态旅游资源的同时,应大力开发遗址遗迹、民俗风情、传统文化等人文生态旅游资源,对自然和人文生态旅游资源进行有效整合,坚持并举开发战略,相互促进,相互提升。

(三)"五位一体"空间战略

鄱阳湖流域既是一个整体,又可以分解成多个单体或组合。"五位"即流域空间、生态空间、通道空间、城镇空间和乡村空间,"一体"即鄱阳湖流域整体。鄱阳湖流域生态旅游开发既要从流域整体出发,研究形象提炼、资源整合、区域合作,又要从不同空间组合和空间单体的角度,进行分解、分析和总结,这样才有利于整体提炼和整体开发。

(四)"横纵内外"协作战略

鄱阳湖流域涉及范围很广,其生态旅游开发必须从多角度出发进行区域协作。"横纵内外"协作包括:湖体核心区、环湖重点区、"五河"流域区——"三区"旅游协作,广泛开展"三区"内部各县(市)旅游协作,长江中下游跨省旅游协作,"山江湖城"不同类型旅游地旅游协作,旅游产业内部协作,旅游产业与其他产业外部协作等。

三、江西"五河一湖"自然生态旅游资源多维开发

（一）水体、湿地、陆地——生态系统

1. 水体旅游资源开发

水体旅游资源是自然资源的重要组成部分。鄱阳湖流域水资源丰富，有大小河流 2400 多条，总长度 18 400km。同时，湖泊众多，水域辽阔，人均享有水面比全国平均高出 1 倍。

江西"五河一湖"水体旅游资源开发的主要措施有以下几个方面。

合理规划、规范开发。水体资源具有功能多样性特点，既有调蓄防洪、提供工农业水源、繁衍水产、围垦种植、沟通航运之利，又有调节气候、改善生态环境之效益，还有进行旅游观光、休闲娱乐的功能。这些功能互为条件、互相影响、互相制约。因此，在进行水体旅游资源开发，应强调多功能互补互利的原则，在进行旅游开发时，应顾及水体调蓄洪水、发展水产的利益，达到保护生态环境，提高环境质量需要的目的，做到开发与保护并重，经济效益、生态效益和社会效益共同发展，促进水体资源的可持续利用。

建立旅游安全保障体系。安全问题是水体旅游资源开发的生命线。因此，在进行湖泊旅游资源开发时，必须建立旅游安全保障体系。

建立湖泊环境保护体系。水体旅游资源中最重要的和最基本的资源就是清澈纯净的水，水体生态系统是在长期的自然演变中形成的，它是一个完整的生态系统。因此，水体环境保护对水体旅游开发至关重要，必须采取严格的保护措施，加强水体水质保护与治理；加强水体生态环境监测；加强流域内生态环境建设，促进水体旅游资源开发真正实现生态化与可持续化。

2. 湿地旅游资源开发

湿地被誉为"地球之肾"，是自然界最富有生物多样性的生态景观和人类最重要的生存环境之一，具有巨大的环境调节功能和生态效益，对维持自然界的自然生态过程和生态系统平衡起着十分重要的作用。湿地生态旅游是以生态学原则为指针，以具有观赏性和可进入性的湿地作为旅游目的地，对湿地景观、物种、生态环境、历史文化等进行了解和观察的活动。作为一种新兴的旅游形式，湿地生态旅游具有极强的生命力。

江西"五河一湖"湿地旅游资源开发的主要措施有以下几个方面。

加强对现有湿地的保护，对已破坏的湿地进行生态恢复。实践证明，建立自然保护区是保护现有湿地资源的最有效的途径。在对已建立的自然保护区加强管

理的同时,增加湿地保护区的数量,加大经费投入,加强对湿地及湿地生态系统的研究和监测工作,为湿地资源的合理开发和利用提供科学的依据。

着力塑造旅游形象,全面开发系列化旅游产品。湿地生态旅游的开发也需要特色鲜明的旅游形象。在湿地生态旅游区的形象设计上,要着重突出湿地的生态功能及其生物多样性。湿地生态旅游产品的主要类型有:生态观光、休闲度假、科学考察、科普教育及生态美食。其中生态观光中的观鸟活动是湿地最具特色的旅游产品,也是当今世界上最热门的旅游活动之一。

与原有产业相结合,开发新的湿地生态旅游项目。在开发湿地生态旅游的过程中,不应将原有的湿地产业全部废除,而应将旅游业与当地的传统产业相结合,开发出湿地旅游与湿地农业、渔业相结合的旅游项目。

将湿地生态旅游纳入到区域旅游发展规划之中,推动区域协调发展。湿地生态旅游资源基本上都与其他类型的旅游资源并存,应综合考虑区域内旅游资源状况,在地域分工理论的指导下,将其与周边资源共同开发,最终形成整体协调的大旅游区。

加强法律和法规建设,将湿地生态旅游纳入法制化轨道。政府应加强对湿地的保护、利用和管理。

3. 陆地旅游资源开发

第一,山丘森林生态系统。江西省森林资源丰富,森林类型和生物物种十分多样。截止到 2008 年底,全省现有林地面积 953.4 万公顷,森林覆盖率达60.05%,居全国第二位。因此,江西具有开展森林生态旅游得天独厚的资源优势。

江西"五河一湖"山丘森林旅游资源开发的主要措施有以下几个方面。

逐步建立森林旅游组织管理体系。加速推进对森林公园建设保护的地方性法规建设,将森林公园建设和森林旅游工作纳入法制化轨道,做到依法保护、依法建设、依法经营,保障森林公园建设和森林旅游产业持续、快速、健康发展。

加快森林公园和自然保护区建设、发展森林旅游业要有一个全省性的总体发展规划,这是开展森林旅游业并使其健康、快速、持续发展的前提和基础。

全方位、深层次地开发森林旅游产品是扩大市场、提高市场竞争能力和森林旅游经济效益的重要措施。要充分挖掘森林旅游丰富的文化内涵,大力发展特色旅游,提高森林旅游产品质量档次与市场竞争力。

第二,江河源头生态系统。江河源头的自然生态环境非常重要,所以常常被保护得比较好,可以开发为饮水探源旅游项目,对旅游者将产生持久的吸引力,是开展自然探秘游与寻根生态游的好去处。

江西"五河一湖"的江河源头旅游资源开发的主要措施有以下几个方面。

抓好江河源头重点区域的生态防护林建设,积极调整树种、林龄结构,形成层次多样、结构合理、功能完备的生态林体系。

应着重强化水源林保护力度，在江河源头重要生态区强化实施退耕还林工程，提高水土保持和涵养水源的能力。

在江河源头建设一批自然保护区，切实保护野生动植物资源、湿地资源和生物多样性。

合理开发利用生态资源。组织编制生态旅游发展规划，有序开发和合理利用旅游资源，坚决避免过度开发造成的生态环境破坏。

第三，田园农业生态系统。人与自然共同创造的，具有生态美和蕴含着"天人合一"文化内涵的田园、果林、牧场，具有较高的生态旅游价值，是一种对都市人和青少年有特殊吸收力的生态旅游形式。江西是一个农业大省，有着得天独厚的地理优势和自然资源优势。

江西"五河一湖"的田园农业旅游资源开发的主要措施如下所述。

以各地的农业资源为依托，根据江西农业资源的实际情况，综合考虑、合理规划，发展具有特色的农业观光旅游。特别是在区域旅游发展中应突出重点，集中财力，形成特色，开发出具有国际竞争力的名牌旅游产品。例如，发展以樟树的药材种植业、南丰的蜜橘种植业等为主要内容的观光农业旅游。

要实施政府主导型战略，充分发挥旅游主管部门的作用。政府主导是我国旅游业发展的一条重要经验。政府创造条件、营造环境、牵头解决难点问题，要充分认识发展旅游业对带动地方经济的作用，充分认识旅游管理部门的重任。

（二）湖体、环湖、流域系统

1. 湖体生态旅游开发

鄱阳湖是中国最大的淡水湖，它汇聚了赣江、抚河、信江、饶河、修水五大水系，经调蓄后由湖口注入长江，形成完整的鄱阳湖水系。鄱阳湖国家级自然保护区位于鄱阳湖西部，生物多样性非常好，是全球环境基金（GEF）资助的"中国自然保护区管理项目"五个示范保护区中唯一的一个湿地类型的保护区，在国际生物多样性和湿地保护中有着特殊的地位，受到国内外的广泛关注。鄱阳湖湿地的保护代表着我国国际履约形象，其资源的有效保护和合理利用对于保障和促进江西经济社会的可持续发展有着极其重要的作用。同时，鄱阳湖区又是江西经济相对贫困落后的地区，湿地保护和恢复与湖区社会经济发展的矛盾随着退耕还湖的实施越来越突出。经济要发展、群众要脱贫致富，但又不能以破坏生态环境为代价，如何解决这一矛盾是我们面临的重要课题。发展生态旅游，由于不需要大规模投资，不需要进行大规模基础建设，对生态环境破坏较小，不失为解决这一矛盾的有效办法。

鄱阳湖生态旅游资源开发的主要措施如下所述。

鄱阳湖生态旅游开发必须按生态学原则，科学规划，分期实施，把鄱阳湖建设成集自然观光、娱乐休闲、自然保护、科学研究、环境教育、生态旅游于一体的，具有中国特色和全国示范意义的开放型、国际型的综合性生态旅游区，使其成为江西生态旅游发展的重点示范性旅游区。

把鄱阳湖生态旅游区划分为观光游乐区和生态保护区两大部分。观光游乐区以自然观光、休闲娱乐旅游为主，生态保护区以生态保护为主，在严格保护的基础上开展科学考察、环境教育等生态旅游活动。

生态保护区主要涉及鄱阳湖国家级保护区。根据鄱阳湖国家级保护区的具体情况，将保护区分为四个功能区，即核心保护区、生态工程示范区、实验区、游憩密集区。同时，设计一条候鸟观赏游专线。在项目建设上应遵循小规模、低噪声、建设周期短的原则进行。

2. 环湖生态旅游开发

该旅游区的范围涉及 6 个设区市和 22 个县（市），国土面积 4.38 万 km^2，占全国国土面积的 26%。旅游主体功能：按照生态文明与经济文明高度统一的要求，构建生态旅游示范区，开展山岳森林生态旅游活动、乡村生态旅游活动和文化生态旅游活动等。

鄱阳湖环湖区生态旅游资源开发的主要措施如下所述。

在政府主导下建立环鄱阳湖生态旅游协调发展的跨区域管理机构。

建立环鄱阳湖区内无障碍旅游协作机制，提高资源配置效率和旅游产业效益，建立环鄱阳湖区域共同生态旅游市场，规范各地旅行社、饭店、旅游景区、旅游购物商店以及其他相关企业的经营秩序，提升旅游区整体形象，联合规划和管理旅游线路，消除旅游进入障碍，实现无障碍旅游。

完善环鄱阳湖生态旅游交通网络，建设绿色交通基础设施。

统一规划，有序开发生态旅游产品，突出地域特色。吸收国外发展生态旅游的先进经验，结合环鄱阳湖区的实际情况，立足自身优势，做好生态旅游合理规划、有序开发，大力开发独具特色的生态旅游产品。

3. 流域生态旅游开发

鄱阳湖的"五河"流域范围涉及 5 个设区市和 58 个县（市），包括江西境内的赣江、抚河、信江、饶江、修河"五河"流域。旅游主体功能：在以维护全流域生态系统安全为重点，确保全流域生态环境质量不降低的前提下，控制性地开展各种生态旅游活动。

鄱阳湖流域层面生态旅游资源开发的主要措施如下所述。

"五河"流域的上游主要开展江河源头生态旅游活动和森林生态旅游，如武夷山赣江源生态旅游区、九连山生态旅游区、上犹江生态旅游区、井冈山生态旅游区、三清山生态旅游区、武夷山生态旅游区、武功山生态旅游区、九岭山生态旅游区、桃红岭生态旅游区、翠微峰生态旅游区、马头山生态旅游区等。

"五河"流域上游的生态旅游开发应重视生态环境保护与建设，有序开发和合理利用旅游资源，坚决避免过度开发造成的生态环境破坏。

"五河"流域的中下游以湖泊水体生态旅游、田园农业生态旅游为主，注重旅游资源的综合开发与利用。

四、鄱阳湖流域文化生态旅游资源保护与利用

（一）鄱阳湖流域文化生态旅游资源体系

鄱阳湖流域文化生态资源体系可概括为"6＋4"，即6大片具有地域特色的原生态民俗片区加上4个独具特色的行业习俗。

从空间分布上看，鄱阳湖流域文化生态体系由6大片原生态民俗体系构成，即水乡风情、婺源民俗、临川文化、客家乡情、庐陵古风、赣西风情6片具有地域特色的原生态民俗。在旅游开发的定位中，6片原生态民俗中以水乡风情为核心，其余5片为衬托，构成一个"五叶拱蕾"的格局。

此外，4个独具特色的行业习俗也是鄱阳湖流域文化生态体系重要组成部分，即鄱湖渔俗、景德镇瓷俗、樟树药俗、婺源茶俗。

（二）鄱阳湖流域文化生态旅游资源保护

鄱阳湖流域文化生态资源保护是一项系统工程，需要政府主导，多方面协调参与。而且，由于文化生态资源的保护总体上不可能带来很实际的经济利益，更需要各级政府投入资金、人力、物力，才能真正地将这项工作做好。在具体措施上，规划实施"一三六十"工程，以全面保护鄱阳湖流域文化生态资源。所谓"一三六十"工程，是指建立1个文化生态保护试验区，做好3个软性项目，打造60个生态文明村，建设10个生态民俗博物馆。

第三节　江西"五河一湖"生态旅游发展战略

目前江西省旅游综合效益仍较低，一个突出问题就是旅游产业关联带动作用发挥不够。因此，要按照"大旅游、大产业"的指导思想，强化购、娱功能，延

伸产业链，努力形成"食、住、行、游、购、娱"六要素相配套的产业体系。要树立企业观念、产品观念、市场观念、竞争观念、资本观念、产业链观念，不断提高旅游的产业化水平，以企业为主体，增强发展的竞争力；以市场为导向，增强发展的驱动力；以塑造品牌为核心，增强旅游的吸引力；以拉长产业链条为重点，加大对相关产业的带动力；以招商引资为突破口，增强资本运作对旅游发展的支撑力。

总体目标：按照生态系统的发展规律，采取必要生态环境培育和保护措施，保护自然景观、人文景观和生态环境，严格旅游设施建设项目的环境管理，使鄱阳湖流域各类景区（点）水、气、垃圾和噪声等指标达到国家环境质量标准，旅游活动对环境的影响控制在容许范围之内，旅游产业与生态环境实现良性循环。通过5～10年时间的努力，实现鄱阳湖流域生态旅游产品精品化与品牌化，把鄱阳湖湖体核心区打造成为世界知名的生态旅游目的地和国家级重点生态旅游示范区，把环鄱阳湖生态旅游圈打造成为世界精品生态旅游线路和江西省向国内外重点推介的生态旅游品牌。同时，鄱阳湖流域生态旅游成为带动江西省旅游业快速、持续、健康发展的核心力量和提升江西省旅游业竞争力的核心因素。通过鄱阳湖流域生态旅游的发展为鄱阳湖国家级生态经济区建设、为江西生态旅游大省建设贡献力量。

发展布局：江西"五河一湖"生态旅游发展可概括为"一三五、二四七、三六十"总体发展思路。"一三五"：建设鄱阳湖一个核心生态旅游区，环鄱、赣吉、赣西三个重点旅游圈，赣江、修河、抚河、信江、饶河五条流域生态旅游带；"二四七"：鄱阳湖生态经济区生态旅游发展总体规划，要充分发挥"鄱湖"生态形象招徕和"赣鄱"生态产品引导两大作用，努力处理好生态保护与旅游开发、产品数量与品牌质量、流域全局与环湖重点、要素配套与项目支撑四种关系，大力完善吃、住、行、游、购、娱、学生态旅游发展七大要素；"三六十"：紧紧围绕生态旅游发展具有的经济、社会、环境三大效益，系统构建鄱阳湖生态旅游发展的六大体系，生态旅游产品体系、旅游交通体系、旅游节点城镇体系、旅游多维开发体系、旅游空间布局体系、旅游政策支持体系，重点实施鄱阳湖生态旅游发展的十大项目（产品）开发工程，如"鄱湖游轮观光休闲线"经营打造建设工程，"环鄱国际极品旅游圈"推介提升建设工程，"庐山西海国际旅游度假区"整体开发建设工程，"万安湖山水体验旅游区"总体规划建设工程，"井冈革命文化生态示范区"完善配套建设工程，"环鄱湿地候鸟观光科考点"总体布局建设工程，"赣南客家民俗生态旅游带"优化组合建设工程，"赣西山水生态旅游走廊"连线开发建设工程，"抚州自然生态体验休闲地"品牌塑造建设工程，"赣鄱风情大型文娱节目"策划创意建设工程。另外，再加一个"鄱阳湖综合博物馆"大型馆区建设工程。

第二十章 江西"五河一湖"资源承载能力分析
——基于生态足迹理论[①]

第一节 资源承载力概述

资源承载力是指当人类的活动在一定的范围内时，自然环境和自然资源可以通过自我调节和完善来不断满足人的需求的能力。当人类对自然资源和自然环境的需求超过一定限度时，其整个系统就会出现崩溃，这个最大限度就是资源承载力。通常，资源承载力是指一个国家或一个地区资源的数量和质量，对该空间内人口的基本生存和发展的支撑力，是可持续发展的重要体现。

目前在资源承载力研究中存在一些问题，如研究大多侧重于某些单要素的承载力研究，如某些短缺性的水、土地资源、能源等矿产资源承载力研究就是如此。主要问题有：一是这些研究将资源从生态系统中割裂出来，不考虑生态系统的整体效应，最终会使承载力降低；二是侧重于现状的分析，缺乏对资源承载力的动态变化过程及发展趋势的预测研究。资源承载力与人们追求的生活目标密切相关，具有时间性，并且同样数量和质量的资源，在不同需求及技术水平下有不同的承载力。

分析江西"五河一湖"资源承载力，为该区域产业转型，发展生态经济和低碳经济提供理论依据。由于区域资源是一个系统性、整体性的综合体，单一资源承载力，如水资源承载力、土地资源承载力，难以从整体上体现区域资源承载能力，因此本项目基于生态足迹理论，从生态承载力方面，特别是从水域/水资源、耕地/粮食、林地/森林资源、能源等方面系统分析江西"五河一湖"资源承载力，并设置情景预测未来发展趋势，为江西"五河一湖"资源综合利用，发展生态经济和低碳经济，促进区域可持续发展提供理论指导。

第二节 生态承载力概述

一、生态足迹理论

生态承载力是生态系统的自我维持、自我调节能力，也是生态系统所提供的

---

① 本章内容主要参考"江西五大水系对鄱阳湖生态影响研究"（越景柱，2008）的研究报告。

资源和环境对人类社会系统良性发展的一种支持能力（程国栋，2002；高吉喜，2001）。在生态承载力中，资源承载力是基础，环境承载力是关键和约束条件，生态承载力是资源承载力和环境承载力的综合（高鹭和张宏业，2007）。目前，对生态承载力的定量计算，主要方法有自然植被净第一性生产力法、供需平衡法、指标体系法和生态足迹法。

生态足迹法认为，任何已知人口（个人、城市或国家）的生态足迹，就是生产相应人口所消费的所有资源与服务，以及利用现行技术消耗和吸纳这些人口产生的废弃物所需要的生物生产面积（包括陆地和水域）之和。该分析方法始于两个重要假设：①人类可确定其自身所消费的绝大多数资源及所排放废物的数量；②这些量可转化成具有相应生物生产力的土地（或水域）面积。一般将这些"生物生产性土地"（biologically productive land）分为 6 类：①耕地，是指生产农作物的土地；②林地，是指产出木材等产品的土地；③草地，是指畜牧业所用的土地；④水域，是指可提供水产品的水体面积；⑤建筑用地，是指人类修房及铺路占用的土地；⑥化石能源用地，是指固定一定数量太阳能或吸收一定数量 CO_2 的绿色植物（森林）的土地。通过加总这些生物生产性土地面积，即得人类对研究区自然资源总的占用情况（生态足迹）。

二、生态足迹计算方法

生态足迹的总体计算框架如图 20.1 所示。

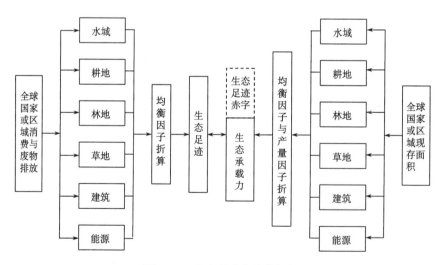

图 20.1　生态足迹的计算框架

进行实际问题分析时，首先需按上述思路计算人类活动所需占用的生态足迹，又称为足迹需求、生态占用等，可将其计算公式称为足迹需求模型，如式（20.1）、式（20.2）所示。

$$EF = N(ef) = N(\sum r_j A_i) \tag{20.1}$$

式中，EF 为研究区人类活动所需占用的生态足迹（hm^2）；N 为人口数；ef 为人均生态足迹（hm^2）；j 为生物生产性土地类型；r_j 为均衡因子，表示某类生物生产性土地潜在的生产力与世界上所有生物生产性土地平均的潜在生产力的比值；i 为消费项目类型；A_i 表示第 i 种消费项目折算的人均生态足迹分量（hm^2），$r_j A_i$ 则表示经均衡处理后的各消费项目对应的统一可比较的人均生态足迹分量（hm^2）。

计算某消费项目所折算的人均生态足迹分量公式见式（20.2）。

$$A_i = C_i / Y_i = (P_i + I_i - E_i) / (Y_i \times N) \tag{20.2}$$

式中，C_i 为研究区第 i 种消费项目的人均消费量（kg）；Y_i 为全球平均产量（kg/hm^2）；P_i、I_i、E_i 分别为第 i 种消费项目的年生产量、进口量及出口量（kg）。

为与生态足迹比较，需求出研究区拥有资源所能提供的所有生物生产性土地面积之和，该和值可称为生态供给，其计算公式称为生态供给模型，如式（20.3）所示。

$$EC = N(ec) = N(a_j \times r_j \times y_j) \tag{20.3}$$

式中，EC 为研究区的生态供给（hm^2）；ec 为人均生态供给（hm^2）；a_j 为人均生物生产性土地面积（hm^2）；y_j 为产量因子，即某地域某类土地的生物生产力与世界该类土地的平均生物生产力水平的比值。

由式（20.1）、式（20.2）计算所得的生态足迹（EF），与按式（20.3）求出的生态供给（EC）相比较。如果一个地区的生态足迹超过了区域所能提供的生态供给（EF＞EC），就会出现生态赤字；如果一个地区的生态足迹小于区域的生态供给（EF＜EC），则表现为生态盈余。生态赤字或生态盈余的大小等于生态供给与生态足迹的差值；生态赤字表明该地区的人类负荷超过了其生态容量，要满足其人口在现有生活水平下的消费需求，该地区需要从本地区之外进口欠缺的资源以平衡其生态足迹需求，或者通过过度消耗自然资本来弥补收入供给流量的不足。这两种情况都说明地区发展模式处于相对不可持续状态，其不可持续的程度用生态赤字来衡量。相反，生态盈余表明该地区生态容量足以支持其人类负荷，地区内自然资本的收入流大于人口消费的需求流，地区自然资本总量有可能得到增加，地区的生态容量有望扩大，该地区消费模式具相对可持续性，可持续程度用生态盈余来衡量。

三、五河流域生态足迹计算参数说明

对江西省赣江、抚河、信江、饶河、修河"五河"流域以及鄱阳湖区足迹需求计算主要由三部分组成,即生物资源消费(农产品、动物产品和林产品)、能源资源消费和调整部分。由于生物资源和能源资源可跨越地区界限进行贸易,在生态足迹计算时必须对它们进行调整,但是各水系研究区均位于内陆地区,经济贸易量不大,对生态足迹的影响很小,故不予考虑。

生物资源的消费计算采用 2004 年中国生物资源平均产量资料[①],各大水系能源足迹部分主要处理了研究区内消费较大的煤炭、石油和电力(数据来源于江西省统计年鉴数据,由于数据的不足采用世界上单位化石燃料生产土地平均发热量为标准,将流域的能源所消费的热量折算成一定的化石燃料土地面积和建筑用地面积)。

为了使生态足迹计算结果符合江西省各大流域实际情况并能对流域的生态土地规划具有一定指导作用,本研究对生态足迹模型进行改进,将生物资源消费和能源消费折算成耕地、林地、园地、草地、建筑用地、水域和化石燃料地七大类。为了确定经济发展和土地利用是否合理,必须将每项生态足迹和生态承载力的计算结果转化为一个可比较的标准,利用式(20.1)在每种生态足迹和生态承载力的生物生产面积前乘以一个均衡因子(权重),进行等量化处理,转化为可比较的生物生产面积。化石能源地、耕地、园地、林地、草地、建筑用地、水域的均衡因子分别选取 0.21、5.25、0.21、0.21、0.09、5.25、0.14(顾晓薇等,2005)。

在计算生态供给(生态承载力)时,由于各国或各地区的各种生物生产面积产出量相差很大,为了使计算结果更加合理,还必须利用式(20.3)进行产量调整。本节产量因子为江西省单位面积的生态生产力与全球平均生态生产力相比较而得到的(江西省社会可持续发展与土地利用结构变化研究)。对于耕地的产量因子,考虑了江西省大部分耕地的复种指数(本研究取 1.8)。

为从微观层面进行分析,引进供给率、需求率、盈亏面积与超载率(盈余率)概念。供给率是指某年某用地的生态供给占该年所有用地生态供给的比率;需求率是指某年某用地的足迹需求占该年所有用地足迹需求的比率;盈亏面积表示某年某用地的生态供给与足迹需求的差值,如果生态供给大于生态需求,盈亏面积即为正值,表示该区域具有生态盈余;如果生态供给小于生态需求,盈亏面积即为负值,表示该区域具有生态盈余;超载率是盈亏面积除以该年该用地生态供给的商值。

---

　　① 江西省省级土地利用总体规划修编前期工作办公室,江西省社会可持续发展与土地利用结构变化研究,2008 年 3 月。

第三节 2000～2008 年"五河"流域及鄱阳湖区生态足迹分析

一、2000～2008 年"五河"流域生态足迹

(一)赣江流域

2000～2008 年赣江流域生态足迹供需情况见表 20.1。该流域耕地、草地及化石能源用地所占的生态足迹份额约为 95%,其中耕地所占的生态足迹达到 80% 以上,说明该流域居民消费主要用于保障基本生活需求。在生态足迹需求方面,该流域的草地需求率变化不大,但是草地的超载率非常高,说明该流域对畜牧业产品的需求远远大于供给;耕地资源的需求率在下降,表明人们的饮食消费结构在逐渐由以农产品为主转而消费更多的其他替代产品;化石燃料需求率在缓慢增大,表明区域的工业化水平在提高,经济在发展。对于耕地、草地和林地超载率变化,耕地和林地的超载率缓慢增长,而草地的超载率在 2002 年急剧变大,这与赣江流域在 2000 年与 2002 年期间草地资源的急剧丧失有关。

表 20.1 2000～2008 年赣江流域生态足迹

土地类型	年份	人均足迹需求/hm²	人均生态供给/hm²	需求率/%	供给率/%	盈亏面积/(hm²/人)	超载率/%
耕地	2000	0.536	0.387	85.2	80.1	−0.149	−38.5
	2002	0.487	0.386	82.8	78.6	−0.101	−26.2
	2004	0.531	0.350	78.9	75.9	−0.181	−51.7
	2006	0.565	0.356	78.1	76.6	−0.209	−58.7
	2008	0.582	0.361	78.1	76.3	−0.221	−61.2
草地	2000	0.038	0.016	6.0	3.3	−0.022	−137.5
	2002	0.043	0.009	7.3	1.8	−0.034	−377.8
	2004	0.052	0.012	7.7	2.6	−0.040	−333.3
	2006	0.054	0.010	7.5	2.2	−0.044	−440.0
	2008	0.055	0.010	7.4	2.1	−0.045	−450.0

续表

土地类型	年份	人均足迹需求/hm²	人均生态供给/hm²	需求率/%	供给率/%	盈亏面积/(hm²/人)	超载率/%
园地	2000	0.002	0.011	0.3	2.3	0.009	81.8
	2002	0.003	0.008	0.5	1.6	0.005	62.5
	2004	0.002	0.008	0.3	1.7	0.006	75.0
	2006	0.002	0.008	0.3	1.7	0.006	75.0
	2008	0.003	0.008	0.4	1.7	0.005	62.5
林地	2000	0.007	0.006	1.1	1.2	−0.001	−16.7
	2002	0.008	0.006	1.4	1.2	−0.002	−33.3
	2004	0.012	0.006	1.8	1.3	−0.006	−100.0
	2006	0.012	0.006	1.7	1.3	−0.006	−100.0
	2008	0.012	0.006	1.6	1.3	−0.006	−100.0
化石燃料	2000	0.034	0.000	5.4	0.0	−0.034	—
	2002	0.034	0.000	5.8	0.0	−0.034	—
	2004	0.061	0.000	9.1	0.0	−0.061	—
	2006	0.074	0.000	10.2	0.0	−0.074	—
	2008	0.077	0.000	10.3	0.0	−0.077	—
建筑用地	2000	0.000	0.022	0.0	4.6	0.022	100.0
	2002	0.000	0.022	0.0	4.5	0.022	100.0
	2004	0.000	0.027	0.0	5.9	0.027	100.0
	2006	0.000	0.029	0.0	6.2	0.029	100.0
	2008	0.000	0.032	0.0	6.8	0.032	100.0
水域	2000	0.012	0.041	1.9	8.5	0.029	70.7
	2002	0.013	0.060	2.2	12.2	0.047	78.3
	2004	0.015	0.058	2.2	12.6	0.043	74.1
	2006	0.016	0.056	2.2	12.0	0.040	71.4
	2008	0.016	0.056	2.1	11.8	0.040	71.4

注：1. 盈亏面积中"一"表示亏缺，下同；2. 超载率中"一"表示超载，下同。

此外，赣江流域工业生产行业的能源消费虽占有一定比例，但仍不是主要消费需求，居民总体生活水平不高。与自身生态供给能力相比，流域的耕地、草地、林地存在亏缺，其中草地亏缺最大，居民使用的草地资源不足，反映了该区居民生活饮食中肉类产量消费量过大并存在着一定程度的水土流失现象。园地面积存在盈余，说明居民食用水果量较少。建筑、水域用地面积也有盈余，原因是当地居民经济技术及生活水平不高、人们对建筑与水域面积的开发与消费不高，一定程度上也反映了流域的水资源量丰富。

（二）抚河流域

2000～2008 年抚河流域生态足迹见表 20.2。

表 20.2　2000～2008 年抚河流域生态足迹

土地类型	年份	人均足迹需求/hm²	人均生态供给/hm²	需求率/%	供给率/%	盈亏面积/（hm²/人）	超载率/%
耕地	2000	0.680	0.502	87.9	81.9	−0.178	−35.5
	2002	0.625	0.497	86.3	82.1	−0.128	−25.8
	2004	0.729	0.582	84.4	84.0	−0.147	−25.3
	2006	0.760	0.468	83.8	81.0	−0.292	−62.4
	2008	0.762	0.465	83.1	80.6	−0.297	−63.9
草地	2000	0.032	0.018	4.1	2.9	−0.014	−77.8
	2002	0.034	0.010	4.7	1.7	−0.024	−240.0
	2004	0.038	0.017	4.4	2.5	−0.021	−123.5
	2006	0.032	0.009	3.5	1.6	−0.023	−255.6
	2008	0.031	0.010	3.4	1.7	−0.021	−210.0
园地	2000	0.005	0.012	0.6	2.0	0.007	58.3
	2002	0.006	0.011	0.8	1.8	0.005	45.5
	2004	0.007	0.011	0.8	1.6	0.004	36.4
	2006	0.009	0.011	1.0	1.9	0.002	18.2
	2008	0.010	0.011	1.1	1.9	0.001	9.1
林地	2000	0.007	0.006	0.9	1.0	−0.001	−16.7
	2002	0.008	0.005	1.1	0.8	−0.003	−60.0
	2004	0.011	0.005	1.3	0.7	−0.006	−120.0
	2006	0.012	0.005	1.3	0.9	−0.007	−140.0
	2008	0.014	0.006	1.5	1.0	−0.008	−133.3

续表

土地类型	年份	人均足迹需求/hm²	人均生态供给/hm²	需求率/%	供给率/%	盈亏面积/(hm²/人)	超载率/%
化石燃料	2000	0.034	0.000	4.4	0.0	-0.034	—
	2002	0.034	0.000	4.7	0.0	-0.034	—
	2004	0.061	0.000	7.1	0.0	-0.061	—
	2006	0.074	0.000	8.2	0.0	-0.074	—
	2008	0.079	0.000	8.6	0.0	-0.079	—
建筑用地	2000	0.000	0.020	0.0	3.3	0.020	100.0
	2002	0.000	0.017	0.0	2.8	0.017	100.0
	2004	0.000	0.020	0.0	2.9	0.020	100.0
	2006	0.000	0.022	0.0	3.8	0.022	100.0
	2008	0.000	0.023	0.0	4.0	0.023	100.0
水域	2000	0.016	0.055	2.1	9.0	0.039	70.9
	2002	0.017	0.065	2.3	10.7	0.048	73.8
	2004	0.018	0.058	2.1	8.4	0.040	69.0
	2006	0.020	0.063	2.2	10.9	0.043	68.3
	2008	0.021	0.062	2.3	10.7	0.041	66.1

抚河流域对耕地需求最大，化石燃料用地需求居中，而对占用草地、园地、林地、建筑地及水域等用地的产品需求较少，说明居民消费主要用于保障基本生活需求，如蔬菜、肉类、蛋奶等生物食品。此外，工业生产行业的能源消费虽占有一定比例，仍不是主要的消费需求，居民总体生活水平不高。在需求率方面，该流域的草地需求率变化不大，耕地资源的需求率在下降，表明人们的饮食消费结构在逐渐由以蔬菜、肉类为主转而消费更多的其他替代产品（水果类等）。由于经济发展特别是工业化发展，该流域的化石燃料需求在逐渐增大。

对于盈亏面积及超载率（盈余率），园地面积存在盈余，起初盈余率很高，以后逐渐以较快速度变小，至2006年很小，表明居民生活饮食中水果类消费量在逐渐增加，人们的生活饮食更趋于均衡。建筑、水域用地面积有盈余，且年际之间变化不大，表明当地居民经济技术及生活水平低下、人们对建筑与水域面积的开发与消费不高，一定程度上也反映了流域的水资源量丰富的事实。流域耕地、草地、林地存在亏缺，表明居民使用的草地资源远远不足，区域仍可能存在着水土流失现象。耕地变化不明显，亏缺和超载率小量增长，林地增长较大。

（三）信江流域

2000～2008 年信江流域生态足迹见表 20.3。与赣江流域和抚河流域相似，信江流域对耕地需求最大，化石燃料需求居中，而对占用草地、园地、林地、建筑地及水域等用地的产品需求较少。该流域的草地需求率变化不大，耕地资源的需求率在下降，能源需求在增大。该流域园地面积、建筑、水域用地面积存在盈余，但变化不大；流域耕地、草地、林地存在亏缺，耕地和林地超载率变化不大，草地资源起初亏缺不大，但在 2004 年却增加到 61.36%，反映了居民随着生活饮食水平的提高，消耗的肉类资源增长很快，也表明居民使用的草地资源远远不足，区域仍可能存在着水土流失现象。

表 20.3　2000～2008 年信江流域生态足迹

土地类型	年份	人均足迹需求/hm²	人均生态供给/hm²	需求率/%	供给率/%	盈亏面积/（hm²/人）	超载率/%
耕地	2000	0.476	0.385	85.3	81.7	−0.091	−23.6
	2002	0.449	0.381	83.9	78.9	−0.068	−17.8
	2004	0.428	0.324	78.7	77.7	−0.104	−32.1
	2006	0.454	0.296	77.3	74.9	−0.158	−53.4
	2008	0.448	0.292	76.3	74.9	−0.156	−53.4
草地	2000	0.026	0.006	4.7	1.3	−0.020	−333.3
	2002	0.027	0.006	5.0	1.2	−0.021	−350.0
	2004	0.027	0.007	5.0	1.7	−0.020	−285.7
	2006	0.027	0.008	4.6	2.0	−0.019	−237.5
	2008	0.026	0.007	4.4	1.8	−0.019	−271.4
园地	2000	0.002	0.009	0.4	1.9	0.007	77.8
	2002	0.002	0.007	0.4	1.4	0.005	71.4
	2004	0.002	0.006	0.4	1.4	0.004	66.7
	2006	0.002	0.006	0.3	1.5	0.004	66.7
	2008	0.002	0.006	0.3	1.5	0.004	66.7

续表

土地类型	年份	人均足迹需求/hm²	人均生态供给/hm²	需求率/%	供给率/%	盈亏面积/(hm²/人)	超载率/%
林地	2000	0.007	0.005	1.3	1.1	−0.002	−40.0
	2002	0.008	0.005	1.5	1.0	−0.003	−60.0
	2004	0.011	0.004	2.0	1.0	−0.007	−175.0
	2006	0.012	0.004	2.0	1.0	−0.008	−200.0
	2008	0.013	0.004	2.2	1.0	−0.009	−225.0
化石燃料	2000	0.034	0.000	6.1	0.0	−0.034	—
	2002	0.034	0.000	6.4	0.0	−0.034	—
	2004	0.061	0.000	11.2	0.0	−0.061	—
	2006	0.074	0.000	12.6	0.0	−0.074	—
	2008	0.080	0.000	13.6	0.0	−0.080	—
建筑用地	2000	0.000	0.023	0.0	4.9	0.023	100.0
	2002	0.000	0.030	0.0	6.2	0.030	100.0
	2004	0.000	0.029	0.0	7.0	0.029	100.0
	2006	0.000	0.031	0.0	7.8	0.031	100.0
	2008	0.000	0.032	0.0	8.2	0.032	100.0
水域	2000	0.013	0.043	2.3	9.1	0.030	69.8
	2002	0.015	0.054	2.8	11.2	0.039	72.2
	2004	0.015	0.047	2.8	11.3	0.032	68.1
	2006	0.018	0.050	3.1	12.7	0.032	64.0
	2008	0.018	0.049	3.1	12.6	0.031	63.3

（四）饶河流域

2000～2008 年饶河流域生态足迹见表 20.4。饶河流域对耕地需求最大，化能用地需求居中，而对占用草地、园地、林地、建筑地及水域等用地的产品需求较少。该流域耕地资源的需求率在下降，能源需求在显著增大，表明区域的工业化水平在显著提高，经济在明显发展。饶河流域的草地需求率也在增大，表明人们的饮食中，肉类资源所占比例在增大。该流域园地面积、建筑、水域用地面积存在盈余，且年际之间变化不大；流域耕地、林地存在亏缺，但其超载率变化不大，草地资源起初有盈余，但后来亏缺极大，反映了居民随着生活饮食水平的提高，消耗的肉类资源增长很快，也表明居民使用的草地资源的不足。

表 20.4　2000～2008 年饶河流域生态足迹

土地类型	年份	人均足迹需求/hm²	人均生态供给/hm²	需求率/%	供给率/%	盈亏面积/(hm²/人)	超载率/%
耕地	2000	0.429	0.353	89.4	74.2	−0.076	−21.5
	2002	0.386	0.342	86.5	72.5	−0.044	−12.9
	2004	0.456	0.313	82.8	66.6	−0.143	−45.7
	2006	0.446	0.356	75.3	69.1	−0.090	−25.3
	2008	0.442	0.349	75.9	67.5	−0.093	−26.6
草地	2000	0.001	0.011	0.2	2.3	0.010	90.9
	2002	0.009	0.006	2.0	1.3	−0.003	−50.0
	2004	0.012	0.014	2.2	3.0	0.002	14.3
	2006	0.047	0.007	7.9	1.4	−0.040	−571.4
	2008	0.032	0.008	5.5	1.5	−0.024	−300.0
园地	2000	0.002	0.008	0.4	1.7	0.006	75.0
	2002	0.002	0.007	0.4	1.5	0.005	71.4
	2004	0.002	0.007	0.4	1.5	0.005	71.4
	2006	0.003	0.006	0.5	1.2	0.003	50.0
	2008	0.003	0.006	0.5	1.2	0.003	50.0
林地	2000	0.007	0.007	1.5	1.5	0.000	0.0
	2002	0.008	0.007	1.8	1.5	−0.001	−14.3
	2004	0.011	0.008	2.0	1.7	−0.003	−37.5
	2006	0.012	0.008	2.0	1.6	−0.004	−50.0
	2008	0.013	0.008	2.2	1.5	−0.005	−62.5
化石燃料	2000	0.034	0.000	7.1	0.0	−0.034	—
	2002	0.034	0.000	7.6	0.0	−0.034	—
	2004	0.061	0.000	11.1	0.0	−0.061	—
	2006	0.074	0.000	12.5	0.0	−0.074	—
	2008	0.082	0.000	14.1	0.0	−0.082	—

土地类型	年份	人均足迹需求/hm²	人均生态供给/hm²	需求率/%	供给率/%	盈亏面积/(hm²/人)	超载率/%
建筑用地	2000	0.000	0.024	0.0	5.0	0.024	100.0
	2002	0.000	0.026	0.0	5.5	0.026	100.0
	2004	0.000	0.032	0.0	6.8	0.032	100.0
	2006	0.000	0.045	0.0	8.7	0.045	100.0
	2008	0.000	0.051	0.0	9.9	0.051	100.0
水域	2000	0.007	0.073	1.5	15.3	0.066	90.4
	2002	0.007	0.084	1.6	17.8	0.077	91.7
	2004	0.009	0.096	1.6	20.4	0.087	90.6
	2006	0.010	0.093	1.7	18.1	0.083	89.2
	2008	0.010	0.095	1.7	18.4	0.085	89.5

（五）修河流域生态足迹

2000～2008 年修河流域生态足迹见表 20.5。该流域对耕地需求最大，化能用地需求居中，而对占用草地、园地、林地、建筑地及水域等用地的产品需求较少。该流域草地需求率变化不大，耕地资源的需求率在下降，同时，能源需求在增大；建筑、水域用地面积有盈余，且年际之间变化不大，园地面积存在盈余，但盈余率在逐渐变小，表明居民生活饮食中水果类消费量在增加。流域耕地存在较明显亏缺，且超载率趋向缓慢变大，反映了居民在解决基本生活需求的基

表 20.5　2000～2008 年修河流域生态足迹

土地类型	年份	人均足迹需求/hm²	人均生态供给/hm²	需求率/%	供给率/%	盈亏面积/(hm²/人)	超载率/%
耕地	2000	0.571	0.464	88.8	76.1	−0.107	−23.1
	2002	0.480	0.376	86.8	66.9	−0.104	−27.7
	2004	0.505	0.361	82.0	66.2	−0.144	−39.9
	2006	0.535	0.416	80.7	72.2	−0.119	−28.6
	2008	0.541	0.412	79.9	70.9	−0.129	−31.3

续表

土地类型	年份	人均足迹需求/hm²	人均生态供给/hm²	需求率/%	供给率/%	盈亏面积/(hm² 人)	超载率/%
草地	2000	0.014	0.015	2.2	2.5	0.001	6.7
	2002	0.014	0.029	2.5	5.2	0.015	51.7
	2004	0.019	0.026	3.1	4.8	0.007	26.9
	2006	0.019	0.012	2.9	2.1	−0.007	−58.3
	2008	0.020	0.015	3.0	2.6	−0.005	−33.3
园地	2000	0.001	0.010	0.2	1.6	0.009	90.0
	2002	0.001	0.006	0.2	1.1	0.005	83.3
	2004	0.002	0.006	0.3	1.1	0.004	66.7
	2006	0.003	0.007	0.5	1.2	0.004	57.1
	2008	0.003	0.007	0.4	1.2	0.004	57.1
林地	2000	0.007	0.012	1.1	2.0	0.005	41.7
	2002	0.008	0.012	1.4	2.1	0.004	33.3
	2004	0.011	0.012	1.8	2.2	0.001	8.3
	2006	0.012	0.011	1.8	1.9	−0.001	−9.1
	2008	0.012	0.011	1.8	1.9	−0.001	−9.1
化石燃料	2000	0.034	0.000	5.3	0.0	−0.034	—
	2002	0.034	0.000	6.1	0.0	−0.034	—
	2004	0.061	0.000	9.9	0.0	−0.061	—
	2006	0.074	0.000	11.2	0.0	−0.074	—
	2008	0.080	0.000	11.8	0.0	−0.080	—
建筑用地	2000	0.000	0.014	0.0	2.3	0.014	100.0
	2002	0.000	0.018	0.0	3.2	0.018	100.0
	2004	0.000	0.019	0.0	3.5	0.019	100.0
	2006	0.000	0.019	0.0	3.3	0.019	100.0
	2008	0.000	0.020	0.0	3.4	0.020	100.0
水域	2000	0.016	0.095	2.5	15.6	0.079	83.2
	2002	0.016	0.121	2.9	21.5	0.105	86.8
	2004	0.018	0.121	2.9	22.2	0.103	85.1
	2006	0.020	0.111	3.0	19.3	0.091	82.0
	2008	0.021	0.116	3.1	20.0	0.095	81.9

础上,生活水平在缓慢提高。2004 年前草地和林地资源存在盈余,直到 2006 年草地和林地资源才出现亏缺。草地超载较大,表明随着生活饮食水平的提高,消耗的肉类资源增长很快。

二、2000~2008 年鄱阳湖区生态足迹

2000~2008 年鄱阳湖区生态足迹的计算结果见表 20.6。2000~2008 年,鄱阳湖区人均生态足迹需求增长较快(主要表现为对耕地的需求),增长幅度达到 40%,均超过"五河"流域的人均生态足迹需求增长水平。该区域人均生态供给保持相对平稳,人均生态赤字逐渐增大。

表 20.6　2000~2008 年鄱阳湖区生态足迹

土地类型	年份	人均足迹需求/hm²	人均生态供给/hm²	需求率/%	供给率/%	盈亏面积/(hm²/人)	超载率/%
耕地	2000	0.552	0.432	84.1	67.1	−0.120	−27.8
	2002	0.529	0.423	83.3	69.3	−0.106	−25.1
	2004	0.655	0.413	80.2	65.1	−0.242	−58.6
	2006	0.716	0.439	78.1	68.4	−0.277	−63.1
	2008	0.708	0.432	76.1	67.2	−0.276	−63.9
草地	2000	0.026	0.013	4.0	2.0	−0.013	−100.0
	2002	0.025	0.012	3.9	2.0	−0.013	−108.3
	2004	0.078	0.019	9.5	3.0	−0.059	−310.5
	2006	0.061	0.020	6.7	3.1	−0.041	−205.0
	2008	0.064	0.020	6.9	3.1	−0.044	−220.0
园地	2000	0.001	0.009	0.2	1.4	0.008	88.9
	2002	0.001	0.008	0.2	1.3	0.007	87.5
	2004	0.001	0.009	0.1	1.4	0.008	88.9
	2006	0.001	0.009	0.1	1.4	0.008	88.9
	2008	0.001	0.009	0.1	1.4	0.008	88.9
林地	2000	0.007	0.002	1.1	0.3	−0.005	−250.0
	2002	0.008	0.002	1.3	0.3	−0.006	−300.0
	2004	0.006	0.002	0.7	0.3	−0.004	−200.0
	2006	0.012	0.002	1.3	0.3	−0.010	−500.0
	2008	0.013	0.002	1.4	0.3	−0.011	−550.0

续表

土地类型	年份	人均足迹需求/ hm²	人均生态供给/ hm²	需求率 /%	供给率 /%	盈亏面积/ (hm²/人)	超载率 /%
化石燃料	2000	0.034	0.000	5.2	0.0	−0.034	—
	2002	0.034	0.000	5.4	0.0	−0.034	—
	2004	0.030	0.000	3.7	0.0	−0.030	—
	2006	0.074	0.000	8.1	0.0	−0.074	—
	2008	0.089	0.000	9.6	0.0	−0.089	—
建筑用地	2000	0.000	0.031	0.0	4.8	0.031	100.0
	2002	0.000	0.022	0.0	3.6	0.022	100.0
	2004	0.000	0.027	0.0	4.3	0.027	100.0
	2006	0.000	0.031	0.0	4.8	0.031	100.0
	2008	0.000	0.032	0.0	5.0	0.032	100.0
水域	2000	0.036	0.157	5.5	24.4	0.121	77.1
	2002	0.038	0.143	6.0	23.4	0.105	73.4
	2004	0.047	0.164	5.8	25.9	0.117	71.3
	2006	0.053	0.141	5.8	22.0	0.088	62.4
	2008	0.055	0.148	5.9	23.0	0.093	62.8

　　鄱阳湖区对耕地需求最大，化石能源用地和水域用地需求居中，而对占用草地、园地、林地及建筑等用地的产品需求较少，说明居民消费主要用于保障基本生活需求，如蔬菜、肉类、蛋奶等生物食品，此外，工业生产行业的能源消费虽占有一定比例，仍不是主要的消费需求，居民总体生活水平不高。

　　鄱阳湖区的草地需求率变化不大，耕地资源的需求率在下降，表明人们的饮食消费结构在逐渐由以蔬菜、肉类为主转而消费更多的其他替代产品（水果类等），同时，流域的化石燃料需求无明显增大，表明区域的工业化水平无显著提高，经济无明显发展。

　　该区域园地面积和水域存在盈余，但盈余率逐渐减少，表明居民生活饮食结构中，水果类消费量在增大，同时，流域水污染地可能在增加。建筑用地面积也有盈余，且年际之间变化不大，表明当地居民经济技术及生活水平低下、人们对建筑面积的开发与消费不高。流域耕地、草地、林地存在亏缺，草地资源起初亏缺不大，但后来亏缺极大，反映了居民随着生活饮食水平的提高，消耗的肉类资源增长很快，也表明居民使用的草地资源远远不足，区域仍可能存在着水土流失现象。耕地和林地的亏缺率也在逐年增大，表明区域随着人口数量的增多，不可避免地存在生态赤字扩大的事实。

三、2000～2008 年"五河"流域及鄱阳湖区生态足迹比较

通过对 2000～2008 年"五河"流域及鄱阳湖区生态足迹的计算表明（表 20.7），对于人均生态足迹需求，抚河流域最大，其次是赣江流域和修河流域，饶河流域和信江流域偏小，说明抚河流域对自然的索取较大，对生态环境的干扰较强。

表 20.7　2000～2008 年"五河"流域及鄱阳湖区生态足迹供需比较

区域	年份	人均足迹需求/ hm²	人均生态供给/ hm²	盈亏面积/ （hm²/人）	超载率/%
赣江流域	2000	0.629	0.483	−0.146	−30.2
	2002	0.588	0.491	−0.097	−19.8
	2004	0.673	0.461	−0.212	−46.0
	2006	0.723	0.465	−0.258	−55.5
	2008	0.745	0.473	−0.272	−57.5
抚河流域	2000	0.774	0.613	−0.161	−26.3
	2002	0.724	0.605	−0.119	−19.7
	2004	0.864	0.693	−0.171	−24.7
	2006	0.907	0.578	−0.329	−56.9
	2008	0.917	0.577	−0.340	−58.9
信江流域	2000	0.558	0.471	−0.087	−18.5
	2002	0.535	0.483	−0.052	−10.8
	2004	0.544	0.417	−0.127	−30.5
	2006	0.587	0.395	−0.192	−48.6
	2008	0.587	0.39	−0.197	−50.5
饶河流域	2000	0.48	0.476	−0.004	−0.8
	2002	0.446	0.472	0.026	5.5
	2004	0.551	0.47	−0.081	−17.2
	2006	0.592	0.515	−0.077	−15.0
	2008	0.582	0.517	−0.065	−12.6

续表

区域	年份	人均足迹需求/ hm²	人均生态供给/ hm²	盈亏面积/ (hm²/人)	超载率/%
修河流域	2000	0.643	0.61	−0.033	−5.4
	2002	0.553	0.562	0.009	1.6
	2004	0.616	0.545	−0.071	−13.0
	2006	0.663	0.576	−0.087	−15.1
	2008	0.677	0.581	−0.096	−16.5
鄱阳湖区	2000	0.656	0.644	−0.012	−1.9
	2002	0.635	0.61	−0.025	−4.1
	2004	0.817	0.634	−0.183	−28.9
	2006	0.917	0.642	−0.275	−42.8
	2008	0.93	0.643	−0.287	−44.6

　　从人均生态足迹需求的增长趋势来看,"五河"流域的人均生态足迹需求均呈增长趋势,其中增长最快的是饶河流域,2000~2008年人均生态足迹需求增长21%,其次是抚河流域和赣江流域,人均生态足迹需求分别增长18%和18%,修河流域和信江流域的人均生态足迹需求基本稳定,2000~2008年仅分别增长5%和5%,说明饶河流域近年社会经济发展较快,对自然的索取和对生态环境的干扰明显加剧。

　　对于人均生态供给,抚河流域和修河流域比较大,其次是饶河流域和赣江流域,信江流域最小,说明抚河流域和修河流域自然生态系统对人类活动的承载能力比较大,而信江流域相对较小。由于人口的增加以及人类活动对自然环境的破坏,各流域人均生态供给总体上呈下降趋势,而饶河流域和修河流域人均生态供给在2004~2006年有较大增加,说明这两个流域在社会经济发展的同时,对自然和生态环境的保育比较好,生态承载力有明显提高。

　　从生态超载率的水平来分析,各流域人均生态需求基本上都大于其人均生态供给,生态超载比较明显,其中赣江流域、抚河流域、信江流域、鄱阳湖区的生态超载率比较高,2008年分别达到了57.5%,58.9%,50.5%,44.6%,并且在2000~2008年呈现不断增长的趋势,应该要引起足够重视,并加强生态环境保护,提高资源利用效率,节约资源和能源。饶河流域和修河流域的生态超载率较低,自然生态环境的承载力相对较好。

　　通过对比分析2008年"五河"流域及鄱阳湖区耕地、草地、林地及水域人均生态需求及生态供给(表20.8),抚河流域及鄱阳湖区对耕地资源的人均生态足迹需求大,而饶河流域相对较小,说明这两个流域居民食物消费中粮食消费占的比例比其他流域更大，生活水平相对较低；抚河流域及鄱阳湖区对耕地资源的人均生态足迹供给也大，而信江流域的耕地资源人均生态供给小，说明这两个流域耕地资源比较丰富，粮食产量也相对较高。从耕地资源的超载率来看，鄱阳湖区、抚河流域、赣江流域及信江流域均超过 50%，区域耕地资源相对紧缺。

表 20.8　2008 年"五河"流域及鄱阳湖区部分土地类型生态足迹供需对比

土地类型	区域	人均足迹需求/hm²	人均生态供给/hm²	盈亏面积/（hm²/人）	超载率/%
耕地	赣江流域	0.582	0.361	−0.221	−61.2
	抚河流域	0.762	0.465	−0.297	−63.9
	信江流域	0.448	0.292	−0.156	−53.4
	饶河流域	0.442	0.349	−0.093	−26.6
	修河流域	0.541	0.412	−0.129	−31.3
	鄱阳湖区	0.708	0.432	−0.276	−63.9
草地	赣江流域	0.055	0.01	−0.045	−450.0
	抚河流域	0.031	0.01	−0.021	−210.0
	信江流域	0.026	0.007	−0.019	−271.4
	饶河流域	0.032	0.008	−0.024	−300.0
	修河流域	0.02	0.015	−0.005	−33.3
	鄱阳湖区	0.064	0.02	−0.044	−220.0
林地	赣江流域	0.012	0.006	−0.006	−100.0
	抚河流域	0.014	0.006	−0.008	−133.3
	信江流域	0.013	0.004	−0.009	−225.0
	饶河流域	0.013	0.008	−0.005	−62.5
	修河流域	0.012	0.011	−0.001	−9.1
	鄱阳湖区	0.013	0.002	−0.011	−550.0
水域	赣江流域	0.016	0.056	0.040	71.4
	抚河流域	0.021	0.062	0.041	66.1
	信江流域	0.018	0.049	0.031	63.3
	饶河流域	0.01	0.095	0.085	89.5
	修河流域	0.021	0.116	0.095	81.9
	鄱阳湖区	0.055	0.148	0.093	62.8

2008 年鄱阳湖区和赣江流域对草地资源的人均生态足迹需求较高，分别为 0.064hm² 和 0.055hm²，而其对应的生态供给只有 0.02hm² 和 0.01hm²，超载比较严重，饶河流域和赣江流域的草地资源超载率分别达到 300% 和 450%，说明"五河"流域及鄱阳湖区的草地资源非常缺乏，相应的乳制品和畜牧产品匮乏。

2008 年各区域对林地资源的人均生态足迹需求基本一致（0.012～0.014hm²），但是人均生态供给却不一样，修河流域林地资源相对丰富，人均生态供给达到 0.011hm²，而鄱阳湖区林地资源匮乏，林地资源人均生态供给只有 0.002hm²，为修河流域的 1/6。对于林地资源的生态超载率，鄱阳湖区达到 550%，也印证了该区域林地资源的匮乏。

由于江西省水资源丰富，水域面积及水产品产量均较高，2006 年各区域对水域资源的人均生态足迹需求均小于其人均生态供给，对水域资源的生态足迹具有盈余。其中鄱阳湖区的水域资源人均生态需求达到 0.055hm²，是饶河流域的 5.4 倍，主要原因是鄱阳湖区以渔业为生的居民比例较大，对渔产品的消费量较多。鄱阳湖流域的水域资源人均生态供给也较其他区域高，达到 0.148hm²。水域资源人均生态供给最低的是信江流域，为 0.049hm²。

由于各区域的耕地资源人均足迹需求所占比例较高，且都存在对耕地资源的生态赤字，保护耕地资源具有重要意义，特别是对于抚河流域及鄱阳湖区，耕地资源人均足迹需求量大，耕地资源保护具有更加重要的意义。对于草地资源，各区域的人均生态供给均较低，生态超载率很高，草地资源产品如乳制品及畜牧业产品需要从外地输入，因此需要提高本地草地资源的利用效率，并且保护好本地的草地资源。

江西省的林地资源和水域资源丰富。各地区水域资源的生态足迹均有盈余，可以进一步发展依托水域资源的相关渔业产品，在保护好水环境的前提下提升水域资源的利用效率和利用价值。虽然江西林地资源丰富，但从各区域林地资源的人均生态足迹需求/供给以及超载率来看，林地资源的生态赤字还比较明显，主要原因是虽然林地面积大，但是森林质量和林分结构都比较差，森林资源的经济效益还未能体现出来，林产品产量比较少，无法满足当地对林产品的需求。

第四节　2015 年、2020 年"五河"流域及鄱阳湖区生态足迹情景分析

一、预测情景设定

对 2015 年、2020 年"五河"流域生态足迹的预测，结合《江西省国民经济

和社会发展第十一个五年规划纲要》要求及我国在中部地区建立资源节约型、环境友好型社会的政策导向,本研究采用情景分析法,设定了如下三种情景进行预测分析。

情景1:到2015年、2020年各流域均按现状发展趋势继续发展下去。

情景2:按照《江西省国民经济和社会发展第十一个五年规划纲要》(以后简称《纲要》)的相关指标发展速率进行下去。例如,《纲要》要求人口自然增长率控制在8‰以内;江西省耕地总量占补平衡;资源利用效率将显著提高,农业综合生产能力进一步提高;城镇人均住房使用面积达到30m²,农村人均居住面积达到35m²;全省森林覆盖率达到63%。

按照该要求,人口增长率在2009~2015年取0.76%,2016~2020年取0.7%;粮食增长率按人口增长的相应比例计算,结果为0.5%。"耕地总量占补平衡",可认为各流域年末实有耕地面积、有效灌溉面积及农作物总播种面积的负增长趋势由于政府采取了适当有效的控制措施,基本得到了制止,即增长率为0。"资源利用效率将显著提高",可假定所需的煤、石油、天然气资源增速有所减缓,各自由原来的11.1%、0.44%、13.1%减少为10%、0.3%和10%。根据"城镇人均住房使用面积达到30m²,农村人均居住面积达到35m²",城镇的人均住房使用面积年均增长率应达0.5%,农村的人均居住面积年均增长率应达0.6%,故选择建设用地年均增长率为0.55%。根据"全省森林覆盖率达到63%",年均增长率应达0.59%,设定各流域林地面积的年均增长率为0.59%。此外,"农业综合生产能力进一步提高",可理解为,通过加强生态建设及进行污染处理,大大增加了各类型土地的生产效率,从而提高了各类型土地的产量因子。提高后产量因子的取值参考《江西省社会可持续发展与土地利用结构变化研究》而获得,耕地、草地、园地、林地、建筑用地和水域用地的产量因子分别为2015年2.16、11.56、0.82、0.19、1.98、8.59;2020年2.869、9.05、0.82、0.22、3.8、11.75。

情景3:节约型发展模式,即根据国家在我国中部地区进行资源节约型、环境友好型社会建设的政策导向而设计的。具体调整指标情况为人口增长率、粮食增长率、建设用地以及林地的年均增长率以及产量因子等仍按情景2要求。此外,该模式设定煤、石油、天然气的增速降为按《纲要》设定的一半。烟叶、奶蛋、木材及毛竹等一些人们次要生活用品的消耗量增速也为按《纲要》设定的一半。同时,年末实有耕地面积、有效灌溉面积及农作物总播种面积,由于政府采取了适当有效的开垦措施,年均按照0.1%的速度增加。

二、2015 年、2020 年"五河"流域和鄱阳湖区生态足迹

(一) 情景 1 的预测结果

按照"情景 1"的条件，计算得到 2015 年、2020 年"五河"流域的生态足迹如表 20.9 所示。计算结果表明，2015 年和 2020 年各区域人均生态足迹需求最大的是均为抚河流域，分别为 1.013hm² 和 1.759hm²；其次是鄱阳湖区，2015 年和 2020 年该区域人均生态足迹需求分别为 0.965hm² 和 1.188hm²。2008～2020 年人均生态足迹需求增长幅度最大的是抚河流域，达到 91.8%，其次是信江流域，为 59.8%。2015 年和 2020 年生态超载率最大的是鄱阳湖区，超载率分别达到 81.7% 和 178.2%，其次是抚河流域，分别为 71.1% 和 144.0%。

表 20.9　2015 年和 2020 年五河流域生态足迹（情景 1）

流域名称	项目	2008 年	2015 年	2020 年
赣江流域	人均足迹需求/hm²	0.745	0.762	0.929
	人均生态供给/hm²	0.473	0.459	0.466
	生态盈余（＋）/赤字（－）/(hm²/人)	−0.272	−0.303	−0.463
	超载率/%	−57.51	−66.01	−99.36
抚河流域	人均足迹需求/hm²	0.917	1.013	1.759
	人均生态供给/hm²	0.577	0.592	0.721
	生态盈余（＋）/赤字（－）/(hm²/人)	−0.340	−0.421	−1.038
	超载率/%	−58.93	−71.11	−143.97
信江流域	人均足迹需求/hm²	0.587	0.625	0.938
	人均生态供给/hm²	0.390	0.396	0.438
	生态盈余（＋）/赤字（－）/(hm²/人)	−0.197	−0.229	−0.500
	超载率/%	−50.51	−57.83	−114.16
饶河流域	人均足迹需求/hm²	0.582	0.556	0.653
	人均生态供给/hm²	0.517	0.486	0.473
	生态盈余（＋）/赤字（－）/(hm²/人)	−0.065	−0.070	−0.180
	超载率/%	−12.57	−14.40	−38.05

流域名称	项目	2008 年	2015 年	2020 年
修河流域	人均足迹需求/hm²	0.677	0.685	0.845
	人均生态供给/hm²	0.581	0.502	0.353
	生态盈余（+）/赤字（-）/(hm²/人)	-0.096	-0.183	-0.492
	超载率/%	-16.52	-36.45	-139.38
鄱阳湖区	人均足迹需求/hm²	0.93	0.965	1.188
	人均生态供给/hm²	0.643	0.531	0.427
	生态盈余（+）/赤字（-）/(hm²/人)	-0.287	-0.434	-0.761
	超载率/%	-44.63	-81.73	-178.22

到 2015 年和 2020 年各流域人均生态足迹需求增长较快，而相应的人均生态供给增长缓慢（如赣江流域、抚河流域和信江流域），甚至减小（如饶河流域和修河流域和鄱阳湖区），使得各流域均存在较大的生态赤字，并且生态赤字均以较快速度增长，特别是鄱阳湖区、抚河流域和修河流域，到 2020 年时期生态超载率将分别达到 178.2%、144.0% 和 139.4%，是一种不可持续的发展模式。

（二）情景 2 的预测结果

根据"情景 2"的条件，计算得到相应的生态足迹如表 20.10 所示。结果表明，各流域的人均生态足迹需求在稳步增长，同时在加强生态建设和提高资源利用效率的条件下，人均生态供给也在稳步增长。但是，赣江流域、抚河流域及信江流域的生态盈余仍存在较大的生态赤字，抚河流域的生态超载率仍较高，2020年其超载率达到 52.7%。而饶河流域、修河流域和鄱阳湖区，在这一情景下发展，到 2015 年和 2020 年均具有生态盈余，亦即其自然生态系统能支撑该流域的社会经济发展，是一种可持续的发展模式。

表 20.10　2015 年和 2020 年五河流域生态足迹（情景 2）

流域名称	项目	2008 年	2015 年	2020 年
赣江流域	人均足迹需求/hm²	0.745	0.694	0.879
	人均生态供给/hm²	0.473	0.582	0.709
	生态盈余（+）/赤字（-）/(hm²/人)	-0.272	-0.112	-0.17
	超载率/%	-57.51	-19.24	-23.98

续表

流域名称	项目	2008 年	2015 年	2020 年
抚河流域	人均足迹需求/hm^2	0.917	0.986	1.684
	人均生态供给/hm^2	0.577	0.812	1.103
	生态盈余（＋）/赤字（－）/(hm^2/人)	－0.340	－0.174	－0.581
	超载率/%	－58.93	－21.43	－52.67
信江流域	人均足迹需求/hm^2	0.587	0.621	0.8111
	人均生态供给/hm^2	0.390	0.502	0.613
	生态盈余（＋）/赤字（－）/(hm^2/人)	－0.197	－0.119	－0.198
	超载率/%	－50.51	－23.71	－32.32
饶河流域	人均足迹需求/hm^2	0.582	0.598	0.675
	人均生态供给/hm^2	0.517	0.643	0.795
	生态盈余（＋）/赤字（－）/(hm^2/人)	－0.065	0.045	0.120
	超载率/%	－12.57	7.00	15.09
修河流域	人均足迹需求/hm^2	0.677	0.659	0.832
	人均生态供给/hm^2	0.581	0.717	0.848
	生态盈余（＋）/赤字（－）/(hm^2/人)	－0.096	0.058	0.016
	超载率/%	－16.52	8.09	1.89
鄱阳湖区	人均足迹需求/hm^2	0.93	0.843	0.88
	人均生态供给/hm^2	0.643	0.724	0.898
	生态盈余（＋）/赤字（－）/(hm^2/人)	－0.287	－0.119	0.018
	超载率/%	－44.63	－16.44	2.00

（三）情景 3 的预测结果

按照"情景 3"的条件，计算得到 2015 年和 2020 年各流域生态足迹如表 20.11 所示。结果表明，抚河流域和信江流域人均生态足迹需求有小幅增长；赣江流域、饶河流域、修河流域和鄱阳湖区人均生态足迹需求均有所下降；而人均生态供给均有大幅度提高，如 2008～2020 年，抚河流域人均生态供给提高了 93%，提高幅度最低的修河流域，在 2008～2020 年人均生态供给也提高了 47%。

表 20.11　2015 年和 2020 年五河流域生态足迹（情景 3）

流域名称	项目	2008 年	2015 年	2020 年
赣江流域	人均足迹需求/hm²	0.745	0.668	0.696
	人均生态供给/hm²	0.473	0.581	0.715
	生态盈余（＋）/赤字（－）/(hm²/人)	－0.272	－0.087	0.019
	超载率/%	－57.51	－14.97	2.66
抚河流域	人均足迹需求/hm²	0.917	0.879	0.999
	人均生态供给/hm²	0.577	0.757	1.113
	生态盈余（＋）/赤字（－）/(hm²/人)	－0.34	－0.122	0.114
	超载率/%	－58.93	－16.12	10.24
信江流域	人均足迹需求/hm²	0.587	0.571	0.611
	人均生态供给/hm²	0.390	0.499	0.618
	生态盈余（＋）/赤字（－）/(hm²/人)	－0.197	－0.072	0.007
	超载率/%	－50.51	－14.43	1.07
饶河流域	人均足迹需求/hm²	0.582	0.542	0.535
	人均生态供给/hm²	0.517	0.654	0.801
	生态盈余（＋）/赤字（－）/(hm²/人)	－0.065	0.112	0.266
	超载率/%	－12.57	17.13	33.21
修河流域	人均足迹需求/hm²	0.677	0.597	0.585
	人均生态供给/hm²	0.581	0.703	0.855
	生态盈余（＋）/赤字（－）/(hm²/人)	－0.096	0.106	0.270
	超载率/%	－16.52	15.08	31.58
鄱阳湖区	人均足迹需求/hm²	0.930	0.832	0.830
	人均生态供给/hm²	0.643	0.743	0.905
	生态盈余（＋）/赤字（－）/(hm²/人)	－0.287	－0.089	0.075
	超载率/%	－44.63	－11.98	8.29

　　按照这一发展模式，2015 年赣江流域、抚河流域、饶河流域和鄱阳湖区仍有较小的生态赤字，信江流域和修河流域具有生态盈余；2020 年各区域均出现生态盈余，流域自然生态系统能支撑其社会经济发展，是一种可持续发展的模式。

　　根据上述三种情景计算得到的各流域生态足迹结果表明，按照现状（情景1）发展下去，形势十分严峻，总的生态赤字不断扩大。通过加强生态建设、提高农业科技创新能力并积极地进行土地利用的综合开发，大大提高了各类型土地的生产效率后（情景2），区域的生态承载力（生态供给）可得到明显提高。仅在这一方面进行努力，各流域的总体生态赤字状况将有所降低，但是仍存在继续扩大的可能（如赣江流域）。只有在增加生态供给能力的同时，流域的生态足迹需求也大幅下降（情景3），才能使得流域的生态供需变化状况满足可持续性发展的要求。

第二十一章 江西"五河一湖"重点区域分析

第一节 重点保护区

"五河一湖"区域的重点保护区，主要是鄱阳湖水体及其湖滨区、五河源头区、大中城市及城镇饮用水水源区、重要的自然保护区、生态公益林区、水源涵养区等。对于重点保护区，应以湖体保护、滨湖控制、生态廊道建设为重点，建立流域综合管理体制，强化宏观管理和综合协调，统筹湖区及流域上下游、干支流的生态建设和环境保护，推进流域综合治理，提高环境容量和生态功能，增强可持续发展能力。

一、湿地保护

采取工程治理与自然修复相结合的方式，加大湿地恢复治理力度，增强净化水质、涵养水源、休养生息的能力。

（1）加强湿地保护与恢复。巩固退田还湖、还泽、还滩成果，实施鄱阳湖湿地生态恢复工程，建立湿地自然恢复区，完善引水设施体系，实施水位和水文周期调节，恢复湿地植被；治理乱堵堰、乱栽树、乱排污，严禁一切破坏湿地的行为。加强柘林湖、仙女湖等库区湿地保护，实施小型湖泊、山塘、港汊、农田、溪流湿地保护工程，禁止非法侵占。加强人工湿地建设，加快湿地动态监测体系和基础数据平台建设，合理建设城市河段、湖泊湿地，提升国家级湿地公园建设管理水平。

（2）加强野生动植物保护。加强候鸟保护，严厉打击非法捕猎、贩运、销售候鸟行为，加快完善候鸟疫病监测防治体系。实施鱼类资源保护工程，落实休渔措施，妥善安排因实施渔业资源养护措施造成生活困难的部分渔民生活；加强鄱阳湖鲥鱼、翘嘴红鲌等国家级水产种质资源保护区的建设与管理，为鱼类洄游、繁殖、生息提供优良场所。严格保护和封育湖区沙洲天然植被，禁止垦荒放牧。加强珍稀濒危野生动物保护，建设鄱阳湖珍稀濒危野生动物救护与繁育中心，重点加强白鹤、江豚、鲥鱼等濒危物种保护，维护种群数量。加强鄱阳湖国家级自然保护区、南矶国家级湿地自然保护区建设和管理，完善国家、省、县三级自然保护区体系，形成生物多样性保护网络。

二、污染防治

坚持防治并举，统筹生产生活、兼顾城市乡村，实行最严格的污染防治政策，全面提高污染防治水平。完善防控监测体系，提高环境监管能力，加快防污治污工程建设，落实污染物排放总量控制制度，加强水功能区监督管理，化学需氧量、氮（总氮或氨氮）、总磷、二氧化硫等主要污染物排放及削减量原则上优于国家要求，并加以分解落实。

（1）加强生活污染防治。加快建设城镇生活污水处理设施，完善管网收集系统，对排放湖泊水库的污水执行更严格的标准。采取分散与集中相结合的方式，积极开展村镇生活污水处理设施建设，率先建成滨湖控制开发带乡镇污水处理设施。科学划定饮用水水源保护区，完善标识与警告设施，严禁设置排污口，严禁可能危害水源功能的开发建设及活动。加快建设城乡生活垃圾处理设施和收集系统，提高固体废弃物减量化、无害化和资源化水平，统筹城乡收运处理体系，因地制宜采取适宜技术和运行机制，推进农村生活垃圾处理，推行"村收集、乡转运、县处理"的城乡垃圾一体化处理模式，到 2015 年所有市县建成城镇生活垃圾处理设施，生活垃圾无害化处理率达到 80％以上。推进县级医疗废弃物集中处置中心建设。

（2）加强工业污染防治。提高产业准入门槛，所有工业企业必须按照国家要求做到持证排污和达标排放，防止产业承接中的污染转移。淘汰工艺落后、污染严重、不能稳定达标排放的生产能力，污染排放不达标或对当地环境影响严重的企业必须实行"关停并转"，建立并实施水污染排放强度大的工业企业退出机制。鼓励工业企业在稳定达标排放的基础上进行深度治理，推行清洁生产。加强"五河"22 个重点污染河段治理，有效削减氨氮、总磷、重金属和高锰酸盐等主要污染物的排放量。加快园区工业废水处理设施和雨污分流系统建设。推进电力、钢铁、有色、化工、建材等重点行业二氧化硫和粉尘防治。加快重点污染企业排污在线实时监测体系和环境监测预警体系建设，加强高污染、高危险物品和放射源安全监管和应急体系建设，加快危险废弃物处置设施建设。

（3）加强农业面源污染防治。推广测土配方施肥技术，鼓励使用有机肥和农家肥；推广生物防治技术，鼓励使用高效低毒低残留农药，减少农药施用量；大力推广高效节水灌溉技术，提高农业水、肥、药的利用效率；合理布局畜禽水产禁养区和集中养殖区，推广畜禽排泄物收集与再利用模式，加大畜禽养殖场改造和大中型沼气工程建设，加强污水和粪便无害化处理，禁止未处理排放；加强水产养殖污染治理，推广生态健康养殖；大力推广秸秆综合利用技术，加强农膜、地膜回收利用，推广使用可降解材料。

三、绿色屏障建设

加强林业、草业生态体系建设，形成密布城乡、点线面结合的绿色屏障，进一步增强生态系统功能。

（1）构建生态廊道。坚持"宜林则林、宜草则草"原则，积极建设沿湖、沿河、沿路生态保护带。在鄱阳湖滨湖控制开发带建设鄱阳湖防护林，在"五河"沿岸积极开展绿化带建设，大力实施交通沿线绿色通道工程，推进实施农田林网工程，合理布局城镇和产业密集区周边的开敞式绿色生态空间。

（2）加强植树造林。重点加强"五河"及一级、二级支流源头保护区的水源涵养林、水土保持林以及森林公园建设，积极实施造林绿化工程，加大造林补植、低效林改造、阔叶树补植力度。加快建设油茶林，因地制宜发展工业原料林、能源原料林、药用林等经济林。加强森林防火和病虫害防治，在生态比较脆弱、水土流失比较严重的区域和森林公园等地区实行封山育林、禁伐天然阔叶林。巩固林业产权制度改革成果，落实退耕还林后期扶持政策。扩大生态公益林补偿范围，提高补偿标准。

（3）强化水土保持。以小流域为单元，综合治理水土流失。加大工程治理力度，加强坡耕地、崩岗、荒山、荒坡、残次林、沿湖沙山、沿河沙地及交通沿线侧坡等水土流失易发区的治理。大力推进水土保持生态修复工程，加大封育保护力度，促进水土流失轻微地区植被恢复。加强对开发建设项目的水土保持监督管理，做好城镇化过程中的水土保持工作。

四、血吸虫病防治

以控制传染源为重点，建立健全政府主导、部门配合、社会参与的工作机制，降低疫情、压缩疫区，有效控制血吸虫病。

（1）加强综合治理。全面推行以控制血吸虫病传染源为主的综合防治策略，在有螺洲滩实施封洲禁牧；在重疫区全面推广以机代牛工程；在三类、四类疫区村推广无害化卫生厕所，实施饮用水改造工程；大力推进抑螺血防林、水利血防工程、耕地血防沟渠和低洼地沉螺池建设；加大疫区血防健康教育，提高群众自觉防治意识。加大查螺力度，重点压缩垸内及垸外易感地带钉螺面积。进一步强化人、畜的查病和治病措施，积极救治血吸虫病患者。

（2）提升防治能力。加强血防机构能力建设，改善业务用房和装备条件，提高科技含量，强化专业队伍素质，提高血吸虫病预防控制和突发疫情应急处理能力。建立人畜血吸虫病疫情监测体系，加强血吸虫病预警预测、疫情风险评估。

开展鄱阳湖区钉螺分布调查，对血吸虫病预防控制关键技术和重大问题组织攻关，加强对血吸虫病防治的科学指导。

第二节　重点开发区

"五河一湖"区域的重点开发区，主要是全省农业主产区、大中城市的工业开发区、部分旅游开发区和人口密集区，这些区域已经受到人类的重大干扰和影响，可以顺势作为重点开发区，发展生态产业，提高全省经济水平，同时做好生态建设和环境保护工作。重点开发区要按照生态与经济协调发展的要求，改造提升传统产业，发展生态经济，努力构建以生态农业、新型工业和现代服务业为支撑的环境友好型产业体系。

一、发展高效生态农业

坚持用现代手段装备农业，用现代科技改造农业，用现代经营形式发展农业，巩固和加强粮食主产区地位，大力发展高产、优质、高效、生态、安全的现代农业。

（1）提高优质粮食生产能力。进一步强化国家粮食主产区地位，明确维护国家粮食安全的责任，执行最严格的耕地保护制度，稳定提高粮食播种面积。加强农业基础设施建设，提高优质稻谷综合生产能力；大力推进农业综合开发、基本农田整治和农田水利设施建设，增加土地复垦和中低产田改造的投入，实施土地整治重大工程、沃土工程和测土配方施肥工程。落实国家支农惠农政策，完善各项补贴，加大对粮食主产区财政奖励和粮食生产项目扶持力度。

（2）开发绿色有机农产品。依托山水资源条件和生态环境优势，大力推广"猪（牛）-沼-果（粮、鱼、油、菜）"生态农业发展模式，重点开发特种水产、有机绿茶、特色果业、无公害蔬菜、食用菌、优质生猪和水禽等一批各具地方特色的绿色、无公害、有机农产品，实现区域农产品无公害生产。创建一批规模化的绿色食品原料标准化生产基地，壮大一批竞争力强的绿色食品、有机农产品加工龙头企业，建立和培育壮大一批优质农产品出口专业基地。

（3）推进农业产业化经营。着力推进以"企业＋合作组织＋基地＋农户"为主的农业产业化经营模式，完善企农利益联结机制。做强做大龙头企业，提高农产品加工增值能力、运储保鲜能力、市场开拓能力和带动农民增收致富的能力。推进农产品精深加工，延长产业链条，实现农产品多层次、多环节的转化增值，提高农业综合效益。加强农产品品牌建设，扶持并促进特色资源农产品进行地理标志登记，强化农产品注册商标和地理标志保护，加大品牌整合和推介力度，培育一大批影响力大、竞争力强、具有鄱阳湖地域特色的农产品品牌。

（4）建立生态农业服务体系。加快培育适应区域化、专业化、规模化发展要求的农民专业合作组织，培养专业化服务人才。加强基层农业技术推广体系建设，培育农技推广服务组织，加快生物技术、良种培育、丰产栽培、节水增效、有机农产品、疾病防控、防灾减灾等领域科技创新和推广应用。加快制定农产品生产基地生产、加工、包装、储运标准和生产技术规范，全面建设省（部）、市、县（场）和批发市场四级农产品质量安全检测检验体系。推进农产品产地批发市场、物流配送分发中心、大中城市销地市场建设，严格执行绿色通道政策，加快形成流通成本低、运行效率高的农产品营销网络。

二、创建新型工业体系

突出特色、严格准入、优化布局，以工业园区为平台，以骨干企业为依托，推广循环经济发展模式，推进节能减排降耗，着力增强自主创新能力，积极承接国内外产业转移，促进项目集聚、产业集群，形成科技含量高、经济效益好、资源消耗低、环境污染少的新型工业体系。

（1）大力发展循环经济。淘汰高耗能落后装备，对拟建高耗能项目先行开展节能评估和审查。突出抓好资源的综合利用，按照"资源—产品—废弃物—再生资源"的反馈式循环利用模式，全面改造工业制造、矿山开发等方面的工艺流程，大力推广清洁生产，着力推进废旧资源及工业废渣、废水、废气再利用，提高矿产的采选率、冶炼回收率。推进重点行业、重点企业循环经济发展，着力推进钢铁、化工和有色金属等行业生产流程改造、生产工艺优化、产业链延伸，提高单个企业生产全过程的资源能源循环利用程度，实现企业间副产物和废物交换、能量和废水梯级利用，实现资源利用最大化和废物排放最小化。积极创建一批集生态产业链设计、资源循环利用为一体的生态工业园区和循环经济工业园区，合理规划园区企业结构，将原料生产企业和初级产品、中间产品、最终产品生产企业有机组合、相对集聚；加强园区数字化系统建设，实现园区与外界信息共享，推进资源和能源流动转换，拓展园区循环经济发展空间。

（2）改造提升传统优势产业。加快运用高技术和先进适用技术改造传统产业，实施传统产业信息化工程，促进工业结构调整和节能减排。依托景德镇陶瓷的传统优势，充分利用现代科技，大力促进艺术陶瓷精品化，提升建筑陶瓷和日用陶瓷的市场竞争力。在严格控制产能总量的前提下，依托现有钢铁企业，改进生产工艺流程，淘汰落后产能，开发应用新技术，提高产品层次和市场竞争力。加快淘汰立窑等落后的水泥生产能力，积极推广窑尾余热发电等节能和环保技术，支持建设节能环保型建材项目。依托永修星火有机硅生产基地、樟树和新干盐化工基地，重点发展有机硅深加工产业，积极培育盐化工、氟盐化工产业链。依托纺织服装特色工业园区，积极承接产业转移，加快技术进步，培育自主品牌，扶持发展一批服装设计机构，振兴南昌、九江、抚州三个纺织工业基地。加快发展绿色、智能型家电，建设南昌家用电器制造、出口基地。

（3）大力发展先进制造业。加强信息技术、生物技术、现代管理技术与制造业的融合，按照环境友好、集群发展的要求，重点在特种车船、装备制造、高精铜材、光伏产业等领域实现突破。加快现有整车生产能力配套，重点发展新型环保汽车、特种专用车、大中型内河船舶、海运支线船舶，积极开发高精度船用导航系统、船用机电一体化设备，建设汽车及零部件产业基地和九江船舶制造基地。着力发展环保机械、工程矿山机械、港口搬运机械、大功率装载机等制造业，重点开发中小型发电成套设备和特殊用途的专用电机以及高效、节能、大容量输变电设备，推动循环流化床系列锅炉大型化。以江铜集团为龙头，重点发展高精度、高性能、高附加值产品，着力延伸产业链、发展配套产业，努力打造现代铜产业基地。

（4）加快发展高技术产业。坚持全面提升与重点突破相结合，突出自主创新，加快科技成果产业化，重点发展电子信息、生物、航空、新能源和新材料等高技术产业。大力发展新能源产品，加快高纯硅材料、薄膜太阳能电池、光伏电池及组件等产业技术的升级，建设全球重要的光伏产业基地。发挥生物医药的比较优势，着力抓好传统中药的二次开发、创新药物的研发及产业化，争取在新型中药制剂、治疗艾滋病新药、抗癌原料药和医疗器械等领域取得新突破，开发一批具有国际领先水平的新产品。依托南昌国家高新技术产业开发区，重点发展显示器、存储器等信息器件和计算机等终端电子产品，扶持第三代移动通信产品和应用软件产品开发。依托大型航空工业集团以及重点研究所，积极发展民用飞机，研制开发高级教练机、多用途直升机，积极参与我国大型飞机部件研制和生产，提高飞机部件专业化生产能力，大力推进南昌航空高技术产业基地建设。

三、培育现代服务业

适应经济社会发展的需要，加快发展现代服务业，改造提升传统服务业。发挥鄱阳湖地区生态资源优势和交通区位优势，依托中心城市，重点发展节能环保、生态旅游、特色文化、商贸物流、金融保险等服务业，不断提高服务业的比例，充分发挥服务业的配套、支撑和引领作用。

（1）积极培育节能环保服务业。加大政策支持力度，积极培育、扶持节能、环保服务企业和机构发展，提升专业化、社会化服务水平。推行合同能源管理，加快发展能源审计、节能项目设计、节能咨询等服务业。积极推行污染治理特许经营，大力发展环境保护技术科研开发、环境保护产品经销、环境工程、环境保护技术咨询等服务。积极培育环保产品市场、环保技术市场、环保人才市场、环保资金市场，促进生产要素的合理流动与组合，逐步构建环保服务产业体系。支持一批技术先进、管理科学、竞争力强的环保服务企业的快速发展，努力打造一批具有影响力的服务品牌。鼓励加强同外国政府、国际组织、学术团体和企业的环保科技交流与合作，提高环保服务业技术水平。

（2）着力发展旅游业。按照政府引导、社会参与、市场运作的原则，加强旅游要素配套建设和管理与服务平台建设，全面提升旅游产业竞争力。突出"红色摇篮、绿色家园"整体形象，进一步做大红色旅游品牌，大力开发湿地生态游、珍禽观赏游、文化山水游、休闲度假游、科普科考游、陶瓷艺术游、乡风民俗游、健身养生游、宗教朝觐游等旅游产品，在南昌、九江、鹰潭、抚州等地建设环鄱阳湖生态旅游商品研发基地。推进旅游资源整合，强化区域协作，开发旅游精品线路，加强庐山、龙虎山、柘林湖等重点景区和南昌、景德镇、九江、鹰潭等重点城市旅游服务设施建设，构建以鄱阳湖为中心的大旅游网络，成为国内著名的红色旅游目的地、国际知名的生态旅游和观光休闲度假旅游目的地。

（3）努力打造特色文化产业。充分挖掘陶瓷文化、稻作文化、戏曲文化、中药文化、茶文化等特色文化资源，培育一批特色文化产业品牌，实施精品工程和名牌战略。大力发展景德镇陶瓷文化创意产业、鹰潭道教文化以及广播影视、文娱演艺、新闻出版、动漫游戏等文化产业，开发具有核心竞争力的特色文化产品和文化服务项目，做大做强一批特色文化产业集团，形成若干具有较强竞争力的特色文化产业集群。积极运用高新技术创新文化生产方式，培育新型文化业态，丰富文化产品创造。加强文化队伍建设，努力培养高水平的创作群体和领军人物。建立健全非物质文化遗产名录体系和传承人认定体系，落实保护措施，推动国家级非物质文化遗产项目申报工作，促进非物质文化遗产的保护、传承和发展。

（4）大力发展商贸物流业。以水运为基础，航空口岸物流为重点，铁海联运为突破口，建立全方位、多层次、立体式的口岸物流平台，形成铁路、航空、水运、公路多式联运的口岸物流商贸网络群。依托交通干线和重要枢纽，充分发挥长江和鄱阳湖水系航运作用，加快南昌中心物流枢纽和九江、鹰潭等区域物流基地建设，提高区域内物流的组织化、集约化程度，实现流通环节全过程管理。积极发展第三方物流，鼓励生产与流通企业改造业务流程，剥离、分立或外包物流业务。着力推进行业经营连锁化、物流配送化、管理网络化、企业规模化、业态新型化、服务系列化、设施现代化，提高商贸物流现代化水平。

（5）大力拓展金融服务。以拓宽融资渠道和扩大融资规模为重点，大力引进境内外银行和股份制金融机构，发展地方性金融机构，促进为中小企业和"三农"服务的新型金融服务机构的发展。加快建立市场化、商业化操作的多形式保险服务体系，开发为生态经济发展服务的新型险种。规范发展区内证券、期货、信托、租赁等机构。完善外汇管理制度，推进区内现代支付系统、同城票据交换系统、银行卡系统建设，建立健全社会信用体系和信用担保体系，优化金融服务环境。

第二十二章　江西"五河一湖"资源综合利用战略

江西"五河一湖"区域具有丰富的矿产资源和水资源，同时面临"少煤、缺油（石油）、乏气（天然气）"的能源资源短缺局面，同时在资源利用中普遍存在着资源利用效率偏低、污染物产生量和排放量偏高、高污染和高耗能行业比例过大等问题。为了提高江西"五河一湖"资源利用效率，促进江西省工业产业健康快速发展和区域可持续发展，大力发展循环经济、推行清洁生产、建设生态工业园区、发展低碳经济是江西"五河一湖"资源综合利用的重大战略。

第一节　大力发展循环经济

一、发展循环经济的重点领域

淘汰高耗能落后装备，对拟建高耗能项目先行开展节能评估和审查。突出抓好资源综合利用，按照资源—产品—废弃物—再生资源的反馈式循环利用模式，全面改造工业制造、矿山开发等方面的流程工艺，大力推广清洁生产，着力推进废旧资源及工业废渣、废水、废气再利用，提高矿产的采选率、冶炼回收率。

推进重点行业、重点企业循环经济发展，着力推进钢铁、化工和有色金属等行业改造生产流程、优化生产工艺、延伸产业链，提高单个企业生产全过程的资源能源循环利用程度，实现企业间副产物和废物交换、能量和废水梯级利用，实现资源利用最大化和废物排放最小化。

积极创建一批集生态产业链设计、资源循环利用为一体的生态工业园区和循环经济工业园区，合理规划园区企业结构，将原料生产企业和初级产品、中间产品、最终产品的生产企业有机组合、相对集聚；加强园区数字化系统建设，实现园区与外界信息共享，推进资源和能源流动转换，拓展园区循环经济发展空间。

二、发展循环经济的主要措施

（一）强化宣传教育

充分利用电视、广播、报刊、互联网等多种手段，通过组织开展专题讲座、研讨会、经验交流会、成果展示会、印发宣传品等宣传培训活动，广泛宣传发展循环经济、建设节约型社会的法律法规、方针政策和先进典型，促使循环经济理念深入单位、学校、社区和家庭，逐步建立崇尚节约的社会风尚和生活方式。要把循环经济的理念和知识纳入基础教育内容，将树立资源节约和环境保护意识的相关内容编入教材，加强对大、中、小学生节约资源和保护环境的国情教育，力争以教育影响学生、以学生影响家庭、以家庭影响社会，引导全社会牢固树立发展循环经济的新观念、新思维、新风尚。

（二）完善法制保障

一是要以国家法律为指导，以国家政策为依据，完善发展循环经济的法规制度建设，做好相关地方性法规、规章的立法工作，依法加强监督管理力度，逐步把循环经济发展工作转入法制化轨道。二是要建立健全政策激励体系和导向机制，充分发挥投资、税收、金融、价格等手段对加快发展循环经济的引导和推动作用。要积极落实国家鼓励节能、节水、节材、节地、资源综合利用等方面的优惠和扶持政策，出台鼓励利用废物资源的经济政策，在税收和投资等方面对废物回收给予激励。三是要建立健全发展循环经济、建设节约型社会的信息系统，推广咨询服务体系和信息发布制度。

（三）增强科技支撑

要加大科技投入，支持循环经济和关键技术的研究开发，大力整合高等院校、科研院所、骨干企业的科技资源，推动国际交流与合作，借鉴成功经验，积极引进和消化、吸收国外先进的循环经济技术。建立若干循环经济公共技术研发平台、技术检测中心、技术咨询服务体系；重点组织开发共伴生矿产资源和尾矿综合利用技术、能源节约和替代技术、新能源和可再生能源利用技术、废物综合利用技术、企业清洁生产技术、循环经济发展中延长产业链和相关链接技术、企业间产业生态链的集成技术、绿色再制造技术和生态农业技术等，以此提高循环经济技术支撑能力和创新能力。

（四）调整和优化升级产业结构

按照新型工业化道路的要求，积极推进江西省产业结构调整，促进产业、产品高端化发展，加快形成符合循环经济发展要求的产业体系。一要认真执行国家限制、淘汰落后的生产能力、工艺和产品的目录，遏制盲目投资和低水平重复建设，限制高耗能、高耗材、高耗水、高污染产业的发展，坚决淘汰严重耗费资源和污染环境的落后生产能力；二要加快低耗能、低排放产业的发展，积极运用高新技术、先进适用技术和清洁生产技术调整改造能耗高、污染大的传统产业和传统工艺，有效扭转传统产业对资源的高度依赖性；三要大力发展高效生态农业，以促进农业增效和农民增收；四要大力发展旅游、会展、物流、信息、金融等现代服务业，努力提高服务业在国民经济中的比例；五要围绕核心企业和核心资源发展相关产业，提高产业集中度和规模效益，形成资源循环利用的产业链。

（五）节能降耗

目前，江西省经济增长中资源和能源的高消耗特征十分明显。通过加强管理、调整结构、政策引导等多种手段，抓好节地、节能、节水、节材工作。一要强化集约利用土地，严格加强农用地转用指令性计划管理；二要大力促进能源节约，突出抓好重点耗能行业和企业的节能工作，引导商业和民用节能行动，降低交通运输能耗；三要积极推进原材料节约，加强重点行业和重点企业的原材料消耗管理，减少使用一次性用品，加强木材需求管理，鼓励木材节约代用，严格控制森林资源消耗；四要深入开展用水节约，建设节水型社会。

（六）试点推广

在重点行业、重点领域、产业园区和城镇组织开展循环经济试点工作，探索发展循环经济的有效模式。通过试点，寻找发展循环经济的重大技术和项目领域，进一步完善促进再生资源循环利用、降低污染排放强度的政策措施，提出按循环经济模式规划、建设、改造工业园区以及建设资源节约型、环境友好型城镇的思路，树立一批先进典型，为加快发展循环经济提供示范。要形成政府推动、市场主导、企业主体、全民参与的发展循环经济试点的新机制，为在生产、流通、消费等环节全面推进循环经济发展奠定基础。

第二节　推行清洁生产

一、实行清洁生产的意义

清洁生产，是指不断采取改进设计、使用清洁的能源和原料、采用先进的工艺技术与设备、改善管理、综合利用等措施，从源头削减污染，提高资源利用效率，减少或者避免生产、服务和产品使用过程中污染物的产生和排放，以减轻或者消除对人类健康和环境的危害。

清洁生产是将污染预防战略持续地应用于生产全过程，通过不断地改善管理和技术进步，提高资源的利用率，减少污染物的排放，以降低生产对环境和人类的危害，其核心是从源头抓起，以预防为主，生产全过程控制，实现经济效益和环境效益的统一。大量的实践经验证明，清洁生产是工业污染防治的最佳模式，是转变经济增长方式的重要措施，也是实现工业可持续发展的必由之路。

二、江西"五河一湖"推行清洁生产的措施

（1）认真编制和实施清洁生产相关规划。要将重点企业清洁生产审核工作纳入"十二五"环保规划中，对"双超双有"企业、重金属污染企业和产能过剩企业的清洁生产审核工作作出具体部署，并按照时间进度和阶段目标做好规划的实施。

（2）进一步促进清洁生产与环境管理制度的融合。要将清洁生产工作纳入各级政府及相关部门的环保目标责任制和污染减排责任书中，把清洁生产作为促进产业升级和技术进步、实现节能减排的主要手段，作为总量控制、限期治理以及有毒有害化学品进出口登记的必要条件，作为申请各级环保专项资金、节能减排专项资金等环保资金的重要依据。

（3）着力抓好重点企业清洁生产审核。进一步完善重点企业清洁生产审核的相关政策和法规，狠抓清洁生产审核的绩效评估和中/高费方案的落实，继续深化工业领域重点企业的清洁生产审核制度，并将涉及铅、锌、铜、铬、镉、汞等重金属以及类金属砷的行业和危险化学品行业作为开展清洁生产审核的重点。

（4）切实加强清洁生产技术支撑体系的建设。尽快建立统一完善的覆盖工业、农业、服务业等行业的清洁生产评价指标体系，继续发布清洁生产技术导向目录，进一步完善清洁生产专家库，加强对清洁生产审核从业人员的培训和业务指导，为全面推进清洁生产储备专业技术人才作出贡献。

（5）积极扩展清洁生产的资金渠道。积极开拓融资渠道，通过绿色信贷、设立清洁生产周转金、国际合作等方式，为企业开展清洁生产提供资金支持。

（6）深入开展清洁生产宣传教育工作。通过开展形式多样的清洁生产宣传教育，使各级政府部门、企业和社会公众充分认识到清洁生产对于转变经济发展方式、建设"两型社会"的重要意义。

第三节　建设生态工业园区

一、生态工业园区的内涵

生态工业园是根据循环经济理念和工业生态学原理和清洁生产要求而建立的一种新型工业组织形态，它通过理念革新、体制创新、机制创新，把不同的企业和产业联系起来，提供可持续的服务体系，形成共享资源和互换副产品的产业共生组合，建立"生产者—消费者—分解者"的循环方式，寻求物质闭路循环、能量多级利用、信息反馈，实现园区经济的协调健康发展，最终实现园区的污染物"零排放"。

生态工业园能实现区域内工业体系与生态环境协同发展，合理利用资源，充分保护环境，促进清洁技术与环保产业的发展，增强企业竞争力。

二、江西"五河一湖"全面建设生态工业园区的重要意义

（一）有利于充分合理利用资源，提高资源利用效率

江西省矿产资源丰富，种类繁多，已发现各类有用矿产 165 种，探明资源储量的 101 种，保有矿产资源储量属全国前 10 位的矿种 53 种，其中铜、钨、铀、钽铌、稀土矿种世界知名；但江西资源的人均占有量水平较低，尤其是工业常用的煤炭、石油、天然气、铁矿等主要工业资源贫乏；资源综合利用水平也远远低于国内外发达地区和国家。从国外的实践看，生态工业园中的企业实行资源减量化，再循环与回收利用，废物的再资源化等措施能大大提高资源的利用效率，减少资源的使用量。通过地域毗邻的企业集群相互利用废弃物，使物质与能源再资源化，达到合理利用。

（二）有利于充分保护生态环境，改善鄱阳湖区域环境质量

生态工业园的企业改变了污染处理方式，从企业对污染的末端治理转为全过程的污染预防与控制为主，再辅以末端的污染治理方式，最大限度地减少污染。生态工业园强调以生态为中心，工业体系与生态环境相协调，实行循环经济模式。企业实行全生产过程的污染防治，生产无污染产品并提供产品全生命周期的环境承诺，从提供产品到提供职能服务，能极大地减少对环境的污染与破坏。由于区域的"废气、废水、废渣""三废"得到了综合利用与无害化处理，排放到

环境中污染物的量减少，对环境的破坏也减少。

（三）有利于促进清洁生产技术与环保产业的发展

环保产业作为一个很有前途的产业，目前在江西刚刚起步，其产业规模小，技术落后，在工业中所占比例很低。建立生态工业园必然要求企业利用清洁生产技术，扩大环保企业的市场需求，增加就业，促进环保企业与其他企业在生态工业园组成合理布局。

（四）有利于提升、改造现有工业园区，产生良好的经济效益、社会效益和生态效益

江西现有的工业园存在着资源浪费、环境破坏与污染等问题。园内的企业并非有机地群聚，而是无机地杂合，不能形成工业链与工业代谢关系，集聚经济效益差。生态工业园通过提高材料和能源的使用效率，再生利用废物和避免环境污染，从而降低生产成本、提高企业效益，使园区企业更具市场竞争力。此外，一些关联服务可以在园区企业间实现共享，如废物管理、培训、采购，突发事件的处理，环境信息系统和其他辅助服务，这种共享成本的办法可以使园区企业通过合作获得更大的经济效益。生态工业园区环境的改善，将会改善人类的生存环境和促进城市的可持续发展，带来良好的社会效益，使生态工业园成为所在社区经济发展的基地，从而吸引越来越多规模大、效益好的企业加入，为新企业和本地企业提供良好的创业场所。

（五）有利于增强企业的国际竞争力，促进园区企业走向世界

企业实行绿色生产与绿色营销是其核心竞争力的重要组成部分。一方面，企业降低了资源消耗与治理污染成本，树立了良好的社会形象，满足了消费者的绿色需求；另一方面，通过环保的非关税壁垒，进入发达国家市场，获得国际竞争优势。

三、江西"五河一湖"建设生态工业园区的举措

（一）重构环境法规的绿色导向机制

在鄱阳湖生态经济区，现有的许多环境法规的名义目标是保护环境，但由于

大部分环境法规是以末端控制为主，企业的环境目标只是实现污染物的达标排放，将污染物从一种类型转变为另一种类型，因而往往不能达到治本的效果。因此，必须对现行的环境法规进行修订，修订后的法规要充分体现市场手段和自愿性措施相结合的作用，能够鼓励企业采用过程控制，对采用零排放、闭路循环能源再生以及非物质化生产的企业，在污染物排放配额分配、绿色奖赏（如环境标志等）、环境税费等方面予以支持，起到真正的绿色导向作用。

（二）建立生态工业技术支撑体系

生态工业园建设，实质上是根据一定地域内的资源优势、产业优势和产业结构，进行产业间的组合、链接和补充，使之形成互为关联和互动的工业生态链或生态网，这就需要较高的工业技术予以支撑。因此，必须尽快构建发展生态工业的技术支撑体系，包括资源重复利用和替代技术、污染治理技术、清洁生产技术、废弃物再利用回收和再循环技术、环境监测技术和零污染排放技术等。应借助现代高新技术，通过区域合作方式，对一些关键的资源回收利用技术、生态无害化技术、循环物质性能稳定技术以及闭路循环技术等进行联合攻关，不断增强高效利用资源和保护环境的能力。

（三）发展有自主知识产权的环保技术

园区内的企业能够构成生态链，达到能源的多级利用，是生态工业园的基本要求。这就要求有较高的环境保护和能源利用技术，但技术开发水平不高和国外的技术限制使江西省在这两个方面的发展较为落后。如果不加大研发投入发展自主知识产权的环保技术，则必将在以后的国内外竞争中处于劣势。在自我研发的过程中，应重视无害环境技术，充分利用鄱阳湖生态经济区的高校科研资源，研制和开发适合江西省省情的先进实用技术；同时也不应忽视一些地方和企业在长期处理环境问题中形成的特色技术，最终形成有自主知识产权的环保技术体系。

（四）加快扩大生态工业园区的试点

通过开展生态工业试点取得经验是建立鄱阳湖生态经济区生态工业体系的重要步骤，这方面我们的步子还太小，试点生态工业园过少，应进一步扩大规模。生态工业园扩大试点可以选择以下两种类型进行：一是选择典型企业和大型企业进行单个企业的生态工业试点，主要通过产品设计、污染零排放、清洁生产等措施进行；二是选择一批现有的特色工业园区，根据工业生态学原理进行生态结构改造，建立废物系统、企业间的闭路循环和生态链，以及虚拟生态工业园，基本实现园区的污染零排放。

（五）加大对生态工业园区的政策扶持力度

各级政府应积极引导和鼓励生态工业园区的建设，要通过安排财政补助和贴息资金等，支持生态特色工业园区在能源综合利用技术、回收和再循环技术、水重复利用技术、信息技术及网络运输技术等方面的建设。对利用废物生产产品和从废物中回收原料的企业，应按照国家鼓励资源综合利用的有关规定，减征或免征增值税；对列入省重点建设项目的生态特色工业园区，其所需土地利用年度计划指标应由省里单列解决。

第四节　发展低碳经济

一、低碳经济的内涵

低碳经济是指以低能耗、低排放、低污染为基础，以技术创新和制度创新为核心，以提高能源利用效率和创建清洁能源结构为目标的经济发展模式。低碳经济的核心是能源技术和减排技术创新、产业结构和制度创新以及人类生活方式、生存发展观念的根本性转变，对实现工业文明向生态文明的跨越有重大意义，被认为是未来经济发展的重要增长点和制高点，并将为能源消费方式、经济发展方式和人类生活方式带来一次深刻的变革。

低碳经济与循环经济、节能减排一脉相承，都是追求绿色 GDP、实现可持续发展的问题，但在内涵上三者有所区别。循环经济以"减量化、再利用、资源化"为原则，侧重于能源、物质的高效利用，是把清洁生产和废弃物的综合利用融为一体的经济。节能减排强调节约物质资源和能量资源、减少废弃物和环境有害物（包括"三废"和噪声等）排放，侧重于严格控制有毒有害废物（以氮氧化物、二氧化硫、高浓度有机污染物等为代表）的排放。低碳经济侧重于严格控制温室气体（以二氧化碳为代表）的排放。

二、江西"五河一湖"发展低碳经济的基础

（一）生态环境良好

生态环境良好是江西"五河一湖"最大的优势和潜力所在。鄱阳湖生态经济

区建设先行先试的优势，不仅为低碳经济的体制机制建设提供了便利，还大大增加了发展机遇、扩展了发展空间。

（二）具备发展低碳经济的产业基础

工业方面，作为清洁能源的太阳能光伏产业，江西省拥有一流的生产规模、工业技术和骨干企业，到 2012 年，全省光伏产业销售收入将达到 3500×10^8 元；作为节约能源的半导体照明（LED）产业，到 2012 年，江西省 LED 产业年销售收入将突破 1000×10^8 元。到 2020 年，江西省的风力发电量将达 100 万 kW。目前江西省正在编制新能源发展规划，加快核电、生物质能发电、太阳能发电等新能源项目的建设。农业方面，江西省从 20 世纪 90 年代初期就开始了绿色农业实践。进入 21 世纪以来，为加快绿色农业发展，提高农产品质量安全水平，省政府将绿色食品、有机产品工程列入全省建设"绿色生态江西"十大工程。目前，中国最大的有机绿茶生产基地、绿色有机茶油基地、绿色食品脐橙基地、绿色食品淡水产品基地、绿色有机矿泉水和纯净水基地等绿色生产基地均在江西。此外，江西省服务外包、生物医药等低碳产业在全国也具有比较优势。

三、江西"五河一湖"发展低碳经济的重要举措

（一）借国家首批低碳城市试点的契机，推动低碳产业快速发展、壮大

我国会选择部分城市进行低碳经济试点，南昌有很大的优势和条件。与其他地区相比，南昌在发展低碳经济、建设低碳城市上已具备一定的产业基础。目前南昌市低碳产业发展框架已经基本确定，光伏、LED、服务外包三大低碳产业链，新能源环保电动汽车、绿色家电、环保设备、新型建材、民用航空和生态农业六大产业群，都是在全国有一定优势的产业。一旦国家低碳经济发展指导意见出台，这些具有明显优势的低碳产业必然能够得到更多的政策支持，从而实现加速发展。国家发展和改革委员会日前决定，将英国战略方案基金"低碳城市试点项目"放在南昌实施，这无疑是江西省借低碳经济绿色产业抢占国际高端市场的一个机遇。

（二）加大政策引导和支持力度，将低碳经济发展政策与已有政策体系更好地融合

发展低碳经济，技术创新和制度创新是关键因素，政府主导和企业参与是实

施的主要形式。推动低碳经济主要依靠企业的积极参与，而政府政策的引导则起着非常关键的作用。短期来看，由于大多数企业还不了解二氧化碳减排给企业发展可能带来的益处和机遇，企业会因为提高生产成本而缺乏自主实践低碳经济的意识和动力。事实上，低碳经济并不仅仅意味着转型过程中的社会经济代价，还会带来巨大的潜在经济利益，创造许多利润丰厚的商业市场新机会。企业内部进行技术改造，节能减排，可以降低生产成本，提高市场竞争力，提高经济效益，规避贸易壁垒。企业投资节能新技术或新能源技术，虽然在投资初期存在一定的风险，但研发成功后，企业就将成为低碳领域的领军者，能够依此开辟经济新领域，形成新的低碳产业和市场，为企业带来巨大的投资回报，提高企业经营绩效，而且碳权交易市场前景广阔，给企业带来的利益回报也是极其丰厚的。现阶段，政府应通过财政补贴、低碳信贷、税收优惠等政策手段，引导企业转变发展思路，推动企业自觉向低碳经济转型。政府在对企业进行引导和鼓励的同时，也应采取一些硬性规定，对企业碳排放量进行封顶，督促企业技术创新，走低碳发展之路。

（三）以节能减排为抓手，加大"绿色技改"的力度

一要采取严格措施坚决遏制高耗能、高排放行业过快增长。提高节能环保市场准入门槛，优化产业项目的投资结构，加大环评区域限批力度，强化生产许可证管理，严格控制"两高一资"产品出口等。二要加快淘汰落后的生产能力。要利用当前国内外经济运行趋紧，部分行业进入衰退时期的有利时机，坚决"关停并转"一些技术性能落后的生产能力。三要着力抓好重点节能工程，即钢铁、有色金属、建材、石油石化、化工等重点耗能行业的余热余压利用、节约和替代石油、电机系统节能、能量系统优化以及工业锅炉（窑炉）改造等。强化重点企业节能减排管理，实行重点耗能企业能源审计和能源利用状况报告及公告制度，对未完成节能目标责任任务的企业，强制实行能源审计。四要完善相关政策。会同有关部门，加大财税对淘汰落后产能、节能技术改造和节能环保产品推广的支持。五要加强环保执法和目标责任制考核。强调环保优先，强化舆论导向，健全、完善、强化节能减排的管理、监督和执法体系，构建节能减排工作的长效机制。六要以低碳经济的低排放、低能耗、低污染作为标准，以"环境友好、资源节约"要求作为考核的原则，对现有的企业、新生企业在生产设计、制造、物流、废弃等环节，按照绿色技改的要求推出一系列的公共政策，推行"绿色技改"。通过生产技术与工艺的改进，不断降低环境友好产品的成本，促进绿色消费，最终形成绿色消费与绿色生产之间的良性互动。

（四）大力发展循环经济，建设生态工业园区

突出抓好资源综合利用，按照资源—产品—废弃物—再生资源的反馈式循环利用模式，大力推广清洁生产，着力推进废旧资源及工业废渣、废水、废气再利用，提高矿产的采选率、冶炼回收率；加快重点行业、重点企业循环经济发展，着力推进钢铁、化工、有色金属等行业改造生产流程、优化生产工艺、延伸生态产业链，提高单个企业生产全过程的资源能源循环利用程度，实现企业间副产物和废物交换、能量和废水梯级利用，实现资源利用的最大化和废物排放的最小化。积极创建一批集生态产业链设计、资源循环利用为一体的生态工业园区，合理规划园区企业结构，将原料生产企业和初级产品、中间产品、最终产品生产企业有机组合、相对集聚；推进物质和能源流动转换，拓展园区循环经济发展空间。

（五）大力发展绿色、低碳农业

一要加大绿色农业投资力度和示范区建设力度，围绕江西的农业优势产业，如水稻、赣南脐橙、茶叶、水产、茶油等，确定重点项目集中攻关。要注意解决从常规农业向绿色农业转换过程中的一些瓶颈问题，从实际需要出发，在绿色农业的立项、产品开发、产品营销、信贷、税收等方面制定优惠政策，扶持农民和企业建立绿色农业生产基地，开拓绿色食品市场。二要以实施农业标准化为抓手，加大绿色农业标准化体系的宣传和推广力度。要依托各级农业技术推广部门，在优化生态环境的基础上，大力推广绿色农业生产新技术、新工艺、新品种，用绿色农业的生态意识保护农业生产环境，用绿色农业可持续发展的观点开发利用农业资源，用绿色农产品的生产标准生产现代农产品。同时发挥典型示范的推动作用，选择生态环境好、无污染的标准化生产基地，率先向绿色农业转换。三要摸清情况，搞好区划。各地要在原有农业资源调查与区划基础上，继续做好绿色农业资源调查，建立绿色农业资源管理信息库，对农产品原产地自然条件进行科学检测，对产地社会经济条件、耕作习惯、区域优势进行调查，在综合分析、科学研究与论证的基础上，确定各地绿色农业的发展目标、重点产业，并提出绿色农业发展的对策和措施。

第六篇 "五河一湖"生态环境保护与资源综合利用的管理体制和协调机制

第二十三章 管理现状与问题

第一节 管理现状

江西省"五河一湖"及东江源头保护区总面积为 9985.72km²，占全省国土面积的 6%，涉及南昌、九江、景德镇、赣州、宜春、上饶、抚州 7 个设区市，25 个县（市、区）。建立以"五河一湖"流域为单元，以流域内不同地区协调发展为条件，以各经济主体利益优化和流域整体利益最大化为目标的统一管理体制，对改变目前该流域分割管理的局面，协调流域内各主体的利益，缩小区域间发展差距，推动建设鄱阳湖生态经济区，促进经济文明与生态文明的统一，改善水质和保护生态环境，保障长江中下游生态安全，实现整个流域的可持续发展，具有重大的理论意义和直接的现实意义。

伴随着鄱阳湖生态经济区的建立，"五河一湖"地区以"一流的水质、一流的空气、一流的生态环境、一流的人居环境、一流的绿色生态保护和建设机制"为目标，江西省人民政府制定了"五河"流域相应的发展规划并对"五河一湖"的开发保护提出了相关的政策意见，构建"五河一湖"生态环境安全格局，保持"五河"优良的生态环境，使鄱阳湖在永保"一湖清水"的进程中逐步取得成效。到 2010 年，该流域地表水水质达到Ⅱ类以上，鄱阳湖监测断面Ⅲ类以上水质比例达到 78% 以上，城市集中式饮用水水源地水质达标率达到 95% 以上，农村饮用水水质和村镇环境质量进一步改善。城镇生活污水集中处理率达到 60% 以上，生活垃圾无害化处理率达到 70% 以上，工业固体废物综合利用率得到提高，农业面源污染控制取得成效。森林覆盖率达到 63% 以上，人为的水土流失和植被、湿地破坏得以控制。

由于"五河一湖"地区的管理面临诸多问题，加上该流域地区承担着配合鄱阳湖生态经济区建设的重任，因此，这些问题的解决显得尤其迫切。

第二节 管理上的主要问题

"五河一湖"总面积 17.9 万 m²，包括赣江流域、抚河流域、信江流域、饶河流域、修河流域和鄱阳湖区，行政上分跨多个行政单元，各个行政单元不仅存在经济和社会发展差异，环境保护任务和资源禀赋上的不同，而且"五河一湖"的环境保护和资源综合开发利用也牵涉多个行政部分，为流域的统一管理增加了难度，主要表现在以下几个方面。

一、管理布局上的行政分割

"五河一湖"地跨南昌、九江、景德镇、赣州、宜春、上饶、抚州7个设区市，25个县（市、区），现行的按行政区域管理体制使该流域分割成相应的条块，各行政区在各自的管辖范围内管理所在区域。由于各行政区域的发展水平不同，对"五河一湖"流域的认识不同，管理所属流域部分的标准就不同。"五河"流域的大部分地区仍属经济欠发达地区，思想观念落后，加上社会经济发展的自然地理条件先天不足，为实现经济的跨越式发展，缩小与东部地区的差距，就不可避免地把经济发展放在优先考虑的位置，而忽视经济发展可能造成的水土流失、水污染等环境问题。而部分发展较快的设区市，经济相对发达，对生活环境的质量要求较高，却不可避免地受到水土流失、水污染等环境问题的影响。因此，按行政区域对"五河一湖"流域进行管理的体制，容易使各行政区从自身利益最大化出发，忽视其他区域的利益，导致区域间的利益博弈。

二、管理结构上的部门分割

"五河一湖"流域水资源管理涉及水利、防洪、环保、农业、林业、渔业、水电、航运、旅游等多个部门，所谓的统一管理实质上就变成了多部门分割管理。由于管理的具体职责范围没有相关法律明确规定，因而各部门都是从本部门利益出发，先制定本部门的职权，造成权力设置的重复或空白。多部门条块分割管理，只有分工而没有协作，既不能充分发挥各部门的作用，又不能实现该流域整体效益最优化，反而因为各部门的权力竞争造成对整体利益和长远利益的损害。多部门对"五河一湖"流域进行条块分割管理，破坏了流域发展的整体性。在流域水资源保护中的典型表现是：污染管理者、资源开发者、排污者相脱节，管理者只收费不治理、资源开发者既要开发又要治理、排污者只交费什么都不管，其结果只能是流域水资源得不到有效保护。长期以来"多龙治水"无法实现有效的统一管理。

三、权威性的流域统一管理机构缺失，水资源配置效率低

"五河一湖"流域涉及层次不同、数量众多的经济主体，各经济主体在进行经济活动时，总是根据成本收益的原则，追求自身经济利益最大化。然而，各经济主体追求经济利益最大化的结果并不必然使该地区整体利益最大化。相反，由

于部分地区的粗放的经济增长方式、局部无序的开发利用和投资不足，已经导致湿地减少、部分水域水体严重污染、森林植被破坏、珍稀水生野生动物濒危程度加剧。目前，虽已设立山江湖办公室、鄱阳湖水利枢纽建设办公室、鄱阳湖生态经济区建设办公室等机构，但由于我国长期以来计划经济的历史遗留，加之没有明确的法律规定与保障，这些机构往往受制于地方政府的决定，没有自主管理和整治的权利，使得监察力度不够。部分地方政府只顾眼前的经济利益，甚至与排污企业之间存在利益勾连，从而对企业的污染监管力度有限，对很多水污染违法事件往往也只能是大事化小，小事化了。

四、法律保障不完善

现有的《中华人民共和国水法》、《中华人民共和国防洪法》、《中华人民共和国环境保护法》、《中华人民共和国水污染防治法》、《中华人民共和国水土保持法》、《江西省河道管理条例》、《取水许可制度实施办法》、《建设项目环境保护管理条例》、《取水许可审批程序规定》、《取水许可水质管理规定》、《取水许可监督管理办法》、《关于加强水资源保护和管理工作几点意见的通知》、《关于加强入河排污现行管理体制的作用和局限口管理工作的通知》、《关于进一步加强水资源保护工作的通知》、《建设项目水资源论证管理办法》、《水功能区管理办法》、《生活饮用水卫生标准》、《生活饮用水卫生规范》等法律、法规、规章，尽管都适用于"五河一湖"流域，但缺乏明确的针对性。这些法律法规和规章从表面上看，对流域的方方面面都作了规定，但具体实施起来，这些法律之间关系不清楚、不协调，法律规定过于原则化，可操作性不强，管理机构的法律地位不明、职权不定，没有明确规定谁来具体执行对该流域的管理，管理机构缺乏行使流域管理权力的法律依据，使得"五河一湖"的流域规划对流域内的各经济主体缺乏强制力，难以保证流域规划得到百分之百的贯彻实施，一些经济主体违反规划的现象时有发生。例如，2002年制定的《中华人民共和国水法》第十二条规定国家对水资源实行流域管理与行政区域管理相结合的管理体制。国务院水行政主管部门负责全国水资源的统一管理和监督工作。国务院水行政主管部门设立的流域管理机构在所管辖的范围内行使法律、行政法规规定的和国务院水行政主管部门授予的水资源管理和监督职责。县级以上地方人民政府水行政主管部门按照规定的权限，负责本行政区域内水资源的统一管理和监督工作。该规定没有说明流域管理与行政区域管理的主从关系，导致流域管理机构不能有效管理和监督流域内的不同经济主体的水事行为，使得地方利益、部门利益、个人利益的考虑远远大于流域水资源保护的考虑，使用水资源的外部不经济性和事实上的无偿性问题普遍存在。在实践中出现管理者缺位和权力行使主体缺位。

五、利益主体平等对话协商机制缺失

目前"五河一湖"流域尚未完全建立平等对话协商的机制，条块分割的多部门管理和行政区域管理，使得地方利益、部门利益、个人利益的考虑远远大于流域统一管理的考虑，导致各种经济活动的外部不经济性和流域资源使用事实上的无偿性问题普遍存在。"五河一湖"流域的整体性和系统性决定了流域内各经济主体在追求自身利益最大化的利益博弈中，必须建立竞合关系，必须有一个平台进行协商对话和利益调整，才能实现"五河一湖"流域内各经济主体利益的帕累托最优。

六、资金支持不到位

由于"五河"及鄱阳湖地区仍属于江西欠发达地区，收入渠道较窄，在当前市场经济条件下，发展需求较强烈。地方政府具有强烈的追求 GDP 增长和财政收入最大化的动力，热衷于通过直接投资项目建设或者以各种优惠条件吸引外来投资和支持本地企业发展。个人、企业和政府从事经济活动时，总是作为经济人，根据成本-收益原则追求成本最小、收益最大，不可避免地形成有利可图的事，争着管，争着做；无利可图的事，无人管，无人做。而新设立一个管理机构则需要增加一系列费用，加上地方财政有限，改善生态环境的基础设施投入可能长期不足，吸引社会资金的机制和渠道尚不健全，"五河一湖"地区生态管理和环境保护的财政投入不足，资金支持也不到位，形成"重开发，轻保护"的局面。

七、产业布局有待合理化，生态环境保护技术有待提高

伴随着工业化和城市化的进程，目前"五河一湖"流域还残存部分落后生产力，如医药、印染、造纸、电镀、化工、选矿等重污染行业尚未采取全面的整治工作，有些仍在生产运营当中。有毒有害原料生产或在生产中排放有毒有害物质也破坏了"五河一湖"地区生态系统平衡，生态补偿机制尚不健全，环境准入制度有待标准化，产业结构也必须转型升级，集约型现代经济产业链和绿色生态产业集群还未形成。城市化进程中城镇生活污水和生活垃圾处理技术尚不能跟上城市化的快速步伐，农村面源污染也较严重，尤其是农村养殖和家畜粪便处理技术需要改进。同时，GIS、GPRS、ZigBee、CDMA 和 SCADA 等技术在水资源信息共享、环境监控、污水处理等方面的应用也是空白。

第二十四章　管理体制创新

针对上述现存管理方式所存在的问题，"五河一湖"流域政府应依据水资源及环境承载能力，遵循水资源系统自然循环功能，按照经济社会规律和生态环境规律，运用法规、行政、经济、技术、教育等手段，通过全面系统地规划，优化配置水资源，对人类的涉水行为进行调整与控制，保障该区域内水资源开发利用与经济社会和谐持续发展。具体管理体制的创新途径如下。

第一节　行政管理

机构的设置：对"五河一湖"流域机构的设置，应该充分体现体制创新，可以初步设计"五大工程"，这五大工程包括"政府主导、代表协调、法规统一、公共协商与网络支持"诸方面要素，共同构成一个系统的、有机的治理框架，具体有以下部分。

一、政府主导

方案一：成立一个权力统一、职责整合的直属省发展和改革委员会的"'五河一湖'流域管理局"，这个管理机构被赋予统一管理"五河一湖"流域的权威和责任，将过去分散在多个部门的与"五河一湖"流域管理相关的权限集于一身，便于"五河一湖"流域的统一管理和共同协调。此工程借鉴参考美国田纳西流域管理局（TVA）的制度模式，TVA根据田纳西河流流域的生态要求，管理整个流域的水资源、环境保护和经济开发事务，成为流域管理的标杆；方案二：建立一个权威性的、统一全局的"五河一湖"流域领导小组，由省长任组长，分管经济工作的副省长任副组长，"五河一湖"流域相关的市长和相关省直单位有关负责人为成员。下设相对独立的常设机构。通过法规赋予该领导小组和办公室职责权限，领导小组的职能为议事决策机构，职责为就有关"五河一湖"流域有关重大问题进行研究、协调、规划，并制定相关政策。常设机构负责日常事务，定期召开年度峰会，确定本年度"五河一湖"流域的重大方针和原则，就重大问题通报信息，做好跨区域重大项目的规划和布局，协调建设中出现的问题，建设有利于生态保护和经济发展的政策体系。该领导小组虽为松散的组织，却有着法规赋予的类似于设区市的重大职权职责。其议事形式为会议制度。会议制度包括联席会议（类似于"五河一湖"流域的常务会议）和专题会议。前者主要负责对"五河一湖"流域规划草案的编制、修编和实施等重大事项进行协调并作出决定；后者主要对区内各次要区域的范围、具有区域性影响的建设项目的确认及其规划选址等事项进行协调并作出决定。

同时，变革干部考核机制，形成"五河一湖"流域可持续发展的长效机制。从低碳产业体系建立、节能减排指标实现、生态环境优化美化、民生工程效果等方面形成干部考核指标体系，建设一支思想政治觉悟高、熟悉生态经济发展规律、整体素质高、业务能力强、结构合理的干部队伍。

二、代表协调

建立一个广泛吸收社会力量参与、具有广泛代表性的"五河一湖流域协调代表委员会"。此委员会不是一个临时性的、由上级政府单方面指派组成的一个象征性的机构，而是由"五河一湖"流域各个地、市、县、乡乃至村级机构选派代表共同组成的一个常任的、实体化的协商协调机构。其成员可以按照一个地区一名代表的规则选拔，由各地政府负责选派。此工程借鉴美国大都市区域协调委员会的组成模式，这一模式已经是区域协调体制比较成功的组织体制。

三、法规统一

整合旧的政策法规，制定一部统一的"五河一湖流域条例"。过去与"五河一湖"流域相关的政策法规散见于各个领域的政策法规文件中，如渔业管理部门制定的禁渔制度、水利管理部门制定的"五河一湖"流域矿产资源开采和开发管理制度、"五河一湖"流域林业资源管理部门的林业种植和管理制度以及"五河一湖"流域保护区的设置和管理制度等。这些制度相互脱节，权限并不完全统一和对等，甚至相互冲突。因此，统一各个部门的管理法规和政策是建设"五河一湖"流域首要承担的重任，应该通过条例解决经济区内的资源配置、管理、服务等统一性问题。

四、公共协商

建立一个每年定期召开的向包括各级官员、专家学者、地方居民在内的相关人士开放的"五河一湖流域公共论坛"。目前已经有一些相关论坛存在，如由中国科学院地理科学与资源环境研究所、江西省山江湖开发治理委员会办公室、江西省科学技术厅、九江学院共同主办的"鄱阳湖高层论坛"；南昌市政府主办的

"环鄱阳湖城市群论坛"；还有鄱阳湖 5 个地级市及 17 个县（市）组成的"环鄱阳湖文化论坛"等。但这些论坛互相独立，相对比较封闭，没有形成互相促进、吸引社会广泛参与的态势。新设立的论坛应该包括高层的"五河一湖流域县市长联席会议"、专业化的"五河一湖流域综合治理学术论坛"以及公众参与的"五河一湖流域社会论坛"等，同时注意加强各个小论坛之间的互动和结合，共同形成一个立体网络式的活跃的论坛群。

同时，健全公共参与体制，加强生态保护宣传教育，提高各级政府领导、各界群众及管理人员的生态保护意识，促进保护区规划建设内容的实施，把"政府战略"变成"公众战略"，将政府的决策思想转化为公众的意识能力，强调公众对生态经济发展的强大推动力。公众参与的内容是丰富多样的，它包括社会个人或社会团体在控制生育、节约资源和保护环境问题上的自律，对他人有害资源环境行为的预警、监督和指控，以及通过新闻传媒或公众论坛，推进政府部门采取有效而及时的保护资源环境的举措。

五、网络支持

创建一个"五河一湖"流域管理与社会参与的综合信息网"五河一湖流域生态经济网"，目前江西省发展和改革委员会已经建立了"建设环鄱阳湖生态经济区网上论坛"，但该网站还刚刚起步，功能和影响力非常小，需要加大力度，配合相关体制机制创新进行更大的改造和提升。新的"五河一湖流域生态经济网"必须成为整个"五河一湖"流域重要的信息发布平台，公众通过这个平台能够及时了解相关的政策法规，了解有关"五河一湖"流域的资源信息；同时这个平台还是"五河一湖"流域地区公众共同参与治理、献计献策、实行社会监督的重要渠道。它是一个立体的、全方位的、全时段的网络平台。

第二节　经济管理

一、产业政策

优化源头产业布局。按照主体功能区划和总体布局，优化"五河一湖"及东江源头地区产业布局，提升产业发展层次。推进生态工业园建设，创建省级生态工业示范园区，争取创建一个国家级生态工业示范园区。全面实施"一大四小"造林绿化工程（森林覆盖率 2010 年达到 63% 的大目标，大力推进城市、乡镇、农村、工业园区的重点项目四个重点区域的绿化），发展生态农业、生态林业、生态养殖业和生态旅游业。实行产业结构调整，坚持促进第一、第二、第三产业健康协调发展的原则。同时要做到产业结构进一步优化升级。要不断提升服务业、高科技企业等生态行业层次所占的比例。淘汰落后的生产能力、工艺和设备。要对医药、印染、造纸、电镀、化工、选矿等重污染行业进行专项整治，关闭污染严重、不能治理达标的企业。实施强制性清洁生产审核，加快建设一批污染物"零排放"的示范企业。加强"五河一湖"内重大产业项目建设，积极推动生产要素合理流动和配置，引导产业集群化发展，建立和完善大、中、小企业协调发展的合作互补型产业组织结构。把增强自主创新能力作为该流域内各地区的战略基点，不断强化创新意识，努力构建以企业为核心，以人才为依托，产、学、研相结合的产业政策模式，运行机制灵活的科技创新体系。以现有中央和省属大型企业为依托，培育一批拥有自主知识产权的骨干龙头企业，提升产业总体竞争力。大力推进节能、节材、节水、节地和资源综合利用、清洁生产工作，促进循环经济发展。

同时，加大财税政策支持。健全财政转移支付办法，加大对生态建设和环境保护以及改善"五河一湖"流域农（渔、牧）民生产生活条件项目的支持力度；争取中央财政性建设资金投入，安排区域内重大基础设施、生态环境保护等项目建设；对资源综合利用、替代能源和清洁生产、节能节水、环境保护专用设备等符合国家产业政策的产品，以及国家需要重点扶持的高新技术企业，按规定给予税收政策支持。

二、水权管理和市场调控

由于水资源属于国家所有，因此各流域的水权主体是虚设的，失去排他功能。加之水资源的流动性、随机性和循环性，一般难以精确地确定某一水权持有者的配水额，水权易受到其他人的侵害：如某一流域上游水权拥有者的用水策略影响下游水权拥有者的收益和成本，当代人拥有的水权配额影响后代人的收益和成本；同样，在某一地区修建水库，可以改变局部地区的生态环境，可能给周边地区带来额外的收益或损失。在我国，水权交易市场双方地位不平等。我国水资源的所有权归国家所有，水权交易是在所有权不变的前提下使用权或经营权的交易，交易双方是两个不同的利益代表主体，一方代表国家行使水资源的管理权，出让产权；另一方是为了获得水资源的经营者和使用者。产权出让者是高度集权的政府机构，具有垄断性，而产权接受者是相对分散的用水户，用户的分散性和资源范围的广阔性，降低了单个用户的谈判能力，强化了每个用水户搭便车的激励效应，容易造成寻租和游说以获取更多的水权。因此，五河流域各政府应当根据自身水资源的条件，完善本地区的水权分配和水权交易制度，并加强水权的监督和管理。

对于"五河一湖"流域水资源的配置和合理利用，政府对水权市场的管理主要体现在水权的初始分配、公共水权的管理以及生态环境的保护与治理上。在水权分配上，应该本着效益、公平的原则，根据其所在流域的历史水文资料以及该流域的降水量，扣除为了维护生态环境和水资源的再生所必要的蓄水量，然后根据流域所在区县的经济发展需要和居民生活的需要，核算各地的需水量和用水量，确定各地区可以从该流域的取水量，对于剩余的水权量可以采用拍卖的方式出售给价格最高的竞标者。而那些竞争性水权交由市场调配。在水资源的市场配置模式下，每一个经济主体，包括个人、法人及其各种组织都是市场的决策主体，每一个主体的地位平等，受相同的法律约束。市场经济是利益经济，价格反映着供求关系，传递着有关水资源的所有信息，每一个水资源的使用者都以市场价格为信号调整自己的用水方式，采用成本最低的方法生产，并将可得的水资源用到价值最大的用途上去，提高水资源的使用效率，多用水意味着要支付额外的成本，而节省下来的水资源却可以通过市场转让带来额外的收益。

当然，完全的市场竞争会造成"五河"流域水资源的垄断，影响百姓用水，有悖公平原则。由于市场配置的缺陷以及水资源的公益性和私益性的双重特点，在市场经济条件下，容易造成生态效益和经济效益的矛盾。特别是像"五河一湖"地区正处于开发的新阶段，各方面机制也尚不完备，城市化程度不高，因此，在水资源管理和配置上应当选择行政和市场相结合。例如，流域内各市县政府应建立市场补偿机制，强化农业用水的地位并对农业用水转让加以有效的利益补偿，用以保障农民利益，给农户造成节水激励。用户节水除了完全弥补少用水损失和水价提高付出的成本，与原来的多用水相比还能够获得更大的收益，这样才能同时达到农业节水和农户受益的双重目的。另外，在本流域形成水资源交易市场和水价形成的过程中，政府应当出面建立相应的交易制度，如交易者的资格，水权购买者的用水行为限制，提供相应的潜在客户的信息，以及水权交易范围等；并在制定水价时将环境水价也算在其内。通过对"五河一湖"流域水权管理和水资源交易市场的调控，可以提高水资源拥有主体在水资源管理和分配中的参与能力和水资源分配的公平性，使得流域内的水资源得到灵活的优化配置；水权交易也可以提高本流域水资源潜在的经济价值，激励供水公司改善水利设备，也激励人们高效节水，提高用水率。

三、投融资渠道

建立多元化投融资体制，吸引各方面的资金参与"五河一湖"流域的各项发展规划和工程建设。根据流域内的城镇集聚分布，培育区域性金融中心。主要措施包括大力扶持资源型企业改制上市，探索组建区域性产业投资基金，选择本流域内基础条件较好的城市建立区域性金融中心。加强政策性银行对"五河一湖"地区的金融支持。鼓励外资银行和其他金融机构在此设立分支机构。设立具有特定目标的区域性金融机构。可以考虑专门组建支持"五河一湖"建设的特定金融机构，设立基金项目。公平开放金融市场准入。积极引进国内外各类金融机构，大力发展银行、保险、证券、期货、信托等金融业。

第三节　法　律　管　理

一、流域专项立法

我国至今没有一部完整系统的流域管理法，对流域管理的相关规定散见于各种关于水的法律文件中，如《中华人民共和国环境保护法》、《中华人民共和国水法》、《中华人民共和国水污染防治法》、《中华人民共和国防洪法》、《中华人民共和国水土保持法》、《淮河流域水污染防治暂行条例》、《取水许可证实施办法》、《中华人民共和国河道管理条例》以及水利部、国家环境保护总局颁布的其他规章以及各种地方性法规等。由于相关水资源立法时间先后不一样，法律效力层次不明确，法律关系不清，使得立法缺乏协调。

因此，管理者可以站在"五河一湖"流域整体高度，摆脱行政区域的束缚，充分考虑并结合本流域的自然地理范畴，制定诸如《"五河一湖"流域水资源开发利用管理条例》等规章制度与政策法规，对流域内全部水资源进行综合调配和管理，将上下游、左右岸、地下水与地表水的管理相统一，全面规划、合理布局、统一调配、综合管理。

《"五河一湖"流域循环经济条例》："五河一湖"流域的建设在注重生态环境保护的同时，要特别注意当前经济发展与资源环境的矛盾，采取"资源—产品—再生资源"和"生产—消费—再循环"的模式有效利用资源和保护环境，以较小的发展成本获取较大的经济效益、社会效益和环境效益。从某种程度上来说，循环经济的发展是"五河一湖"流域可持续发展的源泉。目前，全国人大常委会已制定《中华人民共和国循环经济促进法》，它的出台为《"五河一湖"流域循环经济条例》的制定提供依据和模式。

《"五河一湖"流域补偿条例》："五河一湖"流域的保护和开发，面临的一个重大的现实问题就是补偿的问题。为此，必须制定一部《"五河一湖"流域补偿条例》明确补偿制度的原则、内容、标准、程序等问题，在开发和保护的同时，维护好"五河一湖"流域人民的合法权益。

二、确定流域管理机构的法律地位

由于目前我国大部分地区流域水资源管理还是"多龙治水"的局面，缺乏一个强有力的管理机构进行统一的管理。故"五河一湖"流域在管理法制化的进程中，应当注重对流域管理机构法律地位的确定，从而明确机构的管理权力，为其在"五河一湖"地区履行相关的职责和从事开发利用、管理监督工作提供法律保障。在立法上明确流域管理机构的职权范围，包括：①规划计划权，具体为负责制定江河流域综合规划、水资源开发利用的规划与计划、水资源保护规划、纳污总量控制计划、水污染防治计划、供水计划等；②监督检查权，具体为监督检查流域规划的实施和流域内各行政区域的水资源开发利用与保护工作，检查重点工程对江河流域水资源的影响（鄱阳湖生态枢纽工程办公室即可履行此项职责），检查各项制度的实施情况并提出相应的意见和建议；③获取信息权，具体为流域内各行政区对所辖河段水资源开发利用及排污申报，指定重点工程、重点区域、重点单位定期汇报，根据具体情况要求个别部门和单位进行临时汇报等；④监测权，具体负责所辖江河流域的水文、水质监测、水土保持监测及省市区界水质变化情况掌握与监测；⑤建议权，提供流域内各行政区进行综合开发利用、综合整治等建议；⑥许可权，包括取水许可、沿流域设置排污口许可、污物排放许可等，考虑到各个江河流域管理的具体情况不同，有关许可权应作原则性的规定，如何具体划分流域机构与区域管理的管理权限，应在制定某一具体条例时再考虑明确；⑦纠纷处理权，包括对跨流域的水污染、用水等水事纠纷的处理权；⑧行政处罚权，对违反江河流域管理法并造成损害的给予行政处罚。通过在法律上赋予流域内各地方行政部门应有的地位和权力，设置必要的程序，可以保证科学、公正、合理和民主决策原则的实现。

三、流域管理机构执法和监管力度加强

实行严格、公正的执法是完善流域管理体制不可缺少的环节。在建立健全环境行政执法机构和体制、赋予"五河一湖"流域管理部门职责的同时，必须赋予其相应的执行手段和职权，加强"五河一湖"流域管理机构在河流干道和跨行政区域水资源管理的执法力度；赋予流域水资源管理机构独立的自主管理权，明确流域管理机构对地方水行政主管部门的考核评级权、主要领导的任职否决权；强化流域管理机构协调、仲裁和处罚等职能；重点建立流域水行政执法责任制，依照法定权限，将新《中华人民共和国水法》规定的水行政执法责任具体落实到各级流域水行政执法机关和水行政执法人员，并逐级考核，多方位监督，使水行政

执法权限法定化、执法管理目标化、执法行为合法化、执法文书标准化。落实这些目标的主要措施应包括建立"水行政执法检查监督制度"、"水行政执法公开制度"、"水行政执法报告制度"、"水行政执法过错责任制度"等。

四、权责制与绩效评估

改革开放以来，GDP 成为衡量地方政府运行绩效的惯用标准。从理论上讲，地方政府的职责包括发展地方经济、社会管理和公共服务等多个方面。由于特定的历史原因，我国从中央到地方都在实施赶超式和跨越式发展战略，发展经济成为地方政府的主要职能，社会管理和公共服务等职能则长期被置于次要地位甚至被有意无意地忽略。最终导致了社会贫富差距加大、百姓社会生活满意度降低、宏观经济发展过热、市场分割和地方保护、项目重复建设和资源浪费等多种社会问题。

故"五河一湖"流域在建设发展过程中，对政府的绩效考评应当采用以科学发展观为指导的经济社会发展指标体系。将指标分为经济增长、经济结构、人口资源环境、公共服务人民生活四大类，并且大幅度减少经济指标，增加社会发展、人民生活以及环境资源的绿色 GDP 指标。并且可以采用一些约束性的考核指标，如单位 GDP 能源消耗降低、单位工业增加值用水量降低、耕地保有量增加、主要污染物排放总量减少、森林覆盖率增加、城镇基本养老保险覆盖人数增加、新型农村合作医疗覆盖率增加等。除评估的价值标准从单一的效率取向转向多重价值标准以外，评估的侧重点也要由经济和效率转向效益和质量。流域内各地区政府绩效评估要从公民的立场和角度来测评政府服务的经济、效率、效益、服务质量和公民满意度等，并适时展开民意调查，由社会公众来评定。同时，在绩效考评中也应当引入企业绩效考评中的竞争淘汰制度，对于绩效考评末尾 3 名的可以免职，并通过外聘、公正的公务员考试制度，吸纳有能力的新人。而各部门末尾 3 名行政人员的上级直接领导也要接受公开批评问责和相应的惩戒。

行政问责制本质上是一种责任追究机制。但它并不是出现问题后的责任追究制，而是有着重要的教育和事先预防功能。其精神实质就是对政府官员行使公共权力的行为进行事先的控制与监督，让他们在职责范围内对自己的行为及后果负责，向任命他们的上级和公众负责。要想将"五河一湖"地区行政问责制落实到实处，让官员们本着改善地区环境、提高人民生活水平、对公众负责的态度做事，首先，应当规范行政权力授权者对受权者的问责制，受权者如若不能认真地完成自己的职责所在或者滥用职权，授权者应负连带责任。这样以尽量避免地方官员买官卖官的行为发生。其次，要将行政问责运作的过程制度化。问责制是责任制和责任追究制的中间环节，是授权与监权的功能性载体。必须建立健全各种责任制度及可操作性强的失职、失责追究制度，才能保证问责制建立在有法可依的基础上，并能在实施责任追究时，在各个方面和环节上都能找到具体的责任主体，使每一位行政官员都能明确岗位职责。故应当建立一套公开、细致的问责事由标准，明确党政之间、正副职之间、不同层级之间的任职及问责方式，要按照授权范围及民主宪政的要求明确问责主体，并以法制化的程序来保证问责制度的有序进行。例如，提案、立案、调查、辩解、审议、决定、复议、申诉等，违反程序的问责是无效的。同时，还可以借鉴香港地区道德问责的法制化，从而为处罚那些不违法，但又不合理的行政行为提供惩处的合理依据。最后，要重视民意，提高民众参与监督的可进入性和政策回应性的高效性。可以尝试采用"社情民意反映制度"、"专家咨询制度"、"决策的论证制和责任制"，等等，意在构建一个群众参与、专家咨询以及集体决策相结合的决策机制，充分反映民意，广泛集中民智，接受民众监督。

第四节　技术管理

一、电子技术运用

在技术经济年代，"五河一湖"流域要想实现快速、稳步、可持续发展，必须运用现代科技方法来提高流域内水资源的空间数据管理水平，加强水质监测和环境污染控制，完善资源配置和供应网络建设。

例如，GIS 系统能够管理属性数据和空间数据，能将数据与图形有机结合，具有图形表示综合数据，数据在图上定位的特点；还可以进行不同的专题图的任意组合，以及对属性数据进行各种空间分析，向用户提供图形、表格、图像及多媒体等直观的结果。故在对"五河一湖"流域资源数据进行管理时，可以进一步利用 GIS 建立基础图层数据（包括该流域内市、县区、乡镇行政区，市、县区、乡镇、村屯驻地，水库，河流域界，"五河一湖"流域数字高程图，以及用 Mike Basin 流域模型软件生成的规划单元图、用水单元图）和水文数据及站点信息图层（包括灌溉用水户地下水站、城市供水地下水站、工业地下水站、土壤含水量观测站、河流水质站、水文站、雨量站、地下水观测站、蒸发站、水文局水质站等）。同时建立一个本流域的用水数据库，主要是水量和社会经济数据，包括城镇生活用水（含水源代码、水源名称、单元代码、供水机构、年份、居民人口、用水定额、居民年用水量、公共年用水量、资料来源、备注）；工业用水（含水源代码、水源名称、单元代码、企业名称、年份、年产量、万元产值用水量、年取水量、重复利用率、最大日取水量、年耗水量、回归系数、年排水量、主要产品、主要生产工艺、工艺的先进程度、排入河名、排入地点、排入方式、主要污染物、资料来源、备注);农村生活畜牧业用水(含单元代码、年份、乡居民人口、居民用水量定额、大小牲畜及家禽的数量、用水定额、用水量);农业用水(含水源名称、单元代码、灌溉耕地所在地、年份、作物种类、实灌面积、用水定额、灌溉水量、资料来源、备注)。再将用水数据库同 GIS 建立的图层相对应地结合起来,便于更直观地理解空间数据的内涵,更好地管理流域水资源。

在水质监测和污染防控上,可以利用 GPRS 技术构建远程自动水文水质监测系统,这些无线自动水文站主要由传感器单元、单片机系统和 GPRS 数据终端单元构成。在"五河一湖"流域各站点安装自动水文采集设备,其无线数据传输采用中心点对多点的方式,这多个水文采集站点用各自的 GPRS 数据终端将数据打成 IP 包,经 GPRS 空中接口接入无线 GPRS 网络,由移动服务商转接到因特网,最终通过各种网关和路由到达统一的数据处理中心工作站。这种远程无线传播技术的运用,通过 Internet 网络能随时随地构建覆盖整个流域的虚拟移动数据通信专用网络,降低投资成本;并且数据通信不受地形和天气条件限制,无线通信服务费率较低,也节省了遥测系统的运营成本。

对于"五河一湖"流域供水管网的建设管理,可以综合利用 GIS 和 SCADA 技术进行更新完善。供水管网作为城镇发展及城市化进程中极为重要的基础设施和经济与社会发展的源泉,加强对供水管网调度的信息化建设具有相当重要意义。SCADA 是用于现场监测和自动化管理的技术。以该技术建立的系统能够收集现场数据并通过有线或者无线信道传输到监控中心,由控制中心根据预先设定的程序控制远程的设备。SCADA 系统记录的数据是随时间变化而变化的,系统接受和显示实时监测数据并根据事先制定的规则决定是否报警。但 SCADA 系统只能给出网络中正在发生的事件,无法预测接下了来将发生的事情,因此不能告诉操作人员在不同的运行参数下网络运行的情况,没有分析和辅助决策功能。而 GIS 具有显示复杂空间数据能力却不能很好管理实时数据的问题。故应当将两者结合形成集成线路,进行统一的数据管理。将各种图形数据(矢量、栅格)和非图形数据(图片、文档、多媒体)集中统一地存放在关系数据库中。同时,这种集成系统也将有利于"五河一湖"流域的其他工作,包括:①查询统计。可提供多种手段对图形、属性数据进行交互查询,同时能对所选元素的某个字段按用户指定的统计分类数与分类段的范围,统计图元总数、最大、最小、平均值等。并可用直方图、饼图、折线图等多种形式显示。②管网编辑。系统提供完备的编辑工具,用户可以按自己的要求对管网空间和属性数据进行添加、修改、删除等操作。在编辑时有完备的设备关系规则库系统,确保编辑好的数据正确、完备,同时支持版本管理和长事务处理。③实时反映管网的运行状态。通过从 SCADA 中导入的数据,在每一条供水管网线路上可显示实时水压、水流、水质信息。④方案模拟。可在供水方案实施确定前,在系统上进行模拟操作,系统从 SCADA 读入的运行参数进行水流模拟分配,并根据管径大小规格对水流进行校核,发现水压超过管径允许的范围时,便会报警,避免管道爆管。⑤故障定位。当用水用户出现停水时,只要出示用户名,就可在系统中上查出该用户的供水信息,测绘通报在地图上的位置。快速找到故障点,及时隔离故障。⑥发布停水信息。在关闭水闸时候,用户接口模块的地图上由该水闸控制的线路的颜色由红色转为黑色,并列出所有停水的用户。调度员可据此向电视台、传呼台发送停水范围和用户名称。⑦老化计算。以管线的材料、埋设环境、年限、维修次数等条件为参数,通过分析模型得出需要维修的管线的紧迫级别,并计算相应工时。⑧设备设施管理。管理管网在运行过程中的设备维修、管网改扩建、设备运行等业务,主要包括巡道管理、听漏管理、报修管理,维修派工、停水关闸管理等,还有管网设备质量评估(为改扩建管网提供决策依据)和维修员工考核等。

二、人才培养与企业技术支撑

提高建设的技术创新能力,加强环保科技基础研究,建立科技成果推广与转化机制;突破行政区划的界限,全面优化“五河一湖”流域整体的科技资源配置,着力构建多元化、多渠道的科技投入体系;区内应实现以高校与科研院所为中心的技术主导型科研体制和以企业为中心的市场主导型科研体制相结合的模式;技术创新与产业创新相结合,注重研究成果的产业化和创新资源的优化配置。针对流域内工业生产技术、工艺水平及能源消费的特点,对资源消耗量大、污染严重的产业进行“清洁生产”技术的改造及工艺示范,同时进行生活、产业废弃物资源化的研究。加强生态环境技术研究推广的国际合作。加强环境保护科技人才的培养,建立科技人才库;可以通过项目扶持、经费资助、团队建设等措施,培养科技型企业家和企业型科学家;突出以人为本,建立以人为本的激励机制,注重科技政策的人性化,应更多地增加促进科技人员能动性发挥的鼓励性的政策内容。

第二十五章　协调机制建立

体制机制创新是长期以来困扰"五河一湖"地区生态保护和经济发展的难题，它包括区域内各成员之间利益冲突的整合与协调问题，这一问题制约着这一地区经济社会多方面的发展。为此，在这一区域内建立一个新的机制，包括资源整合机制、利益协调机制、区域合作机制、生态补偿机制、和谐发展机制、孵化创新机制以及纠纷解决机制，将有助于促进生态经济区的协调发展。

一、资源整合机制

利用"五河一湖"地区的统一管理体制和代表协调体制，统一考察"五河一湖"地区的资源，全盘规划，妥当、合理、平衡、全面地开发各类资源，让资源得到最大程度的开发利用，造福该地区人民。

二、利益协调机制

"五河一湖"流域跨区域广，加之水资源本身又具有公共资源和私有资源的双重属性，故该流域管理过程中必然涉及企业、政府、有关职能部门、农民、其他私营业主等水体所有者和使用者的多方利益协调。建立合作、协调、民主协商和信息沟通机制显得十分必要。

加强沟通协调，建立和完善民主协商机制，才有可能使水市场中不同区域、部门对水资源分配的不同取向和要求得以有效、综合性的调整。从完善水的法规建设体系来看，由于法律法规不可能完全覆盖形势的发展和情况的变化，民主协商机制的存在也是对法律不能解决的新问题的一种解决机制上的补充。故流域管理机构和行政区域管理机构应当通力合作，为多方利益代表从联系制度、职责划分、协商机制、情况通报等方面建立起全面的协作关系提供必要的平台。对流域水资源管理中的大事共同商定，对水资源管理中的具体问题共同处理，对事权划分不清、职能交叉或不明确的事项，通过协商、协调予以妥善处理，在取水许可、河道建设项目管理、水事纠纷调处、水事违法案件查处、水量统一调度等方面，建立起协调机制。特别是近年来随着经济的发展，行政区域间争相开发水资源和因水污染产生的边界水事纠纷日益增多。为了尽量减少日后"五河一湖"流域出现此类纠纷，现在就该着力建设流域与区域及区域之间的合作协调机制。此外，还要完善信息通报机制。流域是一个结构复杂、因素众多、作用方式错综复杂的系统，流域内水资源具有互通和相互影响的特性，水资源管理中蕴含着巨大的信息流动。使这些信息充分、及时地传播、交流是作出正确的判断、合理地兼顾各方利益的保障。因此，"五河一湖"流域各机构和行政部门应加强信息沟通，定期互相通报情况，重大问题随时通报。应定期发布流域和区域水资源公报，就水质、水量、水事环境相互通告，公开有关的决策、管理信息和程序，增加公开性和透明度，以利于相互之间的了解、沟通和监督，同时也为公众参加管理和监督提供必要条件。流域内有关水资源及水工程的相关资料也应当共享，为实现水资源的统一管理和科学调度创造条件。

三、区域合作机制

利用鄱阳湖公共论坛，建立区域间不同政府、社区的互相合作，共同承担区域工程、协作完成区域任务、维护区域生态环境的安全，保护区域内公民的利益。

四、生态补偿机制

生态补偿机制即对生态建设者实行生态补偿，鼓励个人和集体从事生态环境建设，发展经济与环境保护兼顾。一方面，要建立生态环境保护考核和激励机制。将生态环境保护成效、主要污染物减排、环境质量、环保投入和能力建设等作为地方政府和有关部门政绩考核的重要指标，形成绿色 GDP。制定自然资源与环境有偿使用政策，对资源受益者征收资源开发利用费和生态环境补偿费，开展多种类型的生态补偿试点工作，加快生态补偿机制的研究，尽快制定适合江西省实际的生态补偿政策。进一步加大资金投入，专项用于"五河一湖"流域污染防治与环境保护。建立生态环境保护资金、农田基本建设资金、生态公益林补助资金、水土流失治理资金、河道整治与小流域治理资金等专项资金。资金由省政府财政拨款和向"五河一湖"地区受益单位收取一定费用组成。积极支持生态项目申请银行信贷、设备租赁融资和国家专项资金，发行企业债券和上市融资。采取多种措施，鼓励不同经济成分和各类投资主体参与环境保护和生态建设。

另一方面，要优化产业结构，淘汰落后生产力，提高"五河一湖"流域环境准入制度，对于污染严重的生产企业要勒令其停工并迁出所在的生态区。加大科学技术产业化的力度，增强自主创新能力，使用清洁能源，提高资源的利用率和企业生产力，节能减排。积极发展绿色生态产业，如生态农业、生态旅游业、生态养殖业，并建设生态产业示范园区，构建该流域新型产业集聚群，提高区域核心竞争力,实现"五河一湖"流域生态、经济循环的可持续、和谐统一发展。

美国的湖区治理经验表明,在流域生态补偿上,为加大流域上游地区对生态保护工作的积极性,采取了一些补偿机制,即由流域下游受益区的政府和居民向上游地区作出环境贡献的居民进行货币补偿。在补偿标准的确定上,美国政府借助竞标机制和遵循责任主体自愿的原则来确定与各地自然和经济条件相适应的租金率,这种方式确定的补偿标准实际上是不同责任主体与政府博弈后的结果,化解了许多潜在的矛盾。

"五河一湖"流域是一个自然-社会-经济复合系统,其开发是一个复杂而巨大的系统工程,涉及社会、经济发展的方方面面。目前,世界上大多数国家的相关资金主要来源于国家的资金、单位及个人捐助、保护区自身资金来源,而国家的资金是最主要的渠道。各国近些年来已明显加大了对该方面的资金投入,我国虽然也有所改善,但主要还是靠地方财政,而地方又由于一些实际原因,资金投入远远不够。

因此,可以发挥财政资金"四两拨千斤"的作用,积极利用国内外社会资本,让社会资本多渠道、多方式参与"五河一湖"流域建设。资金来源采取国家部门筹一点、省级公共财政拨一点、有关企事业单位集中一点、民间资本捐募一点及群众志愿劳动投入一点等办法构成。

依据目前的情况,一是可以考虑设立省、市、县三级、"4:3:3"比例筹措专项发展基金,用于流域生态建设、环境保护、资源开发;二是省财政每年拿出3亿~5亿元资金,联合江西省投资公司、江西省国有企业控股有限公司等大型国有企业一起出资设立政府引导基金,用于"五河一湖"源头及核心区的生态补偿。

五、纠纷解决机制

环境违法、侵权乃至犯罪案件,随着人们环境维权意识的增强而日益凸显。对此,全国多数城市已建立或者正在探索建立环保法庭,如云南、贵州、北京、青岛等。目前,江西省高级人民法院为了更好地服务鄱阳湖生态经济区建设,拟打破行政界限,探索建立鄱阳湖环保法庭,搭建快速诉讼通道,将涉及鄱阳湖环保的案件进行集中处理。即在鄱阳湖生态经济区范围内,在经济发展速度较快、环境案件发生频率较高地区的基层法院,探索设立环保法庭,实行环保民事、刑事、行政、执行案的集中受理,建立环境公益诉讼。无疑,环保法庭的设立对打击环境违法、侵权乃至犯罪行为,保护环境具有十分重要的意义。然而,从我国已经设立环保法庭的地区有关环保法庭的运作来看,效果并不尽如人意。2000年前,引进环境公益诉讼制度被称为中国环境保护"最后的希望";2008年前,云南省多家法院挂牌成立环保法庭时，媒体和公众就对"走在全国前列"的云南环境公益诉讼寄予了巨大的期待。然而两年后的现实是：无米下锅，大多数环保法庭都在审理非环保的案件，其中 7 个环保法庭，至今均未审理过环境公益诉讼案件。其无案可审并不是因为污染破坏环境的行为少了，而是因为对污染破坏环境的行为，无人提起诉讼。鉴于国内环保法庭所面临的窘境，在反思其制度设计的科学性与合理性基础上，建议在"五河一湖"地区设立环保巡回法庭。具体构建如下：

（1）由江西省高级人民法院根据需要在"五河一湖"地区内设立 2 或 3 个环保巡回法庭。环保巡回法庭实行刑事、民事、行政、执行"四合一"模式，并提供法律咨询和法律救助等全面服务。由环保巡回法庭直接受理的环保案件，可以大大简化审理程序，缩短办案时间，使环境污染者得到及时惩处，打破地方保护主义。

（2）大力发展民间环保组织。环境不法行为往往侵害或危及到的是社会的公共权益，一般并不直接损害私人的利益。根据我国法律的规定，只有直接利害关系人才能提起民事或行政诉讼，这就在法律上给公民或民间环保组织提起环境公益诉讼带来了重重困难。国外一些大的环保案例中，我们都能看到民间环保组织的身影。借助民间环保组织和社会团体的力量，支持公民与环境违法行为做斗争，对政府不利于环境治理的行为提出抗议，或直接以原告的身份提起环境公益诉讼，以打击污染破坏环境的行为，是国外环境治理中的一个典型经验和有效做法。为破解我国环保法庭"无案可审"的尴尬，政府应该大力培育、支持民间环保组织的发展。通过民间环保组织提起环境公益诉讼的方式，完善环保巡回法庭制度，以更好地解决各类环境纠纷。

（3）建立环境公益诉讼基金。环保公益诉讼案件，因诉讼费用高昂，故让作为原告的公益组织来承担这笔庞大的费用，显然是不现实的。目前，庞大的诉讼成本问题，正成为环保公益诉讼面临的最大难题。为此，建立环境公益诉讼基金，不仅有利于降低公益诉讼的成本，解决环境公益诉讼实践中遇到的难题；而且有利于鼓励更多的社会组织和个人，参加到保护环境的队伍中来，提高和调动他们参与环保公益诉讼的积极性，推动我国环保公益诉讼的发展，形成人人参与保护环境的良好氛围。

（4）建立环保专家咨询委员会。环境诉讼案件专业性强，需要具有专业环境知识的司法人员才能胜任。针对目前我国还没有具备环境污染损害鉴定专业资质的机构，且现有的一些鉴定部门存在鉴定周期较长、费用较高等情况，成立环保专家咨询委员会，在案件审理过程中邀请环保专家就污染问题、因果关系、损害结果等进行论证，充分听取专家意见，依照法律规定采信专家证言，依法作出判决，把"专家证人"这一模式运用到环保审判过程中，推动环保巡回法庭制度的发展。

参 考 文 献

安树伟，张晓. 2008. 黄河流域管理与协调发展研究［J］. 地理与生态，1（2）：126-147

蔡庆华，吴刚，刘建康. 1997. 流域生态学：水生态系统多样性研究和保护的一个新途径［J］. 科技导报，
（5）：24-26

曹永强，王兆华. 2004. 市场经济条件下水资源优化配置研究［J］. 水利发展研究，（10）：8-17

陈党. 2007. 行政问责法律制度研究［D］. 苏州：苏州大学博士学位论文：4

陈峰云，夏志华. 2003. 中国能源可持续利用的战略选择［J］. 国土与自然资源研究，（2）：73-74

陈锋. 2002. 水权交易的经济分析［D］. 杭州：浙江大学硕士学位论文

陈琴. 2004. 关于流域管理立法的思考［J］. 水利发展研究，（2）：38-44

陈双溪，聂秋生，曾辉，等. 2006. 鄱阳湖区风能资源储量及分布研究［J］. 气象与减灾研究，29（1）：1-
6

陈晓景. 2006. 流域管理法研究：生态系统管理视角［D］. 青岛：中国海洋大学博士学位论文

程国栋. 2002. 承载力概念的演变及西北水资源承载力的应用框架［J］. 冰川冻土，24（4）：361-367

崔保山，杨志峰. 2003. 湿地生态系统健康的时空尺度特征［J］. 应用生态学报，14（1）：121-125

崔奕波，李钟杰. 2005. 长江流域湖泊的渔业资源与环境保护［M］. 北京：科学出版社：181-192

代存伟. 2009. 建立我国行政问责制的法律路径分析［J］. 法制与经济，（5）：18-19

邓红兵，王青春，王庆礼，等. 2001. 河岸植被缓冲带与河岸带管理［J］. 应用生态学报，（12）：951-954

邓红兵，王庆礼，蔡庆华. 1998. 流域生态学——新学科、新思想、新途径［J］. 应用生态学报，9（4）：
443-449

邓红兵，王庆礼，蔡庆华. 2002. 流域生态系统管理及其可持续发展［J］. 中国人口、资源与环境，12
（6）：18-20

冯尚友. 2000. 水资源持续利用与管理导论［M］. 北京：科学出版社

甘筱青. 2002. 鄱阳湖区资源综合利用与社会可持续发展［J］. 南昌大学学报（理科版），26（4）：328-333

高而坤. 2004. 谈流域管理与行政区域管理相结合的水资源管理体制［J］. 水利发展研究，（4）：14-24

高吉喜. 2001. 可持续发展理论探讨：生态承载力理论、方法与应用［M］. 北京：中国环境科学出版社：
12-20

高鹭，张宏业. 2007. 生态承载力的国内外研究进展［J］. 中国人口、资源与环境，17（2）：19-26

高明煜，康惠海，曾毓等. 2005. GPRS技术在水质远程监测中的应用［J］. 渔业现代化，（2）：31-37

葛刚，纪伟涛，刘成林，等. 2010. 鄱阳湖水利枢纽工程与湿地生态保护［J］. 长江流域资源与环境，19
（6）：606-613

龚霞，刘淑娟，曹维鹏，等. 2006. 鄱阳湖及支流底泥中重金属形态研究［J］. 江西农业大学学报，4
（28）：620-624

顾晓薇，王青，刘建兴，等. 2005. 基于"国家公顷"计算城市生态足迹的新方法［J］. 东北大学学报
（自然科学版），4（26）：397-399

郭峰. 2009. 流域管理体制中的协调管理研究［D］. 长沙：中南大学博士学位论文

郭泽辰. 2004. 基于GPRS的远程自动水文监测网络［J］. 电力系统通信，（8）：11-15

郭治之，刘瑞兰. 1995. 江西鱼类研究［J］. 南昌大学学报（理科版），19（4）：222-232

郭治之. 1964. 波阳湖鱼类调查报告［J］. 江西大学学报（自然科学版），（2）：121-130

国家发展与改革委员会，江西省人民政府. 2009. 鄱阳湖生态经济区规划

何大伟，陈静生. 2000. 三峡库区资源与环境一体化管理的机构、法律、制度初探 [J]. 长江流域资源与
　　环境，9（2）：182-188

何小敏，章鹏. 2009. 江西能源结构与能源效率实证研究 [J] 能源研究与管理，(1)：23-27

胡鞍钢，王亚华. 2000. 转型期水资源配置的公共政策：准市场和政治民主协商 [J]. 中国水利，(11)：
　　10-13

胡茂林，吴志强，常剑波. 2007. 鄱阳湖南矶山自然保护区鲤、鲫的随机扩增多态 DNA 分析 [J]. 长江流
　　域资源与环境，16（3）：314-317

胡茂林，吴志强，周辉明，等. 2005. 鄱阳湖南矶山自然保护区渔业特点及资源现状 [J]. 长江流域资源
　　与环境，14（5）：561-565

胡锐军. 2010. 党政领导干部问责制运行模式及其建构路径分析 [J]. 首都师范大学学报（社会科学版），
　　(2)：139-144

胡细英，熊小英. 2002. 鄱阳湖水位特征与湿地生态保护 [J]. 江西林业科技，(5)：1-4

胡细英. 2001. 鄱阳湖流域近百年生态环境的演变 [J]. 江西师范大学学报（自然科学版），25（2）：
　　175-179

胡细英. 2007. 鄱阳湖湿地资源综合开发利用 [J]. 经济地理，27（4）：625-628

胡振鹏. 2006. 鄱阳湖流域综合管理的探索 [J]. 气象与减灾研究，29（2）：1-7

湖北省水生生物研究所. 1976. 长江鱼类 [M]. 北京：科学出版社：1-243

黄国勤，王晓鸿，刘宜柏. 2005. 论鄱阳湖区农业可持续发展 [J]. 江西农业大学学报（社会科学版），4
　　(2)：5-8

黄国清，王博，李华. 2007. 江西发展农业循环经济面临的问题及对策建议 [J]. 农业经济问题，(8)：62-
　　65

黄金国. 2007. 鄱阳湖湿地生态环境治理及其保护 [J]. 水土保持研究，14（5）：310-311

黄鹏，欧阳珊，阮禄章，等. 2009. 南矶山湿地自然保护区夏季鸟类群落生物多样性 [J]. 南昌大学学报
　　（理科版），33（6）：585-590

黄秋萍，黄国勤，刘隆旺. 2006. 鄱阳湖生态环境现状、问题及可持续发展对策 [J]. 江西科学，24（6）：
　　517-522

黄廷义. 2007. 长江流域管理体制研究 [D]. 重庆：重庆师范大学硕士学位论文

黄细嘉，谌贻庆，龚志强. 2005. 鄱阳湖区旅游资源综合评价与开发研究 [J]. 资源开发与市场，21（2）：
　　159-161

黄细嘉，龚志强. 2005. 鄱阳湖区域旅游整体形象策划研究 [J]. 长江流域资源与环境，14（2）：177-180

黄新建，赵黎黎. 2007. 江西工业发展循环经济中的问题及对策 [J]. 南昌大学学报（人文社会科学版），
　　38（5）：66-69

嵇晓燕，崔广柏. 2005. 水资源协调管理系统研究 [J]. 人民黄河，27（5）：42-43

纪志国，孙庆艳. 2010. 我国水资源可持续利用措施研究 [J]. 科技资讯，(8)：137

贾俊松，谢东明，田野，等. 2009. 江西五大水系水环境容量测算及污染控制分析 [J]. 水资源与水工程
　　学报，20（2）：1-4

贾俊松，谢冬明，郑博福，等. 2008. 江西鄱阳湖区及五河流域生态足迹的时空比较分析 [J]. 安徽农业
　　科学，36（35）：15612-15614，15636

贾艳梅，冯书仓. 2009. 区域水环境影响因素研究 [J]. 水资源研究，30（3）：39-43

简敏菲，游海，倪才英. 2005. 鄱阳湖饶河入湖段底泥中重金属的污染特性 [J]. 江西师范大学学报（自

然科学版），4（29）：363-366

简敏菲，游海，倪才英. 2006. 鄱阳湖饶河段重金属污染水平与迁移特性 [J]. 湖泊科学，18（2）：127-133

《江西地质矿产志》编委员会. 1998. 江西地质矿产志 [M]. 北京：方志出版社

《江西省气象志》编纂委员会. 1997. 江西省气象志 [M]. 北京：方志出版社

《江西省自然地理志》编委员会. 2002. 江西省志3-江西省自然地理志 [M]. 北京：方志出版社

江惟舒，孔凡斌. 2003. 鄱阳湖流域水土流失与森林生态环境控制管理对策 [J]. 林业资源管理，（6）：36-40

江西省国土资源厅. 2008. 江西省矿产资源总体规划（2008—2015年）

江西省国土资源厅. 2009. 江西省土地利用总体规划（2006—2020年）

江西省人民代表大会环境与资源保护委员会. 2007. 江西生态（第三卷）[M]. 南昌：江西人民出版社

江西省人民政府. 2008. 鄱阳湖生态经济区规划实施方案（赣府发 [2010] 28号）

江西省生态环境现状调查报告协调组办公室. 2002. 江西省生态环境现状调查报告 [R]. 南昌：江西省生态环境现状调查报告协调组办公室

江西省水利厅. 2004. 江西省第三次土壤侵蚀遥感调查结果公告

江西省水利厅. 2007. 江西省水资源公报（1999—2009）

江西省水利厅. 2010. 江西省水资源公报2010

江西省水文局. 2007. 江西水系 [M]. 武汉：长江出版社

江西省水文志编辑室. 1994. 江西水文志 [M]. 南昌：江西省水文志编辑室印

江西省统计局，国家统计局江西调查总队. 2008. 江西统计年鉴2008 [M]. 北京：中国统计出版社

江西省土地利用管理局，江西省土壤普查办公室. 1991. 江西土壤 [M]. 北京：中国农业科技出版社

江西省政协调研组. 2008. 关于"五河一湖"源头污染防治情况的调研报告

蒋耀新. 2003. 水环境现状及水污染防治 [J]. 甘肃环境研究与监测，16（4）：454-456

揭二龙，李小军，刘士余. 2007. 鄱阳湖湿地动态变化及其成因分析 [J]. 江西农业大学学报，29（3）：500-503

鞠秋立. 2004. 我国水资源管理理论与实践研究 [D]. 长春：吉林大学硕士学位论文

李红清，蒋固政. 2001. 鄱阳湖控制工程对自然保护区生态环境的影响 [J]. 人民长江，32（7）：37-38

李云生. 2010. "十二五"水环境保护基本思路 [J]. 水工业市场，（1）：8-10

李志涛，黄河清，张明庆，等. 2010. 鄱阳湖流域经济增长与水环境污染关系研究 [J]. 资源科学，32（2）：267-273

梁文成. 2001. 关于江河流域管理立法几个问题的思考 [J]. 水利发展研究，（6）：27-28

林英. 1986. 江西森林 [M]. 北京：中国林业出版社；南昌：江西科学技术出版社

刘革. 2010. GIS在大凌河流域水资源管理中的应用 [J]. 东北水利水电，（2）：64-65，70

刘建康，谢平. 1999. 揭开武汉东湖蓝藻水华消失之谜 [J]. 长江流域资源与环境，8（3）：312-319

刘信中，樊三宝，胡斌华. 2006. 江西省南矶山湿地自然保护区综合考察报告 [M]. 北京：中国林业出版社

刘信中，叶居新，朱华等. 2000. 江西湿地 [M]. 北京：中国林业出版社

刘以珍. 2010. 赣江河岸带植被特征 [D]. 南昌：南昌大学硕士学位论文

刘玉龙，甘泓，王慧峰. 2003. 水资源流域管理与区域管理模式浅析 [J]. 中国水利水电科学研究院学报，（6）：52-55，62

刘月英，张文珍，王耀先. 1993. 医学贝类学 [M]. 北京：海洋出版社：25-35

龙远飞. 2006. 鄱阳湖湿地保护管理现状及对策 [J]. 江西林业科技, (5): 1-3

吕兰军. 1994. 鄱阳湖富营养化评价 [J]. 水资源保护, (3): 47-52

吕兰军. 1996. 鄱阳湖富营养化调查与评价 [J]. 湖泊科学, 8 (3): 241-247

马世骏, 王如松. 1984. 社会-经济-自然复合生态系统理论 [J]. 生态学报, 4 (1): 1-9

马逸麟, 梅丽辉. 2005. 鄱阳湖区农业可持续发展对策 [J]. 中国生态农业学报, 31 (2): 187-189

毛端谦, 刘春燕. 2002. 鄱阳湖湿地生态保护与可持续利用研究 [J]. 热带地理, 22 (1): 24-27

莫明浩, 毛建华, 梁淑荣. 2007. 基于 RS 与 GIS 的鄱阳湖典型湿地覆盖变化及生态环境保护 [J]. 地球科学与环境学报. 29 (2): 210-213

欧阳珊, 詹诚, 陈堂华, 等. 2009. 鄱阳湖大型底栖动物物种多样性及资源现状评价 [J]. 南昌大学学报 (工科版), 31 (1): 9-13

彭莉. 2005. 我国水资源管理模式探讨 [J]. 水资源保护, 5 (3): 42-45

彭学军. 2006. 流域管理与行政管理相结合的水资源管理体制研究 [D]. 济南: 山东大学硕士学位论文

蒲朝勇, 曾大林. 1998. 湘赣两省水土保持工作调查报告 [R]. 中国水土保持, (11): 7-8

《鄱阳湖研究》编委会. 1988. 鄱阳湖研究 [M]. 上海: 上海科学技术出版社

钱冬. 2007. 我国水资源流域行政管理体制研究 [D]. 昆明: 昆明理工大学硕士学位论文, 3

钱海燕, 樊哲文, 方豫, 等. 2009. 江西省发展低碳农业的潜力分析 [J]. 第三届全国农业环境科学学术研讨会论文集: 717-722

钱新娥, 黄春根, 王亚民, 等. 2002. 鄱阳湖渔业资源现状及其环境监测 [J]. 水生生物学报, 26 (6): 612-617

潜水苗, 徐迪. 2003. 水资源、水环境与水法制研究 [C]. 中国环境资源法学研究会: 126-130

冉珑, 田义文. 2006. 建立流域水资源环境管理的新机制 [J]. 安徽农业科学, 34: 3776-3777

饶正富. 1991. 流域生态环境规划的系统生态学方法 [J]. 武汉大学学报 (自然科学版), (1): 85-92

沈国英, 施并章. 2002. 海洋生态学 [M]. 北京: 科学出版社

舒晓波, 刘影, 熊小英. 2001. 鄱阳湖区洪涝灾害的生态环境因素与生态减灾对策 [J]. 江西师范大学学报 (自然科学版), (2): 180-185

宋国君, 宋宇, 郑珺, 等. 2009. 国家级流域水环境保护总体规划一般模式研究 [J]. 环境污染与防治, 31 (12): 74-79

孙学宏, 车进, 张成. 2009. 基于 GPRS 的水利数据采集及远程监控系统研究 [J]. 安徽农业科学, (36): 18057-18059

佟金萍. 2006. 基于 CAS 的流域水资源配置机制研究 [D]. 南京: 河海大学博士学位论文

童春富, 陆健健, 何文珊, 等. 2002. 湿地功能及生态经济价值评估研究 [M]. 生态经济, (11): 31-33

万金保, 闰伟伟. 2007. 鄱阳湖水质富营养化评价方法应用及探讨 [J]. 江西师范大学学报 (自然科学版), 31 (2): 210-214

汪晓, 莺董欣. 2007. 关于江西工业化进程中发展循环经济的思考 [J]. 江西社会科学, (1): 254-256

王葱清, 宋丰宁, 王成, 等. 2001. 水资源及其可持续利用问题的研究 [J]. 内蒙古水利, 82 (1): 45-47

王耕, 王利, 吴伟. 2004. 辽河流域水资源管理产业化模式研究 [J]. 中国人口资源与环境, (4): 117-120

王毛兰, 胡春华, 周文斌. 2008. 丰水期鄱阳湖氮磷含量变化及来源分析 [J]. 长江流域资源与环境, 17 (1): 138-141

王毛兰, 胡春华, 周文斌. 2008. 鄱阳湖区水体氮、磷污染状况分析 [J]. 湖泊科学, 20 (3): 334-338

王宪礼, 李秀珍. 1997. 湿地的国内外研究进展 [J]. 生态学杂志, 16 (1): 58-62

王晓鸿, 鄢帮有, 吴国琛. 2006. 山江湖工程 [D]. 北京: 科学出版社

王晓鸿. 2004. 鄱阳湖湿地生态系统评估 [M]. 北京：科学出版社

王勇. 2008. 流域政府间的横向协调机制研究——以流域水资源配置使用之负外部性治理为例 [D]. 南京：南京大学博士学位论文

王煜倩. 2010. 汾河中上游水资源管理现状及保障体系建立探讨 [J]. 太原科技，(1)：55-56

吴豪，虞孝感，姜加虎. 2001. 长江流域湿地生态系统研究的意义和重点 [J]. 生态经济，(11)：21-26

吴文静，吴志强，刘晓华等. 2008. 鄱阳湖南矶山自然保护区鲶鱼、黄颡鱼和乌鳢的同工酶分析 [J]. 淡水渔业，(5)：21-25

吴小平，梁彦龄，王洪铸，等. 2000. 长江中下游湖泊淡水贝类的分布及物种多样性 [J]. 湖泊科学，12 (2)：111-118

谢高地，鲁春霞，冷允法，等. 2003. 青藏高原生态资产的价值评估 [J]. 自然资源学报，3 (18)：189-196

幸红. 2007. 流域水资源管理相关法律问题探讨 [J]. 法商研究，(4)：89-95

熊焕淮，许瑛. 2006. 浅议江西省五河流域规划修编的几个问题 [J]. 江西水利科技，(4)：206-208

熊小群，杨荣清. 2007. 江西水系 [M]. 武汉，长江出版社

徐德龙，熊明，张晶. 2001. 鄱阳湖水文特性分析 [J]. 人民长江，32 (2)：21-27

徐军. 2004. 我国流域管理立法现状及反思 [J]. 河海大学学报，12 (4)：20-23，31

徐中民，张志强，龙爱华，等. 2003. 环境选择模型在生态系统管理中的应用——以黑河流域额济纳旗为例 [J]. 地理学报，58 (3)：398-405

鄢帮有. 2004. 鄱阳湖湿地生态系统服务功能价值评估 [J]. 资源科学，26 (3)：61-68

闫晓春. 2001. 澳大利亚流域管理机构 [J]. 东北水利水电，(12)：55-56

颜兵文，彭重华，胡希军. 2008. 河岸植被缓冲带规划及重建研究——以长株潭湘江河岸带为例 [J]. 西南林学院学报，(28)：57-60

杨桂山，于秀波，李恒鹏，等. 2004. 流域综合管理导论 [M]. 北京：科学出版社

杨辉辉，王先甲，李媛媛. 2009. 几种水资源管理制度的比较分析 [J]. 珠江现代建设，(1)：2-4

杨婷. 2008. 山东水资源管理体制研究 [D]. 济南：山东大学硕士学位论文

杨选. 2007. 国内外典型水治理模式及对武汉水治理的借鉴 [J]. 长江流域资源与环境，9 (5)：584-587

姚勤华，朱雯霞，戴轶尘. 2006. 法国、英国的水务管理模式 [J]. 城市问题，(8)：79-86

殷康前，倪晋仁. 1998. 湿地研究综述 [J]. 生态学报，18 (5)：539-546

尹晋磊. 2009. 基于 GIS 的水资源信息系统构建——以广元市元坝区为例 [D]. 成都：成都理工大学硕士学位论文

张本. 1989. 鄱阳湖自然资源及其特征 [J]. 自然资源学报，4 (4)：308-318

张本. 1993. 鄱阳湖一些水文特征和整治战略 [J]. 长江流域资源与环境，2 (1)：36-42

张建春，彭补拙. 2003. 河岸带研究及其退化生态系统的恢复与重建 [J]. 生态学报，23 (1)：56-63

张建春，史志刚，彭补拙. 2002. 皖西南大别山麓河岸带滩地生态重建与植物护坡效能分析 [J]. 山地学报，20 (1)：85-89

张军涛. 2004. 鄱阳湖湿地生态环境损失价值初步核算 [J]. 统计研究，(8)：9-12

张世杰. 2008. 公共治理机制——实现责任制 [D]. 长春：吉林大学博士学位论文

张堂林，李钟杰. 2007. 鄱阳湖鱼类资源及渔业利用 [J]. 湖泊科学，19 (4)：434-444

张玺，李世成. 1965. 鄱阳湖及其周围水域的双壳类包括一新种. 动物学报，17 (3)：309-317

张学玲，蔡海生，丁思统，等. 2008. 鄱阳湖湿地景观格局变化及其驱动力分析 [J]. 安徽农业科学，36 (36)：16066-16070，16078

章茹，周文斌. 2008. 基于 GIS 的鄱阳湖地区农业非点源污染现状分析及控制对策 [J]. 江西农业大学学报，30（6）：1142-1146

赵海霞，曲福田，诸培新，等. 2009. 转型期的资源与环境管理：基于市场-政府-社会三角制衡的分析 [J]. 长江流域资源与环境，18（3）：211-216

赵其国，黄国勤，钱海燕. 2007. 鄱阳湖生态环境与可持续发展 [J]. 土壤学报，44（2）：318-326

赵薇莎. 2006. 论我国水资源管理体制完善 [D]. 北京：中国政法大学硕士学位论文

赵小风，黄贤金. 2010. 产业结构演变的流域水环境响应研究——以社淰港流域为例 [J]. 环境污染与防治，32（1）：9-19

赵勇，裴源生，王建华. 2009. 水资源合理配置研究进展 [J]. 水利水电科技进展，6（3）：78-84

郑沐春. 2009. 关于江西能源发展战略的思考 [J]. 能源研究与管理，（1）：1-4

中共江西省委，江西省人民政府. 2010. 关于加快旅游产业大省建设的若干意见

中国科学院地理科学与资源研究所，江西省环境保护局. 2005. 江西省生态功能区划

中国科学院生态环境研究中心课题组. 2008. "江西五大水系对鄱阳湖生态影响研究"（环鄱阳湖生态经济区重大招标课题（08ZD501））

钟业喜，刘影. 2003. 从生态环境角度论鄱阳湖区农业可持续发展 [J]. 四川环境，22（1）：46-49

钟业喜，郑林，熊小英. 2002. 鄱阳湖人工控制与湖区血吸虫病防治的探讨 [J]. 江西师范大学学报（自然科学版），（3）：270-274

周琳. 2008. 我国水资源流域立法探讨 [J]. 安徽农业科学，（36）：1217-1218

周文斌，万金保，姜加虎. 2011. 鄱阳湖江湖水位变化对其生态系统影响 [M]. 北京：科学出版社

周霞，胡继连，周玉玺. 2001. 我国流域水资源产权特性与制度建设 [J]. 经济理论与经济管理，（12）：11-15

周玉玺. 2008. 水资源管理制度创新与政策选择研究 [D]. 济南：山东农业大学博士学位论文

朱海虹，张本. 1997. 鄱阳湖 [M]. 合肥：中国科学技术大学出版社：146-169

朱宏富. 2002. 鄱阳湖调蓄功能与防灾综合治理研究 [M]. 北京：气象出版社

朱丽峰. 2007. 论我国服务型政府的绩效评估 [D]. 长春：吉林大学硕士学位论文：4

朱琳，赵英伟，刘黎明. 2004. 鄱阳湖湿地生态系统功能评价及其利用保护对策 [J]. 水土保持学报，18（2）：196-200

诸葛亦斯，刘德富，黄钰铃. 2006. 生态河流缓冲带构建技术初探 [J]. 水资源与水工程学报，（17）：63-67

Christian P. , Vonder Krammer F. , Baalousha M. , Hofmann T. . 2008. Nanoparticles: structure, properties, preparation and behavior in environmental media. Ecotoxicology, 17: 326-343

Clausen J C, Guillard K, Sigmund C M, et al. 2000. Ecosystem restoration-Water quality changes from riparian buffer restoration in Connecticut [J]. Journal of Environmental Quality, (29): 1751-1761

Cooper A B. 1990. Nitrate depletion in the riparian zone and stream channel of a small headwater catchment [J]. Hydrobiologia, (202): 13-26

Costanza R, d Arge R, de Groot R, et al. 1997. The value of the world's ecosystem services and natural capital [J]. Nature, (387): 253-260

Dodds W K, Oakes R M. 2006. Controls on nutrients across a prairie stream watershed: Land use and riparian cover effects [J]. Environmental Management, (37): 634-646

Dosskey M G, Eisenhauer D E, Helmers M J. 2005. Establishing conservation buffers using precision information [J]. Journal of Soil and Water Conservation, (60): 349-354

Fennessy M S, Cronk J K. 1997. The effectiveness and restoration potential of riparian ecotones for the management of non-point source pollution, particularly nitrate [J]. Critical Reviews in Environmental Science and Technology, (27): 285-317

Geoffrey A C, Louise F M, James S M. 2005. Cyanobacterial toxins. Risk management for health protection [J]. Toxicology and Applied Pharmacology, 203 (3): 264-272

Ice G G, Skaugset A, Simmons A. 2006. Estimating areas and timber values of riparian management on forest lands [J]. Journal of the American Water Resources Association, (42): 115-124

Martin T L, Kaushik N K, Trevors J T, et al. 1999. Review: denitrification in temperate climate riparian zones [J]. Water, Air and Soil Pollution, (111): 171-186

Merrill A G, Benning T L. 2006. Ecosystem type differences in nitrogen process rates and controls in the riparian zone of a montane landscape [J]. Forest Ecology and Management, (222): 145-161

Organization for Economic Co-operation and Development Eutrophication of Water Monitoring, Assessments and Control. 1982. OECD Publications PARIS

Puckett L J, Hughes W B. 2005. Transport and fate of nitrate and pesticides: Hydrogeology and riparian zone processes [J]. Journal of Environmental Quality, (34): 2278-2292

Spruill T B. 2004. Effectiveness of riparian buffers in controlling ground-water discharge of nitrate to streams in selected hydrogeologic settings of the North Carolina Coastal Plain [J]. Water Science and Technology, (49): 63-70

Verhoeven J T A, Arheimer B, Yin C Q, et al. 2006. Regional and global concerns over wetlands and water quality [J]. Trends in Ecology & Evolution, (21): 96-103

Zhao J Z, Jia H Y. 2008. Strategies for the sustainable development of Lugu Lake region [J]. International Journal of Sustainable Development & World Ecology, (15): 71-79

附　录

附录一　江西省生态功能区

生态区	生态亚区	生态功能区
Ⅰ赣北平原湖泊生态区	Ⅰ-1 鄱阳湖平原北部农田与水域生态亚区	Ⅰ-1-1 鄱阳湖平原西北部水质保护与防洪生态功能区
		Ⅰ-1-2 鄱阳湖平原东北部农业环境与生物多样性保护生态功能区
	Ⅰ-2 鄱阳湖湖泊湿地生态亚区	Ⅰ-2-0 鄱阳湖湖泊湿地生物多样性保护与分蓄洪生态功能区
	Ⅰ-3 鄱阳湖平原南部农田与水域生态亚区	Ⅰ-3-1 南昌市郊生活环境与水质保护生态功能区
		Ⅰ-3-2 赣江抚河下游滨湖平原农业环境保护与防洪分蓄洪生态功能区
		Ⅰ-3-3 赣江下游河谷平原农业环境保护与防洪分蓄洪生态功能区
		Ⅰ-3-4 信江饶河下游滨湖平原农业环境保护与防洪分蓄洪生态功能区
		Ⅰ-3-5 信江饶河下游河谷平原农业环境保护与水土保持生态功能区
		Ⅰ-3-6 抚河中游河谷平原水质保护与水土保持生态功能区
Ⅱ赣中丘陵盆地生态区	Ⅱ-1 袁水中下游农田与森林生态亚区	Ⅱ-1-0 袁水中下游水质保护与水土保持生态功能区
	Ⅱ-2 崇仁河宜黄水流域森林与农田生态亚区	Ⅱ-2-0 崇仁河宜黄水流域水土保持与农业环境保护生态功能区
	Ⅱ-3 吉泰盆地农田与森林生态亚区	Ⅱ-3-1 吉泰盆地北部农业环境保护与水土保持生态功能区
		Ⅱ-3-2 吉泰盆地西部水源涵养与农业环境保护生态功能区
		Ⅱ-3-3 吉泰盆地中部农业环境保护与水土保持生态功能区
		Ⅱ-3-4 吉泰盆地东部水土保持与农业环境保护生态功能区
		Ⅱ-3-5 吉泰盆地南部水土保持与农业环境保护功能区

续表

生态区	生态亚区	生态功能区
Ⅲ 赣南山地丘陵生态区	Ⅲ-1 章水流域森林与农田生态亚区	Ⅲ-1-1 章水上游水源涵养与水质保护生态功能区
		Ⅲ-1-2 章水下游水土保持与水质保护生态功能区
	Ⅲ-2 贡水流域森林与农田生态亚区	Ⅲ-2-1 绵水湘水流域水土保持与水质保护生态功能区
		Ⅲ-2-2 梅江上游及琴江流域水土保持与水质保护生态功能区
		Ⅲ-2-3 贡水中游水土保持与农业环境保护生态功能区
		Ⅲ-2-4 平江流域水土保持与农业环境保护生态功能区
		Ⅲ-2-5 桃江上游水源涵养与生物多样性保护生态功能区
		Ⅲ-2-6 桃江中下游农业环境保护与水土保持生态功能区
	Ⅲ-3 东江源森林与农田生态亚区	Ⅲ-3-0 东江源水源涵养与水质保护生态功能区
Ⅳ 赣西山地丘陵生态区	Ⅳ-1 修水中上游及长河流域森林与农田生态亚区	Ⅳ-1-1 修水上游水源涵养与水质保护生态功能区
		Ⅳ-1-2 修水中游水土保持与水质保护生态功能区
		Ⅳ-1-3 长河流域水源涵养与农业环境保护生态功能区
		Ⅳ-1-4 潦河上游水源涵养与水质保护生态功能区
	Ⅳ-2 锦江袁水上游农田与森林生态亚区	Ⅳ-2-1 锦江上游水源涵养与水质保护生态功能区
		Ⅳ-2-2 袁水上游水质保护与水源涵养生态功能区
	Ⅳ-3 栗水萍水草水流域农田与森林生态亚区	Ⅳ-3-0 栗水萍水草水流域水源涵养与水质保护生态功能区
	Ⅳ-4 禾水蜀水遂川江上游森林与农田生态亚区	Ⅳ-4-1 禾水蜀水遂川江上游北部水土保持与水质保护生态功能区
		Ⅳ-4-2 禾水蜀水遂川江上游南部水源涵养与生物多样性保护生态功能区
Ⅴ 赣东丘陵山地生态区	Ⅴ-1 饶河上游森林与农田生态亚区	Ⅴ-1-1 昌江上游水质保护与水源涵养生态功能区
		Ⅴ-1-2 乐安江上游北部水源涵养与水质保护生态功能区
		Ⅴ-1-3 乐安江上游南部水质保护与水源涵养生态功能区
	Ⅴ-2 信江中上游森林与农田生态亚区	Ⅴ-2-1 信江上游东部水土保持与水质保护生态功能区
		Ⅴ-2-2 信江上游西部水质保护与水土保持生态功能区
		Ⅴ-2-3 信江中游东部水土保持与生物多样性保护生态功能区
		Ⅴ-2-4 信江中游西部水质保护与水土保持生态功能区
	Ⅴ-3 抚河上游森林与农田生态亚区	Ⅴ-3-1 抚河上游南部水源涵养与水质保护生态功能区
		Ⅴ-3-2 抚河上游北部水土保持与水质保护生态功能区

附录二　2008 年"五河一湖"工业企业
（分行业）总产值

（单位：万元）

行业类别	江西省	赣江流域	抚河流域	信江流域	饶河流域	修河流域	鄱阳湖区	外河流域
煤炭开采和洗选业	1 818 999	1 066 104	0	166 635	129 328	0	342	456 590
黑色金属矿采选业	1 009 493	888 607	32 060	18 951	237	0	0	69 638
有色金属矿采选业	1 644 033	949 330	22 647	114 517	361 492	85 832	9 400	100 815
非金属矿采选业	786 802	526 139	13 171	145 273	24 989	2 625	39 921	34 684
农副食品加工业	4 162 962	2 771 087	556 949	283 106	133 690	45 654	215 143	157 333
食品制造业	1 581 358	984 825	165 841	36 741	171 791	32 183	155 464	34 513
饮料制造业	1 163 106	859 580	186 715	10 924	53 332	356	35 552	16 647
烟草制品业	918 262	856 607	0	61 655	0	0	0	0
纺织业	3 494 024	1 201 705	916 417	126 175	5 074	351 963	305 066	587 624
纺织服装、鞋、帽制造业	1 847 940	1 221 518	89 576	106 286	1 683	45 426	311 168	72 283
皮革、毛皮、羽毛（绒）及其制品业	1 132 699	515 736	17 727	14 057	0	0	569 166	16 013
木材加工及木、竹、藤、棕、草制品业	1 424 490	788 612	233 785	110 765	67 580	188 646	7 210	27 892
家具制造业	340 280	267 467	27 262	6 418	1 374	4 282	19 384	14 093
造纸及纸制品业	1 168 738	818 977	106 581	127 245	35 874	41 455	20 368	18 238
印刷业和记录媒介的复制	686 937	327 133	309 657	18 962	5 471	0	6 820	18 894
文教体育用品制造业	339 531	181 246	106 565	16 162	7 963	412	23 751	3 432
石油加工、炼焦及核燃料加工业	3 260 904	140 073	10 046	23 636	419 995	8 689	457	2 658 008

续表

行业类别	江西省	赣江流域	抚河流域	信江流域	饶河流域	修河流域	鄱阳湖区	外河流域
化学原料及化学制品制造业	5 644 152	2 681 596	254 370	521 686	1 013 485	812 156	167 082	193 777
医药制造业	3 377 898	2 056 245	23 4981	225 980	368 254	225 715	94 153	172 570
化学纤维制造业	473 979	238 705	320	15 016	0	0	218 939	999
橡胶制品业	468 426	356 461	18 852	15 370	8 970	11 449	55 288	2 036
塑料制品业	1 080 569	631 196	7 692	45 915	49 193	156 235	30 386	159 952
非金属矿物制品业	6 566 026	3 159 847	496 334	570 563	587 378	145 664	444 160	1 162 080
黑色金属冶炼及压延加工业	8 647 053	6 140 827	2 579	204 567	0	1 903	355 761	1 941 416
有色金属冶炼及压延加工业	20 502 200	5 964 450	1 203 478	11 088 243	340 259	1 119 491	478 275	308 004
金属制品业	1 647 059	1 001 744	137 584	59 911	16 178	34 324	214 901	182 417
通用设备制造业	1 586 333	881 978	144 156	75 074	303 408	46 185	68 839	66 693
专用设备制造业	1 121 791	476 653	180 940	13 396	190 798	454	201 075	58 475
交通运输设备制造业	4 946 814	723 389	2 424 614	59 727	999 416	1 749	203 851	534 068
电气机械及器材制造业	5 979 858	4 474 239	659 321	13 788	225 506	307 738	159 477	139 789
通信设备、计算机及其他电子设备制造业	1 879 821	1 122 845	0	580 069	116 172	19 325	27 723	13 687
仪器仪表及文化、办公用机械制造业	385 907	5 917	0	299 227	0	0	39 570	41 193

续表

行业类别	江西省	赣江流域	抚河流域	信江流域	饶河流域	修河流域	鄱阳湖区	外河流域
工艺品及其他制造业	651 528	502 563	6 798	42 731	50 715	3 059	1 632	44 030
废弃资源和废旧材料回收加工业	89 009	43 824	30 582	2 124	524	260	286	11 409
电力、热力的生产和供应业	5 650 487	3 110 549	48	1 062 549	403 805	0	184	1 073 352
燃气生产和供应业	114 929	22 804	87 386	4 739	0	0	0	0
水的生产和供应业	158 124	39 063	4 476	67 903	8 998	4 237	24 474	8 973
总计	97 752 521	47 999 641	8 689 510	16 356 086	6 102 932	3 697 467	4 505 268	10 401 617

附录三　2008 年江西省工业企业（分行业）用水量和污水排放量

行业类别	工业用水量/万 t	污水排放量/万 t	达标排放量/万 t	污水产生量所占比例/%	污水排放量所占比例/%	达标排放率/%
煤炭开采和洗选业	1 406.15	1 892.59	1 866.96	0.2	2.9	98.6
黑色金属矿采选业	4 720.89	1 765.72	1 678.16	0.8	2.6	95.0
有色金属矿采选业	24 848.86	7 679.57	7 404.24	4.2	11.6	96.4
非金属矿采选业	4 224.91	747.01	696.70	0.7	1.1	93.3
其他采矿业	121.27	86.52	84	0.0	0.1	97.1
农副食品加工业	1 999.19	1 385.66	1 086.23	0.3	1.7	78.4
食品制造业	1 330.54	842.38	686.16	0.2	1.1	81.5
饮料制造业	1 854.59	1 177.42	1 027.68	0.3	1.6	87.3
烟草制品业	222.64	87.21	81.97	0.0	0.1	94.0
纺织业	2 824.05	2 277.06	2 102.16	0.5	3.3	92.3
纺织服装、鞋、帽制造业	204.66	124.01	115.42	0.0	0.2	93.1
皮革、毛皮、羽毛（绒）及其制品业	367.15	281.82	267.46	0.1	0.4	94.9
木材加工及木、竹、藤、棕、草制品业	990.90	528.83	481.36	0.2	0.8	91.0
家具制造业	1.03	0.81	0.17	0.0	0.0	21.0
造纸及纸制品业	31 219.33	19 932.85	18 409.76	5.3	28.8	92.4
印刷业和记录媒介的复制	907.99	36.12	21.94	0.2	0.0	60.7
文教体育用品制造业	121.25	110.24	104.48	0.0	0.2	94.8
石油加工、炼焦及核燃料加工业	18 227.43	1 236.26	1 169.72	3.1	1.8	94.6
化学原料及化学制品制造业	67 150.85	5 886.07	5 598.88	11.4	8.8	95.1
医药制造业	6 177.36	1 786.84	1597.50	1.0	2.5	89.4
化学纤维制造业	11 061.43	1 583.16	1 573.18	1.9	2.5	99.4
橡胶制品业	533.01	82.96	78.15	0.1	0.1	94.2
塑料制品业	156.82	151.01	121.77	0.0	0.2	80.6
非金属矿物制品业	7 551.79	1 650.36	1 460.24	1.3	2.3	88.5
黑色金属冶炼及压延加工业	201 987.25	5 710.97	5 195.90	34.2	8.1	91.0
有色金属冶炼及压延加工业	35 912.56	4 647.42	4 442.81	6.1	7.0	95.6

行业类别	工业用水量/万 t	污水排放量/万 t	达标排放量/万 t	污水产生量所占比例/%	污水排放量所占比例/%	达标排放率/%
金属制品业	126.50	65.76	53.90	0.0	0.1	82.0
通用设备制造业	392.50	282.70	269.50	0.1	0.4	95.3
专用设备制造业	45.35	28.86	16.75	0.0	0.0	58.0
交通运输设备制造业	1 224.16	628.16	584.15	0.2	0.9	93.0
电气机械及器材制造业	557.68	386.88	249.60	0.1	0.4	64.5
通信设备、计算机及其他电子设备制造业	126.61	83.30	79.16	0.0	0.1	95.0
仪器仪表及文化、办公用机械制造业	164.88	115.55	109.44	0.0	0.2	94.7
工艺品及其他制造业	57.15	47.94	38.31	0.0	0.1	79.9
废弃资源和废旧材料回收加工业	170.63	23.89	18.10	0.0	0.0	75.8
电力、热力的生产和供应业	159 684.65	3 835.98	3 708.35	27.0	5.8	96.7
燃气生产和供应业	5.98	5.48	0.64	0.0	0.0	11.7
水的生产和供应业	1 590.50	937.94	928.58	0.3	1.5	99.0
其他行业	560.00	547.53	453.03	0.1	0.7	82.7
总计	590 830.49	68 680.84	63 862.51	100.0	100.0	

附录四　2008 年江西省工业企业（分行业）工业水重复利用及固废利用

行业类别	工业用水重复利用率/%	废水治理设施处理能力/(万 t/d)	固废产生量/万 t	固废综合利用量/万 t	固废综合利用率/%	"三废"综合利用产品产值/万 t
煤炭开采和洗选业	23.25	6.19	230.49	227.66	97.97	7910.01
黑色金属矿采选业	52.19	5.21	257.75	136.82	53.59	142.00
有色金属矿采选业	65.49	83.88	5 326.56	812.88	15.40	25 316.82
非金属矿采选业	79.14	4.31	79.56	66.98	84.82	994.30
农副食品加工业	28.07	3.59	7.37	7.18	98.41	4 056.40
食品制造业	28.95	2.32	7.84	7.96	102.42	1 256.90
饮料制造业	18.66	5.57	7.90	8.03	102.62	1 278.70
烟草制品业	45.54	0.31	0.99	1.01	103.09	160.00
纺织业	16.90	8.37	6.37	5.43	86.04	2 781.20
纺织服装、鞋、帽制造业	39.83	0.04	0.05	0.05	103.09	0.00
皮革、毛皮、羽毛（绒）及其制品业	20.62	0.83	0.45	0.45	102.81	58.40
木材加工及木、竹、藤、棕、草制品业	34.84	0.97	10.15	10.04	99.90	646.30
家具制造业	14.87	0.00	0.10	0.10	98.79	25.00
造纸及纸制品业	32.56	57.42	45.82	40.19	88.55	8 458.31
印刷业和记录媒介的复制	94.80	0.18	0.11	0.05	44.20	10.50
文教体育用品制造业	1.71	0.05	0.05	0.05	103.09	0.00
石油加工、炼焦及核燃料加工业	91.31	3.11	9.86	2.59	26.51	4 455.00
化学原料及化学制品制造业	87.86	27.38	220.85	196.04	89.60	12 513.61

行业类别	工业用水重复利用率/%	废水治理设施处理能力/(万 t/d)	固废产生量/万 t	固废综合利用量/万 t	固废综合利用率/%	"三废"综合利用产品产值/万 t
医药制造业	63.69	4.48	7.68	7.58	99.58	3 789.90
化学纤维制造业	82.12	6.02	15.27	14.85	98.15	6 354.30
橡胶制品业	74.83	1.24	1.78	1.82	103.09	33.10
塑料制品业	0.54	0.04	0.09	0.08	87.65	2.30
非金属矿物制品业	68.48	8.67	73.24	81.97	101.76	81 807.66
黑色金属冶炼及压延加工业	95.23	178.86	788.94	654.83	83.79	81 520.46
有色金属冶炼及压延加工业	82.89	21.87	208.58	194.93	94.09	132 793.80
金属制品业	41.66	0.20	1.29	1.30	102.29	276.00
通用设备制造业	20.14	0.31	3.23	3.29	102.91	754.70
专用设备制造业	30.82	0.08	0.44	0.45	103.09	105.60
交通运输设备制造业	40.81	1.28	6.91	6.43	93.85	433.10
电气机械及器材制造业	5.70	0.96	0.62	0.63	101.56	2 788.00
通信设备、计算机及其他电子设备制造业	31.15	1.11	0.05	0.05	92.93	10.00
仪器仪表及文化、办公用机械制造业	20.52	0.16	0.11	0.11	102.99	552.00
工艺品及其他制造业	6.77	0.17	0.08	0.07	89.93	60.00
废弃资源和废旧材料回收加工业	83.54	0.00	6.78	6.92	103.09	10.00
电力、热力的生产和供应业	55.46	18.99	841.16	733.85	88.07	8 213.01
燃气生产和供应业	10.22	0.05	0.08	0.08	103.09	12.50
水的生产和供应业	0.00	0.08	0.00	0.00	0.00	0.00
其他行业	3.06	0.90	10.60	10.83	103.09	1 304.90
总计	74.75	455.20	8 179.20	3 243.58	39.66	390 884.80

注：固废综合利用率大于100%是因为2008年利用了前几年的固废量。

附录五 2008 年江西省工业企业（分行业）
工业废气、二氧化硫及烟尘排放

行业类别	工业废气排放量/万 Nm³	二氧化硫排放量/t	二氧化硫达标排放量/t	二氧化硫达标排放率/%	烟尘排放量/t	烟尘达标排放量/t
煤炭开采和洗选业	139 212	2 270.75	2 231.30	98.3	408.26	393.81
黑色金属矿采选业	1 650	28.28	28.04	99.1	19.72	0.00
有色金属矿采选业	68 998	810.04	750.53	92.7	328.70	310.12
非金属矿采选业	380 712	4273.74	3721.94	87.1	2 738.38	2 548.80
农副食品加工业	449 239	1 251.80	932.38	74.5	1 169.37	1 076.32
食品制造业	280 808	4 481.20	2 792.18	62.3	2 297.19	2 184.46
饮料制造业	379 350	3 561.08	3 292.67	92.5	1 666.22	1 544.75
烟草制品业	116 752	513.43	476.28	92.8	655.05	613.13
纺织业	417 555	2 760.78	2 222.64	80.5	2 511.35	2 344.25
纺织服装、鞋、帽制造业	4 717	117.38	113.92	97.1	378.70	373.96
皮革、毛皮、羽毛（绒）及其制品业	29 972	410.62	361.97	88.2	271.12	255.44
木材加工及木、竹、藤、棕、草制品业	579 653	2 999.58	2 846.72	94.9	3 459.91	3 354.53
家具制造业	3 640	2.18	2.15	98.8	1.66	1.65
造纸及纸制品业	1 816 917	11 631.90	10 720.60	92.2	12 209.31	11 179.53
印刷业和记录媒介的复制	3 983	44.41	21.14	47.6	15.37	14.67
文教体育用品制造业	1 595	54.80	54.33	99.1	0.00	0.00
石油加工、炼焦及核燃料加工业	989 966	11 036.32	10 867.34	98.5	5 458.61	5 406.39
化学原料及化学制品制造业	2 924 246	28 153.84	25 813.33	91.7	14 974.60	13 959.48
医药制造业	516 322	5 422.75	4 831.35	89.1	2 902.64	2 638.92
化学纤维制造业	744 070	6 068.78	5 473.86	90.2	3 106.88	3 072.70
橡胶制品业	126 111	1 523.22	1 414.71	92.9	586.02	570.22
塑料制品业	2 567	64.77	60.54	93.5	46.93	45.82

续表

行业类别	工业废气排放量/万 Nm³	二氧化硫排放量/t	二氧化硫达标排放量/t	二氧化硫达标排放率/%	烟尘排放量/t	烟尘达标排放量/t
非金属矿物制品业	29 025 586	83 882.81	73 706.31	87.9	42 463.74	37 617.91
黑色金属冶炼及压延加工业	15 001 742	56 444.63	54 524.92	96.6	4 607.20	4 114.87
有色金属冶炼及压延加工业	2 364 920	32 326.93	28 601.93	88.5	10 418.30	9 229.91
金属制品业	38 040	606.72	75.83	12.5	70.45	28.50
通用设备制造业	46 516	975.54	902.46	92.5	407.76	395.31
专用设备制造业	10 479	269.99	254.66	94.3	220.33	192.50
交通运输设备制造业	445 247	898.22	830.36	92.4	226.21	196.30
电气机械及器材制造业	100 685	237.54	206.50	86.9	435.49	408.28
通信设备、计算机及其他电子设备制造业	77 544	90.52	88.66	98.0	20.36	19.16
仪器仪表及文化、办公用机械制造业	884	10.04	9.96	99.1	1.17	1.16
工艺品及其他制造业	2 540	48.62	43.34	89.1	17.52	16.69
废弃资源和废旧材料回收加工业	26 064	233.96	161.02	68.8	44.55	24.09
电力、热力的生产和供应业	17 360 801	247 125.12	240 738.15	97.4	44 113.39	42 973.07
燃气生产和供应业	40 000	435.22	430.78	99.0	11.08	10.97
水的生产和供应业	0	0.00	0.00	—	0.00	0.00
其他行业	31 576	100.84	70.21	69.6	7.78	7.70
总计	74 550 659	511 168.4	479 675	93.84	158 271.3	147 125.4

附录六 2008 年江西省工业企业（分行业）
工业废气、二氧化硫及烟尘排放

行业类别	粉尘排放量/t	粉尘达标排放量/t	粉尘达标排放率/%	烟尘达标排放率/%	单位工业产值烟尘排放量/(kg/万元)	单位工业产值粉尘排放量/(kg/万元)
煤炭开采和洗选业	23.86	7.71	32.3	96.5	0.22	0.01
黑色金属矿采选业	0.00	0.00	—	0.0	0.02	0.00
有色金属矿采选业	869.69	864.79	99.4	94.3	0.20	0.53
非金属矿采选业	89.77	79.70	88.8	93.1	3.48	0.11
农副食品加工业	187.41	186.21	99.4	92.0	0.28	0.05
食品制造业	1.05	0.96	91.0	95.1	1.45	0.00
饮料制造业	39.70	37.64	94.8	92.7	1.43	0.03
烟草制品业	286.44	86.46	30.2	93.6	0.71	0.31
纺织业	54.28	2.16	4.0	93.3	0.72	0.02
纺织服装、鞋、帽制造业	0.00	0.00	—	98.7	0.20	0.00
皮革、毛皮、羽毛（绒）及其制品业	4.04	3.97	98.2	94.2	0.24	0.00
木材加工及木、竹、藤、棕、草制品业	1 300.28	1 057.70	81.3	97.0	2.43	0.91
家具制造业	12.88	10.70	83.1	99.0	0.00	0.04
造纸及纸制品业	212.05	206.03	97.2	91.6	10.45	0.18
印刷业和记录媒介的复制	0.00	0.00	—	95.5	0.02	0.00
文教体育用品制造业	0.00	0.00	—	—	0.00	0.00
石油加工、炼焦及核燃料加工业	1 899.42	1 675.07	88.2	99.0	1.67	0.58
化学原料及化学制品制造业	3 527.84	3 206.50	90.9	93.2	2.65	0.63
医药制造业	105.40	97.75	92.7	90.9	0.86	0.03
化学纤维制造业	237.28	236.53	99.7	98.9	6.55	0.50
橡胶制品业	1.45	1.44	99.4	97.3	1.25	0.00
塑料制品业	5.58	5.57	99.7	97.6	0.04	0.01

续表

行业类别	粉尘排放量/t	粉尘达标排放量/t	粉尘达标排放率/%	烟尘达标排放率/%	单位工业产值烟尘排放量/(kg/万元)	单位工业产值粉尘排放量/(kg/万元)
非金属矿物制品业	269 280.10	252 809.46	93.9	88.6	6.47	41.01
黑色金属冶炼及压延加工业	18 942.87	18 624.61	98.3	89.3	0.53	2.19
有色金属冶炼及压延加工业	1 417.23	1 308.92	92.4	88.6	0.51	0.07
金属制品业	43.28	12.13	28.0	40.5	0.04	0.03
通用设备制造业	10.05	9.68	96.3	96.9	0.26	0.01
专用设备制造业	13.21	13.17	99.7	87.4	0.20	0.01
交通运输设备制造业	53.94	37.71	69.9	86.8	0.05	0.01
电气机械及器材制造业	9.60	4.94	51.4	93.8	0.07	0.00
通信设备、计算机及其他电子设备制造业	5.37	5.35	99.7	94.1	0.01	0.00
仪器仪表及文化、办公用机械制造业	0.00	0.00	—	99.0	0.00	0.00
工艺品及其他制造业	0.97	0.92	94.7	95.3	0.03	0.00
废弃资源和废旧材料回收加工业	0.00	0.00	—	54.1	0.50	0.00
电力、热力的生产和供应业	0.00	0.00	—	97.4	7.81	0.00
燃气生产和供应业	0.00	0.00	—	99.0	0.10	0.00
水的生产和供应业	0.00	0.00	—	—	0.00	0.00
其他行业	64.42	64.22	99.7	99.0	—	—
总计	298 699.5	280 658	93.9	93.0	1.62	3.06

附录七　江西省十大新型工业产业建设在"五河一湖"的分布

所属流域	产业名称	基地建设内容	所在地市
赣江流域	光电产业	南昌 LED 芯片、发光件及器件，计算机等终端电子产品项目，第三代移动通信产品研发及产业化基地	南昌市
外河流域	光电产业	萍乡 LED 半导体生产基地	萍乡市
赣江流域	光电产业	吉泰工业走廊电子产业基地	吉安市
信江流域	光电产业	鹰潭节能照明产业基地	鹰潭市
信江流域	光电产业	上饶大功率芯片、LED 照明系列产品基地和光学精密仪器生产基地	上饶市
赣江流域	新能源产业	新余和南昌高纯硅材料、太阳能电池组件与发电系统、兆瓦级风电设备与螺杆膨胀发电机组生产基地	新余市、南昌市
赣江流域	新能源产业	吉安风电设备生产基地	吉安市
赣江流域	新能源产业	宜春国家锂电新能源高新技术产业化基地	宜春市
赣江流域	新能源产业	新余国家电池级碳酸锂产业化基地、国家动力和储能电池产业基地	新余市
信江流域	新能源产业	上饶高纯多晶硅、薄膜太阳能电池生产基地	上饶市
信江流域	新能源产业	上饶锂电池生产基地	上饶市
抚河流域	生物医药产业	培育生物医药、生物农业等新兴产业，形成产业链，建设艾滋病新药、抗癌原料药、新型功能糖、血细胞分析仪器、磁共振成像系统等产业化基地	抚州市
赣江流域	生物医药产业	培育生物医药、生物农业等新兴产业，形成产业链，建设艾滋病新药、抗癌原料药、新型功能糖、血细胞分析仪器、磁共振成像系统等产业化基地	南昌市
赣江流域	生物医药产业	培育生物医药、生物农业等新兴产业，形成产业链，建设艾滋病新药、抗癌原料药、新型功能糖、血细胞分析仪器、磁共振成像系统等产业化基地	宜春市
饶河流域	生物医药产业	培育生物医药、生物农业等新兴产业，形成产业链，建设艾滋病新药、抗癌原料药、新型功能糖、血细胞分析仪器、磁共振成像系统等产业化基地	景德镇市
赣江流域	铜冶炼及精深加工产业	以江铜集团为龙头，重点开发铜引线框架、铜板带、铜箔、特种漆包线等，建设两大基地	南昌市

续表

所属流域	产业名称	基地建设内容	所在地市
抚河流域	铜冶炼及精深加工产业	抚州金巢开发区高精度铜板等精深加工产业基地	抚州市
信江流域	铜冶炼及精深加工产业	以江铜集团为龙头，重点开发铜引线框架、铜板带、铜箔、特种漆包线等，建设两大基地	鹰潭市
信江流域	铜冶炼及精深加工产业	上饶铜材精深加工、黄金采选加工、铅锌冶炼加工基地	上饶市
赣江流域	优质钢材深加工产业	江西省新型钢铁产业基地	新余市
赣江流域	优质钢材深加工产业	新余钢铁基地	新余市
外河流域	优质钢材深加工产业	江西省新型钢铁产业基地	九江市
外河流域	优质钢材深加工产业	江西省新型钢铁产业基地	萍乡市
赣江流域	炼油及化工	樟树、新干盐化工产业基地	樟树市、新干县
饶河流域	炼油及化工	乐平精细化工基地	乐平市
修河流域	炼油及化工	星火有机硅生产基地	永修县
外河流域	炼油及化工	九江石化千万吨炼油	九江市
赣江流域	航空产业	南昌航空工业城	南昌市
饶河流域	航空产业	景德镇民用直升机生产基地	景德镇市
外河流域	航空产业	九江红鹰直升机生产基地	九江市
赣江流域	新型汽车及配件产业	南昌汽车生产基地	南昌市
赣江流域	新型汽车及配件产业	汽车零部件供应基地	南昌市
赣江流域	新型汽车及配件产业	汽车零部件供应基地	赣州市
抚河流域	新型汽车及配件产业	汽车零部件供应基地	抚州市
信江流域	新型汽车及配件产业	上饶客车生产基地	上饶市
信江流域	新型汽车及配件产业	汽车零部件供应基地	上饶市
饶河流域	新型汽车及配件产业	景德镇汽车生产基地	景德镇市
饶河流域	新型汽车及配件产业	汽车零部件供应基地	景德镇市
外河流域	新型汽车及配件产业	汽车零部件供应基地	九江市
外河流域	新型汽车及配件产业	汽车零部件供应基地	萍乡市

续表

所属流域	产业名称	基地建设内容	所在地市
赣江流域	陶瓷产业	建筑及生活陶瓷基地	丰城市、高安市
赣江流域	陶瓷产业	日用陶瓷生产基地	吉安市
抚河流域	陶瓷产业	日用瓷生产与出口加工基地	抚州市
信江流域	陶瓷产业	镁质陶瓷生产基地	上饶市
饶河流域	陶瓷产业	陶瓷科技城和陶瓷工业园区	景德镇市和相关县
外河流域	陶瓷产业	化工及电瓷生产基地	萍乡市
赣江流域	钨、稀土精深加工产业	赣州精深加工基地	赣州市

彩 图

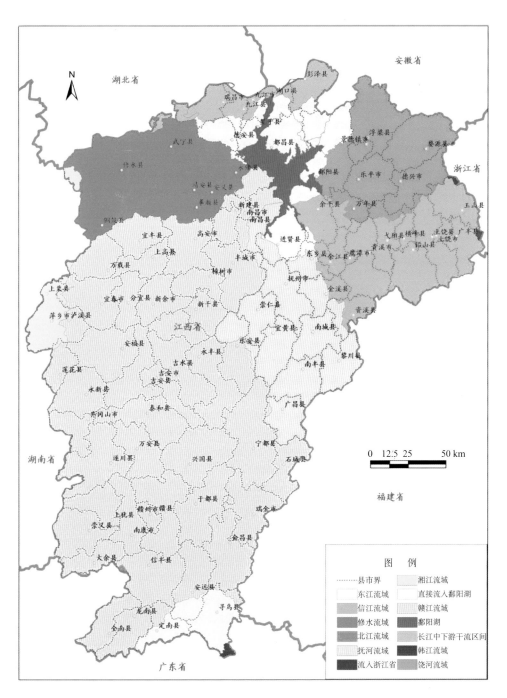

彩图1 "五河一湖"区域划分图

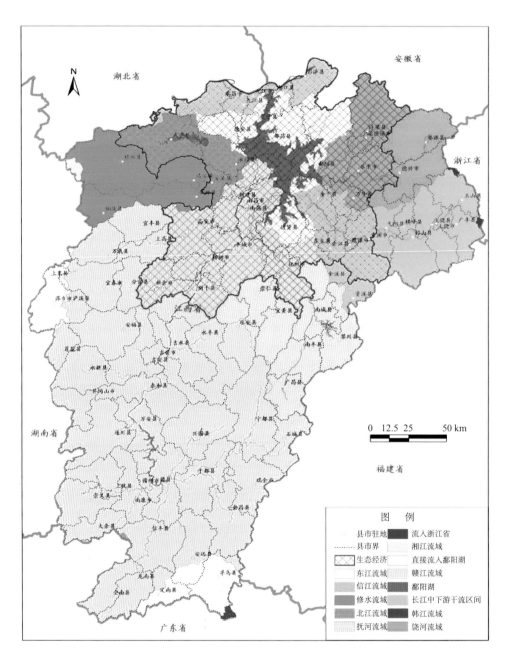

彩图2　江西省流域区划图

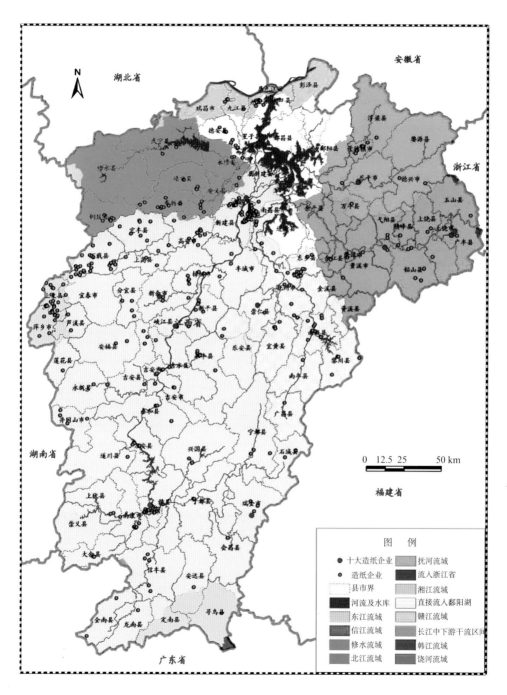

彩图3 "五河一湖"造纸企业分布

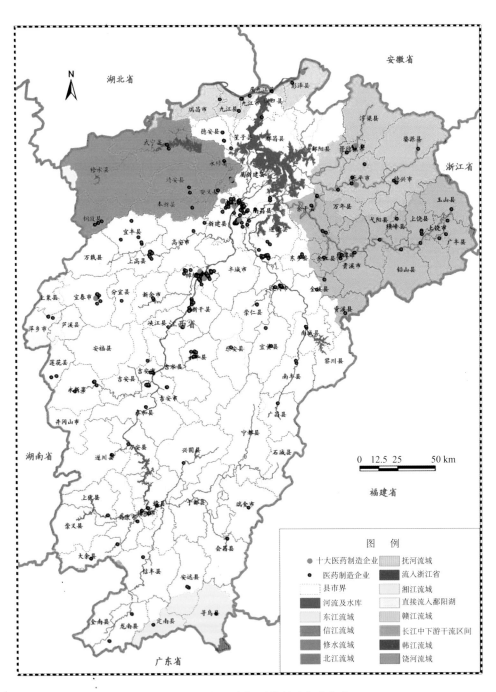

彩图4 "五河一湖"医药制造企业分布

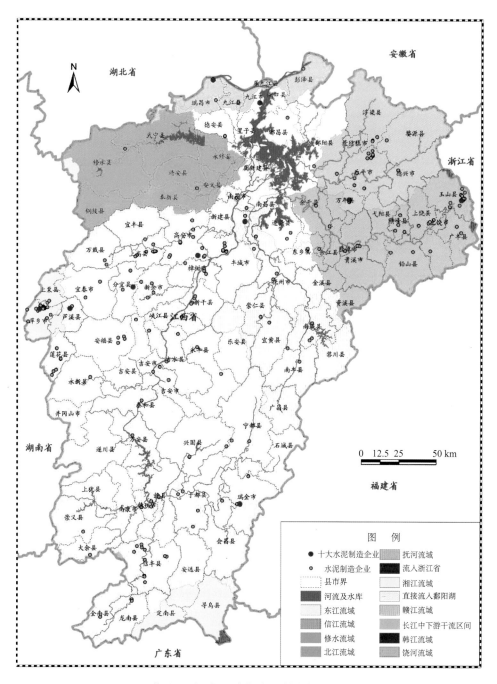

彩图5 "五河一湖"水泥制造企业分布

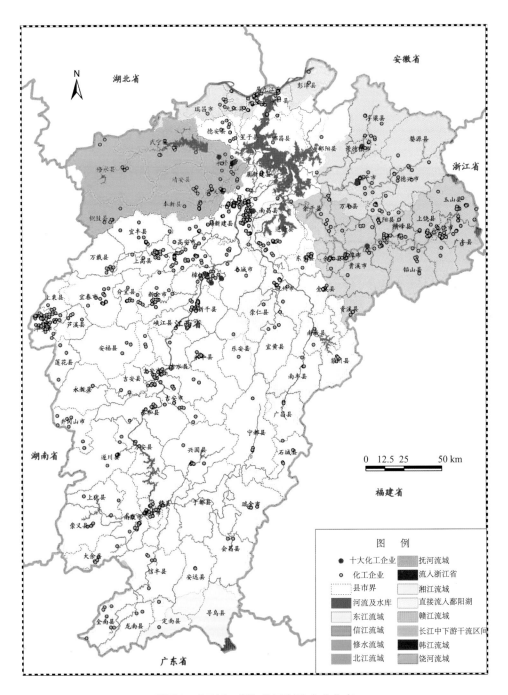

彩图6 "五河一湖"化工制造企业分布

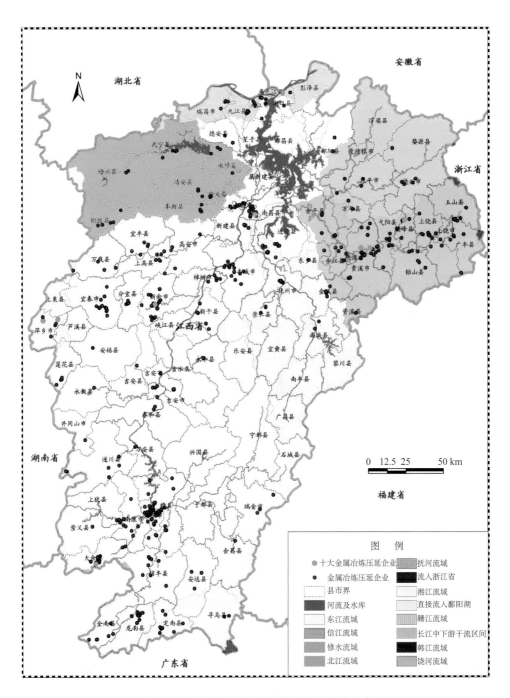

彩图7 "五河一湖"金属冶炼及压延企业分布

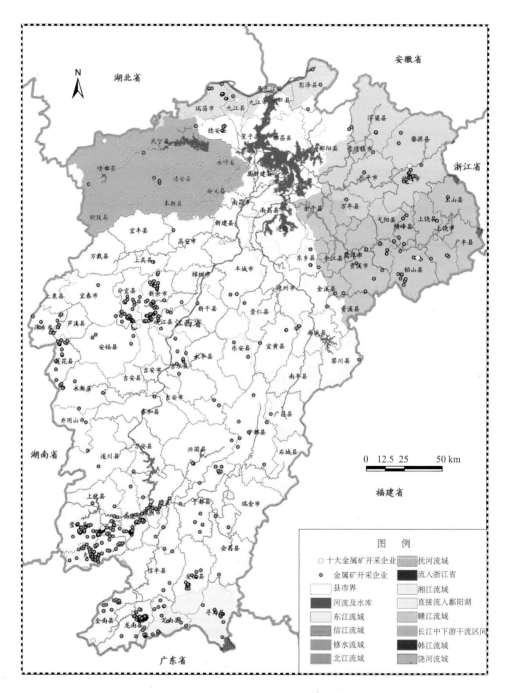

彩图8 "五河一湖"金属矿山开采企业分布

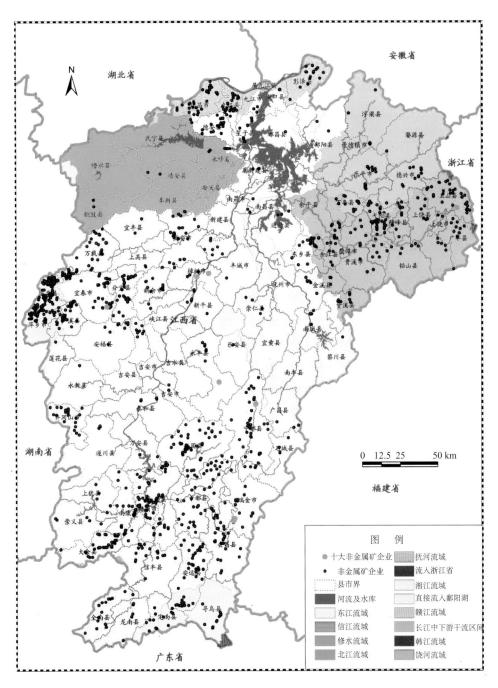

图 例

- ● 十大非金属矿企业
- • 非金属矿企业
- ┈ 县市界
- 河流及水库
- 东江流域
- 信江流域
- 修水流域
- 北江流域
- 抚河流域
- 流入浙江省
- 湘江流域
- 直接流入鄱阳湖
- 赣江流域
- 长江中下游干流区间
- 韩江流域
- 饶河流域

彩图9 "五河一湖"非金属矿山开采企业分布

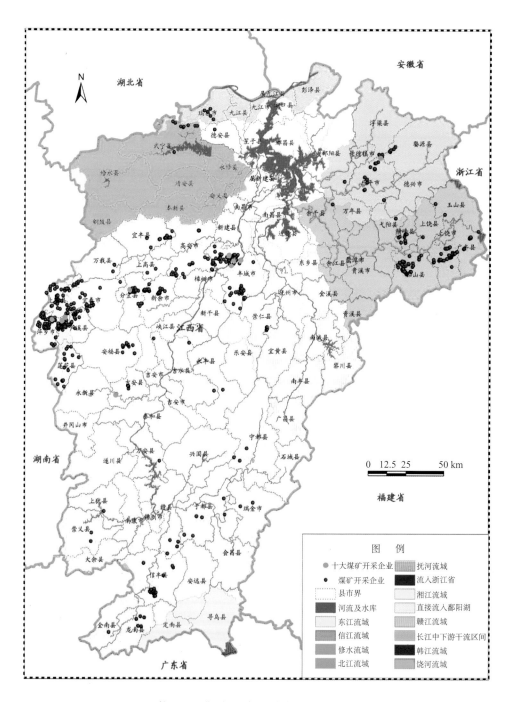

彩图10 "五河一湖"煤矿开采企业分布

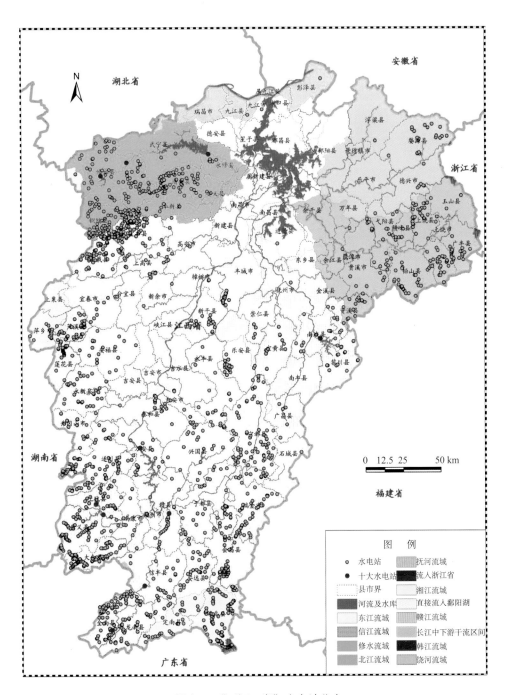

彩图11 "五河一湖"水电站分布

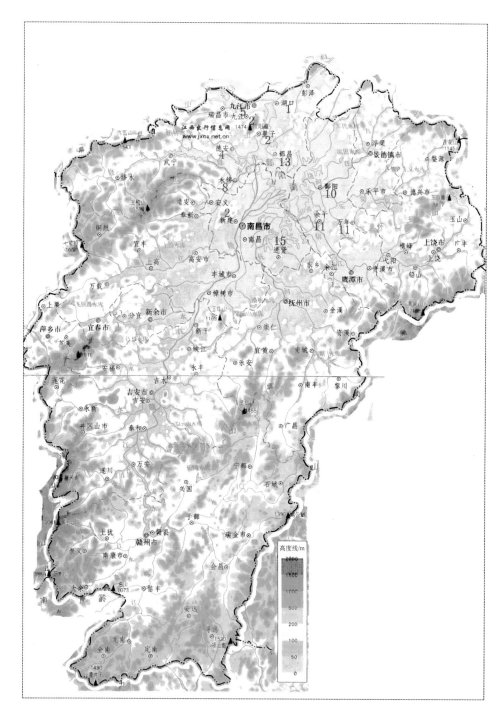

彩图12　鄱阳湖区域淡水蟹类的采集样点及地理分布